模板工职业技能培训教材

中国建筑业协会
中建铝新材料有限公司　　　　　　主编
北京昌平中建协项目管理培训中心

中国建筑工业出版社

图书在版编目（CIP）数据

模板工职业技能培训教材 / 中国建筑业协会，中建铝新材料有限公司，北京昌平中建协项目管理培训中心主编．—北京：中国建筑工业出版社，2019.10

ISBN 978-7-112-24330-3

Ⅰ.①模… Ⅱ.①中… ②中… ③北… Ⅲ.①模板-建筑工程-工程施工-职业培训-教材 Ⅳ.① TU755.2

中国版本图书馆 CIP 数据核字（2019）第 222281 号

本书由规范编制组依据《模板工职业技能标准》JGJ/T 462-2019 编写，内容分两部分，第一部分适合三、四、五级模板工使用，第二部分适合一、二级模板工使用。本书内容按照职业技能标准中对于各级模板工的要求编写，图文并茂，文字通俗精练，适合于模板工学习使用，也可供相关院校师生学习参考。

责任编辑：赵晓菲　万　李　范业庶　张　磊
责任设计：李志立
责任校对：李美娜

模板工职业技能培训教材

中国建筑业协会
中建铝新材料有限公司　　主编
北京昌平中建协项目管理培训中心

*

中国建筑工业出版社出版、发行（北京海淀三里河路9号）
各地新华书店、建筑书店经销
北京鸿文瀚海文化传媒有限公司制版
天津安泰印刷有限公司印刷

*

开本：787×1092毫米　1/16　印张：$14\frac{1}{4}$　字数：356千字
2020年5月第一版　2020年5月第一次印刷
定价：**48.00**元

ISBN 978-7-112-24330-3
（34819）

本书编委会

前　言

国家高度重视职业技能培训工作，近年来先后出台了新时期产业工人队伍建设改革、推行终身职业技能培训制度等一系列政策文件，对全面提高工人职业操作技能水平做出了明确要求。

本教材的编写旨在促进行业人才队伍建设，提高模板工从业人员的技能水平，加快培养具有熟练操作技能的模板工工人，提高施工效率、保证工程质量和安全生产。本教材依据住房和城乡建设部《模板工职业技能标准》JGJ/T 462-2019编写，模板工职业技能等级由低到高分为：职业技能五级、四级、三级、二级、一级，教材分为职业技能五级、四级、三级和职业技能二级、一级两个部分，内容依据职业技能标准中对各级模板工的要求编写，文字通俗精炼，图文并茂，技术内容全面、实用、能满足不同文化层次的技能工人和读者的需要。本教材对全面提升模板工操作技能水平和职业安全水平，保证建筑工程施工质量，促进新技术、新工艺、新材料的推广与应用具有良好的推动作用。

本教材是模板工开展职业技能培训的必备教材，也可供高、中等职业院校教学与实践使用。

由于编者水平有限，书中难免存在缺点和不足之处，敬请各位读者批评指正。

目　录

第一部分（模板工三、四、五级）

第二部分（模板工一、二级）

第一部分（模板工三、四、五级）

第1章　安全生产

安全生产是国家、企业财产的基本保证，是保护劳动者安全和健康的根本要求，做好安全生产工作具有重要的意义。建筑工程施工安全管理是一个系统性、综合性的管理，其内容涉及建筑生产的各个环节。

《中华人民共和国安全生产法》确定了“安全第一、预防为主、综合治理”的安全生产管理基本方针。本章就模板工的一些安全生产知识进行介绍。

1.1　安全生产基础知识

1.1.1　安全生产法律法规及标准规范

国家所制定的相关安全的各项法律法规是我们进行安全管理、安全生产的一项基本原则。通过对事故案例的分析，生产安全事故的发生有一个共同点：没有严格执行安全法律法规。

安全生产法律法规及标准规范作用：

1）为保护劳动者的安全健康提供法律保障。

2）加强安全生产责任的法制化管理。

3）指导和推动安全生产工作的开展，促进企业安全生产。

模板工经常会涉及的法律法规和标准如下：《中华人民共和国安全生产法》《中华人民共和国建筑法》《建设工程安全生产管理条例》《生产安全事故报告和调查处理条例》《危险性较大的分部分项工程安全管理规定》《安全生产违法行为行政处罚办法》《建筑施工安全检查标准》JGJ 59-2011、《建筑施工扣件式钢管支撑架安全技术规范》JGJ 130-2011、《建筑施工碗扣式钢管脚手架安全技术规范》JGJ 166-2016、《建筑施工模板安全技术规范》JGJ 162-2008、《安全带》GB 6095-2009、《安全帽》GB 2811-2007、《危险性较大的分部分项工程安全管理规定》有关问题的通知（建办质〔2018〕31号）、《组合钢模板技术规范》GB/T 50214-2013、《建筑塑料复合模板工程技术规程》JGJ/T 352-2014、《滑动模板施工技术规范》GB 50113-2005、《建筑工程大模板技术规程》JGJ/T 74-2017、《竹胶合板模板》JG/T 156-2004、《液压爬升模板工程技术规程》JGJ/T 195-2018。

1.1.2 一般安全事故处理

1. 事故报告

1）安全事故发生后，不论情节严重与否，事故现场的有关人员应立即向现场施工负责人及项目部进行报告。

2）施工负责人接到安全事故报告后，要迅速赶到事故现场，配合项目部人员抢救受伤人员；同时对现场的安全状况做出快速反应，在保护现场的前提下，防止事故进一步扩大。

3）应及时对受伤者的伤害部位作出判断，迅速、有选择地送到专业医院抢救，以免贻误救治机会。

4）对事故现场做紧急处置后，应尽快、尽可能准确地向公司汇报。

5）初步判定事故级别，根据事故级别启动相应的应急救援预案。

2. 事故应急处置

安全事故处理流程见图1-1-1：

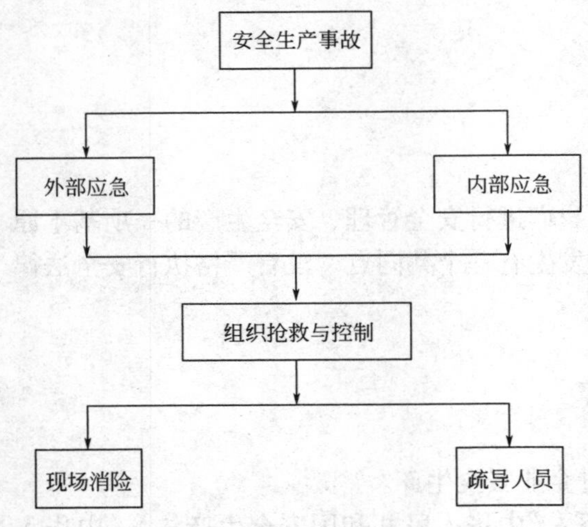

图1-1-1 安全事故处理流程图

3. 电话报救须知

火警119；医疗急救120；匪警110。

拨打电话时，尽量说清楚以下几件事：

1）说明伤情，以及采取了什么急救措施，以便让救护人员事先行做好急救准备。

2）说清楚伤者（事故）发生在什么地方，例如什么路几号、靠近什么路口、附近有什么显著标志特征等。

3）说明报救者姓名、电话，以便救护车（消防车、警车）找不到所报地方时，随时通过通信联系。通话完毕后，在原地等待并接应救护车，同时应对救护车进场道路的障碍物进行清理。

4. 伤员抢救措施

1）休克、昏迷的伤员救援，让休克者平卧，不用枕头，腿部抬高30°；若属于心源性休克同时伴有心力衰竭、气急不能平卧，可采用半卧，注意保暖和安静；必要情况下，可进行人工呼吸；抢救中应密切注意观察呼吸、脉搏和瞳孔等。

2）伤员出血，尤其是大血管损伤出血，将严重威胁伤员的生命，应及时采取有效措施进行止血，同时紧急送医院抢救。

常用的止血方法：

填塞止血法，对松软组织内的血管损伤出血，可用纱布、绷带卷（最好用无菌敷料）填入伤口内压紧，外用大块敷料加压包扎；加压包扎止血法，先用纱布、棉垫、绷带、布类等做成的垫子放在伤口的敷料上，在用绷带或三角巾加压包扎；橡皮止血带止血法，在肢体的适当部位，如上臂的上1/3，股部的中下1/3，用棉花、纱布或衣服、毛巾等物作为衬垫后再绑扎止血带。

3）骨折、关节严重损伤、肢体挤压大面积软组织损伤，必须进行固定，同时紧急送医抢救。

对于开放性骨折及软组织损伤，首先要止血、包扎，然后固定；固定时夹板与伤患处应加敷料铺垫，以免肢体受压损伤；固定时松紧要适度，牢固可靠；固定材料可使用制式固定器材，如木夹板、铁丝夹板、充气夹板和可塑性夹板等，也可以使用简便材料，如树枝、木棍、硬纸壳等进行临时固定；搬运伤员采用何种方法要根据伤员伤情、地形道路及搬运距离长短等灵活运用；搬运伤员应注意，搬运前尽可能给予初步急救处理，保证搬运安全；搬运时动作要轻，避免不必要的振动，要时刻注意伤员的伤情变化，遇有险情要及时处理；常用的伤员搬运方法有：单人徒手搬运法，如背、抱等；双人徒手搬运法，如座椅式、拉车式等；担架搬运法，一般要尽量采取担架搬运法搬运伤员。

1.2　施工现场安全操作知识

1.2.1　安全生产常识

模板工程作业人员先必须经过项目安全员、主管工长及保卫组的项目安全常识的系统教育，并建立相应的档案资料，由项目安全员整理、归档。

模板工程作业人员分配到工作面后，应由项目经理、主管工长及安全员结合工程的具体情况及特点在现场作专项安全技术交底，形成相应记录。

针对施工过程中阶段性出现的具有特定性的安全问题及隐患，工长和安全员必须现场进行作针对性安全技术交底，并形成相关记录。

在生产过程中要遵从“三个不伤害”的原则：

（1）不伤害自己：就是要提高自我保护意识，不能由于自己的疏忽、失误而使自己受到伤害。这取决于自己的安全意识、安全知识、对工作任务的熟悉程度、岗位技能、工作态度、工作方法、精神状态、作业行为等多方面因素。

（2）不伤害他人：就是自己的行为或行为后果不能给他人造成伤害。在多人同时作业时，由于自己不遵守操作规程、对作业现场周围观察不够以及自己操作失误等原因，自己的行为可能对现场周围的人员造成伤害。

（3）不被别人伤害：即每个人都要加强自我防范意识，工作中要避免他人的错误操作或其他隐患对自己造成的伤害。

发生事故后要遵从的“四不放过”处理原则，其具体内容是：事故原因未查清不放过；责任人员未处理不放过；责任人和群众未受教育不放过；整改措施未落实不放过。

1. 常见的安全事故

在模板的安装、支撑和拆除作业中，常出现安全事故的原因有以下几点：

1）高处坠落

模板工人经常要在建筑物施工过程中的最高处作业，这时没有结构或构件进行固定，而且在最后一块模板安装就位之前，台面上还会有许多孔洞，由于无处或无物固定，因而无法设置安全防护栏；胎模脱模时也有许多发生坠落危险的因素，用起重机把建筑物边缘处材料吊下来时，需操作者俯身挂上吊索，若操作者防护不到位，也可能造成高处坠落；模板支撑搭设不规范，也会造成坍塌事故发生，从而造成人员从高处坠落。

2）物体打击

高处物体掉落伤人也是建筑施工中常见的事故，在模板安装和脱模期这类事故尤为常见；在模板工程中材料运输的工作量很大，例如垂直运输或水平转运，有时还要把材料运至还没有装好台板的地方进行堆放，而且也不能马上将其固定在工作部位，工具、材料和其他碎片很容易从未安好模板的台面上掉落下来；脱模时的掉落物体则更多，被掉落物体击伤的可能性更大。

3）机械伤害

（1）机械设备超负荷运作或带病工作；

（2）传动带、砂轮、电锯以及接近地面的联轴节、皮带轮或飞轮等，未设安全防护装置；

（3）机械工作时，将头、手伸入机械行程范围内；

（4）平刨无护手安全装置，电锯无防护挡板，手持电动工具无断电保护装置；

（5）起重设备未设置卷扬限制器、起重量控制、联锁开关等安全装置；

（6）戴手套操作套丝机、台钻等有旋转部件的施工设备；

（7）设备联动试车作业，无调试方案、无交底、现场无监管措施。

4）触电事故

（1）不按规定穿戴劳动保护用品；

（2）建筑物或支撑架与户外高压线距离太近，不设置防护网；

（3）电气设备、电气材料不符合规范要求，绝缘体受到磨损破坏；

（4）机电设备的电气开关无防雨、防潮装置；

（5）施工现场电线架设不当、拖地，与金属物接触、高度不够；

（6）电箱不装门、锁，电箱门出线混乱，随意加保险丝，并一闸控制多机；

（7）电动机械设备不按规定接地接零；

（8）手持电动工具无漏电保护装置；

（9）不按规定高度搭设设备和安装防雷装置。

5）坍塌事故

（1）施工企业没有按照有关的规范标准对模板工程编制安全专项施工方案，或存在不按施工方案搭设模板支撑体系；

（2）施工队伍素质差，不执行法规、标准，违章指挥、违章作业，施工人员未按照规范要求设置支撑，致使模板的稳定性降低；

（3）荷载计算不科学。施工技术人员在编制施工方案时，模板上的荷载取值有误以及荷载组合未按最不利原则的要求计算；对浇筑混凝土时引起的震动对模板的不利影响考虑不足，造成模板支撑体系的安全度大幅度往下降；泵送混凝土时，混凝土作业班组人数不够，或者是机械发生故障，混凝土输送很快，未及时通知停泵，这时就会发生堆载，造成超载；扣件受力超载，扣件是各向杆件的连接件，不是承受重力的部件；

（4）模板的支撑立杆基础未给予重视，有的支撑在松软土层上，有的支撑在砂土上，导致模板支撑竖杆不均匀沉降，致使模板支撑失稳，发生垮塌；

（5）现场支撑材料不合格。钢管的壁厚和平直度达不到规范要求，致使模板的支撑力达不到施工要求。

2. 安全事故的预防措施

1）防止安装平台模板时发生高处坠落

在传统的平台模板施工中，首先架起的是纵梁，在纵梁的两端加以支撑，连接板提供了临时支撑，由此模板工人感到在纵梁上钉支撑连接板比较方便，因而在一定的高度梁上行走的这种作业方法很容易掉下来，正确的作业方法是站在梯子上进行作业。

安装平台模板的第二步是安装横梁，在横梁上行走也容易失去平衡而坠落，为了预防这种坠落，要让模板尽可能地靠近放置横梁的地方。

改变模板系统安装方式有时是减少安全事故的一个实用方法，在地面上拼制成的平台模板可以吊装也可滑动就位，并支撑在支撑架形式的支撑塔或桁架上，支撑托架安装在柱或承重墙上，当此模板安装就位时，它们提供了安全操作平台，能防止高处坠落事故的发生。

模板支撑搭设要符合标准规程，严格按照设计要求施工，禁止违规操作，保证支撑搭设受力均匀，防止发生因坍塌引发的坠落事故。

2）防止物体打击

所有模板构件在其就位时均应固定牢固，未固定支柱时，在台面上放置荷载并沿台面上移动时易造成滑落伤人的事故。横木支撑或其他的横向支撑应在第一根纵梁升起时尽快安装固定以增加稳定性，从稳定台面上升起的纵梁应使用连接板固定牢固，支撑必须具有横向稳定性才能在其上放置荷载。松动的零件越少，掉落的可能性越小，因而在作业过程中应当尽量减少活动件的数目，当模板从一个高度吊至另一个高度时，要除去上面所有散放物体或使散放物体固定于模板上，并在起吊之前扫去模板上的各种碎块。

3）防触电事故安全措施

（1）电工必须持证上岗并严格按照操作规程操作；

（2）施工用电，采用三相五线制，配电箱必须使用漏电保护器做总负荷开关，照明灯具必须接保护接地，实行一机一闸一保护；

（3）随时检查电缆、电线是否破损，如有破损要及时更换；

（4）电气设备和线路必须绝缘良好，电线不准与金属物搭挂或绑在一起，各种用电器具必须按规定接零或接地，并设单一开关，遇有临时停电或停工休息时，必须拉闸切断电源。

4）防机械伤害事故安全措施

（1）不懂电器和机械的人员严禁使用和摆弄机电设备；

（2）机电设备应完好，必须有可靠有效的安全防护装置；

（3）机电设备停电、停工休息时必须拉闸关机，按要求上锁；

（4）机电设备应做到定人操作，定人保养、检查；应做到定机管理，定期保养；应做到定岗位和岗位职责；

（5）机电设备不准超负荷运转；

（6）机电设备不准带病运转；

（7）机电设备不准运转时维修；

（8）机电设备运转时，操作人员不准将头、手、身等部位伸入运转的机械设备行程范围内。

5）防坍塌事故安全措施

（1）搭设支撑架，必须按规定设连墙件、剪力撑和支撑，支撑架与建筑物之间的连接应牢固，支撑架的整体应稳定。

（2）在构筑物安装上层模板及其支架时，下层结构强度达到承受上层模板、支撑和浇筑混凝土重量时，方可进行上层支模作业。

（3）高处、复杂结构模板的装拆，事先应有可靠的安全措施，模板及其支撑系统在安装时，必须设置临时固定设施，严防坍塌。

（4）模板支撑不能固定在支撑架体上，避免发生倒塌或模板位移，在模板上施工时，堆物不宜过多，不宜集中一处，大模板的堆放应有防倾措施。

1.2.2 安全作业规程

1. 模板工常规安全作业规程

1）作业人员须经培训合格后方可开展作业活动。

2）作业人员需佩戴好安全帽、安全带、防护手套等防护用品开展作业活动。

3）安装模板应该按照规定的程序进行，本道工序模板未固定之前，不能进行下一道工序的施工；模板的支柱必须支撑在牢靠处，底部用木板垫牢，不准使用脆性材料铺垫。

4）模板安装时，支柱底部必须用木板垫牢，防止移位、坍塌。

5）为保证模板的稳定性，除按照规定加设支柱外，还应在沿立柱的纵向及横向加设水平支撑和剪力撑，保证其稳定性。

6）大模板要成对、面对面存放，防止碰撞或大风刮倒。

7）当下层楼板未安装固定牢靠的情况下，支设上层模板时，下层的模板支柱不能提前拆除。

8）拆除模板必须经工地技术负责人批准，设专人指挥，不得违规作业。

9）模板拆除作业前，应在作业区周边设围挡和醒目标志，拆下的模板应及时清理、分类堆放。

10）模板拆除作业后不得留有悬空模板，防止突然落下伤人。

11）禁止无关人员进入拆模现场，防止发生人员坠落及物体打击事故。

2. 模板支撑

1）支撑系统严禁使用木支撑，必须使用钢支撑，模板支撑系统的选材及安装必须符合模板专项设计方案的要求。

2）模板及其支架应根据工程结构形式、荷载大小、地基土类别、施工设备和材料供应等条件进行设计，模板及其支架应具有足够的承载能力、刚度和稳定性。

3）严禁在垂直面上交叉作业，模板安装应设安全监护人员现场监护。

4）支设悬挑式的模板时，应搭设支架或支撑架，有稳定的立足点，混凝土板拆模后，形成的临边或洞口，应进行安全防护。

3. 模板拆除

1）模板及其支架拆除的顺序及安全措施应按施工技术方案执行。

2）模板支撑的拆除，必须确定构件安装固定稳固后，填报拆模申请作业，经申报批准后方可进行，高处拆模人员应配置登高用具、搭设支架、个人防护用品。

3）拆除3m以上模板时，应搭支撑架、工作台，并设防护栏杆，禁止在同一垂直面上进行交叉作业。

4）拆除模板时，各类人员均不允许站在正在拆除的模板下，防止模板掉落伤人。

5）拆模必须一次性拆除，不得留悬空板。

6）拆除模板时要相互配合，协同工作，上下传递模板，不得任意抛掷，拆模间隙时，相关人员应在安全位置休息，应将已活动的模板、撬杠、支撑等运走或妥善堆放，防止发生物体打击和高处坠落。

7）拆除后的模板严禁随意摆放或集中堆放，应分批统一吊运。

8）拆除后的模板要及时清理，分类存放并堆放整齐，堆放高度不超过2m。

1.2.3　防护用品的使用

1. 安全帽的使用

安全帽的佩戴要符合标准，使用要符合规定；如果佩戴和使用不正确，就无法起到充分的保护作用，一般应注意下列事项：

1）佩戴安全帽前应将帽后调整带按自己的头型调整到合适位置，然后将帽内弹性带系牢；缓冲衬垫的松紧带由带子调节，人的头顶和帽体内顶部的空间垂直距离一般在25 ~ 50mm之间，这样才能保证当遭受冲击时，帽体有足够的空间可供缓冲，平时也有利于头和帽体间的通风。

2）不要把安全帽歪戴，也不要把帽檐戴在脑后，否则会降低安全帽对于冲击的防护作用。

3）安全帽的下颌带必须扣在颌下，并系牢，松紧要适度。

4）安全帽在使用过程中会逐渐损坏，要定期检查有无龟裂、下凹、裂痕和磨损等情况，发现异常现象要立即更换，不得再继续使用，任何受过重击、有裂痕的安全帽，不论有无损坏现象，均应报废。

5）严禁使用无帽内缓冲层的安全帽。

6）施工人员在现场作业，平时使用安全帽时应保持整洁，不能接触火源，不要任意涂刷油漆，不得将安全帽脱下，搁置一旁，或当坐垫使用。

7）由于安全帽大部分是使用高密度低压聚乙烯塑料制成，具有硬化和变蜕的性质，不宜长时间在阳光下暴晒。安全帽的保质期根据其制造使用的材料不同，保质期也不同，保质期从产品制造完成之日计算。植物枝条编织帽不超过2年；塑料帽不超过2.5年；玻璃钢（维纶钢）橡胶帽不超过3.5年；达到使用年限的安全帽要停止使用，并作报废处理。

2. 安全带的使用

为了防止作业人员在某个高度和位置上可能出现的坠落，在开展登高和高处作业时，必须系挂好安全带，安全带的使用和维护有以下几点要求：

1）安全带在使用前要检查各部位是否完好无损，使用后，要注意维护和保管，经常检查安全带缝制部分和挂钩部分，必须详细检查捻线是否发生裂断和残损。

2）高处作业如安全带无固定挂处，应采用适当强度的钢丝绳或采取其他方法，禁止把安全带挂在移动或带尖锐棱角或不牢固的物件上。

3）必须采取高挂低用，使坠落发生时的实际冲击距离减小。

4）安全带要拴挂在牢固的构件或物体上，防止摆动或碰撞，绳子不能打结使用，钩子要挂在连接环上。

5）安全带绳保护套要保持完好，以防绳被磨损，若发现保护套损坏或脱落，必须加上新套后再使用。

6）安全带严禁擅自接长使用，如果使用3m及以上的长绳时必须加缓冲器，各部件不得随意拆除。

7）安全带不使用时要妥善保管，不可接触高温、明火、强酸、强碱或尖锐物体，不得存放在潮湿的仓库中保管。

8）安全带在使用两年后应检验一次，频繁使用应经常进行外观检查，发现异常必须立即更换。

3. 防护手套的使用

施工现场上常用的防护手套有劳动保护手套、带电作业用绝缘手套、耐酸、耐碱手套、橡胶耐油手套、焊工手套；模板施工常用的是劳动保护手套，在作业过程中防止因擦、碰、挤压等造成手及手臂的损伤，应按规定进行分发并督促佩戴。

4. 安全鞋（防滑鞋）的使用

1）不得擅自修改安全鞋的构造。

2）穿着合适尺码的安全鞋，有助于维持穿着者的足部健康及鞋具的耐用期。

3）注意个人卫生，使用者应维持脚部及鞋履清洁干爽。

4）定期检查清理安全鞋，如发现鞋底防滑层磨损严重或鞋身损坏严重，应立即更换。

5. 护目镜的使用

1）选用的护目镜要选用经产品检验机构检验合格的产品。

2）护目镜的宽窄和大小要适合使用者的脸型，可以调节头带进行调整与面部的合适程度，减少压痛感。

3）护目镜使用时要注意专人专用，禁止交换使用，防止因护目镜大小不同而产生意外情况，同时也可防止传染眼疾。

4）护目镜使用时间过长或使用不当，会造成镜片磨损粗糙、镜架损坏，留下刮痕后的镜片会影响佩戴者的视线，或护目镜整体变形，达不到佩戴安全标准的需要及时进行更换。

5）防止重摔重压，防止坚硬的物体摩擦镜片或面罩，对镜片等造成损坏。

6）在清洗护目镜时，需要使用柔软的专业擦拭布进行清理，存放于干净区域。

7）综合型的眼面部防护用品，应遵照产品使用说明书的指引进行维护。

第2章　模板基础知识

2.1　建筑识图

2.1.1　建筑工程制图通识

1. 一般民用建筑的组成及作用

建筑物按其使用功能和使用对象的不同分为很多种，但一般可分为民用和工业用两大类。一般民用建筑的组成为主要部分和附属部分。主要部分包括基础、柱、梁、内外墙、楼板和屋面板及屋面；附属部分包括门、窗、楼梯、地面、走道、台阶、花池、散水、勒脚、屋檐、雨篷等细部构造，如图1-2-1所示。

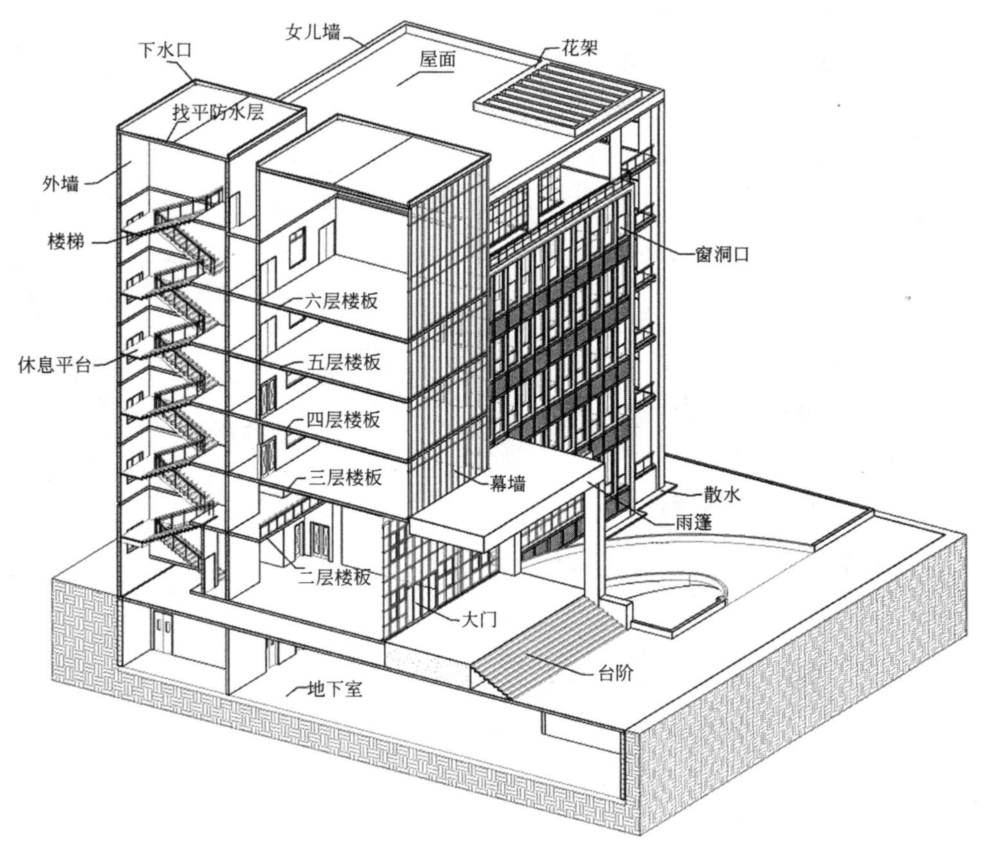

图1-2-1　民用建筑的组成

一套建筑工程施工图按图纸目录、总说明、总平面、建筑、结构、水、暖、电等施工图顺序编排。各工种图纸的编排，一般是全局性图纸在前，表明局部的图纸在后；先施工的在前，后施工的在后；重要图纸在前，次要的图纸在后。为了图纸的保存和查阅，必须对每张图纸进行编号。房屋施工图按照建筑施工图、结构施工图、设备施工图分别分类进行编号。

2. 建筑工程施工图的图示特点及识读方法

绘图所用比例如表1-2-1所示。

绘图所用比例　　表 1-2-1

常用比例	1∶1、1∶2、1∶5、1∶10、1∶20、1∶50、1∶100、1∶150、1∶200、1∶500、1∶1000、1∶2000、1∶5000、1∶10000、1∶20000、1∶50000、1∶100000、1∶200000
可用比例	1∶3、1∶4、1∶6、1∶25、1∶30、1∶40、1∶60、1∶80、1∶250、1∶300、1∶400、1∶600

看图的方法一般是：从外向里看，从大到小看，从粗到细看，图样与说明对照看，建筑与结构对照看。先粗看一遍，了解工程的概貌，而后再细读。

看图的一般步骤：先看目录，了解总体情况，图纸总共有多少张；然后按图纸目录对照各类图纸是否齐全，再细读图纸内容。

建筑工程施工图中常用的符号如下：

1）标高（图1-2-2 ~ 图1-2-4）

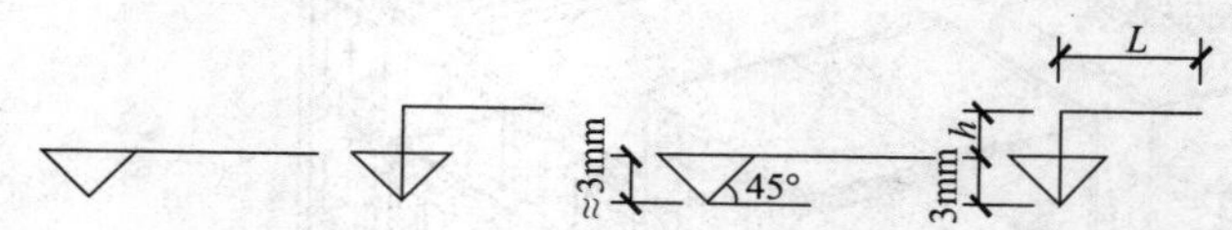

图 1-2-2　标高符号（一）

图 1-2-3　标高符号（二）　　图 1-2-4　标高符号（三）

2）定位轴线（图1-2-5、图1-2-6）

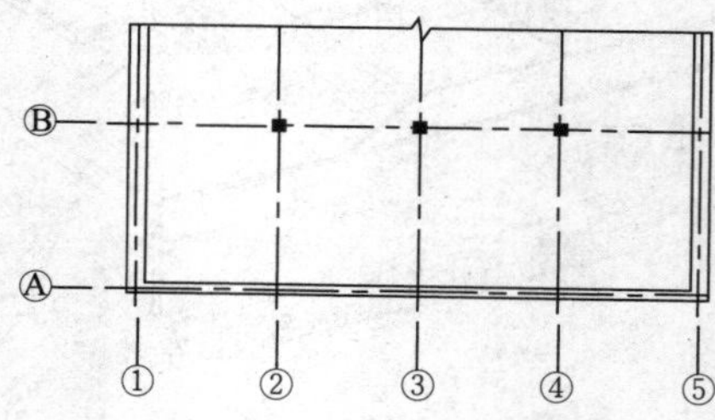

图 1-2-5　平面图定位轴线的编号顺序

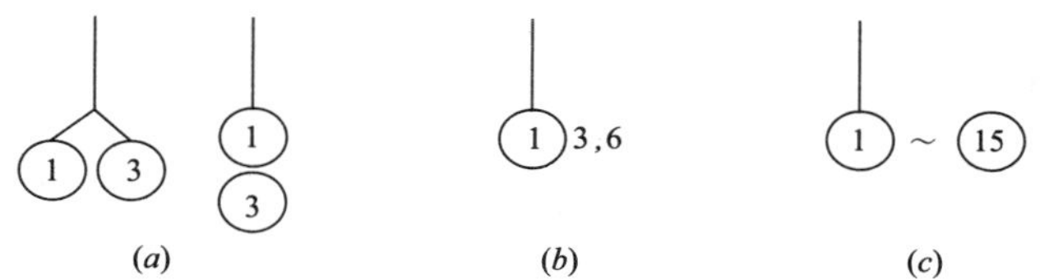

图 1-2-6　详图定位轴线
(*a*) 适用两条轴线；(*b*) 适用三条轴线；(*c*) 适用多条轴线

3）索引符号与详图符号（图1-2-7）

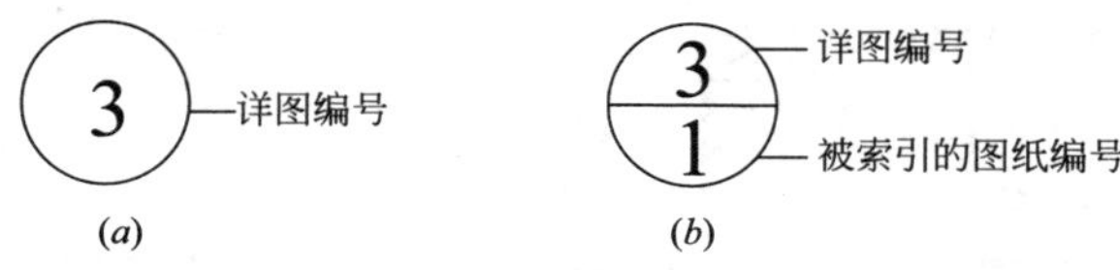

图 1-2-7　详图符号

4）引出线（图1-2-8 ~ 图1-2-11）

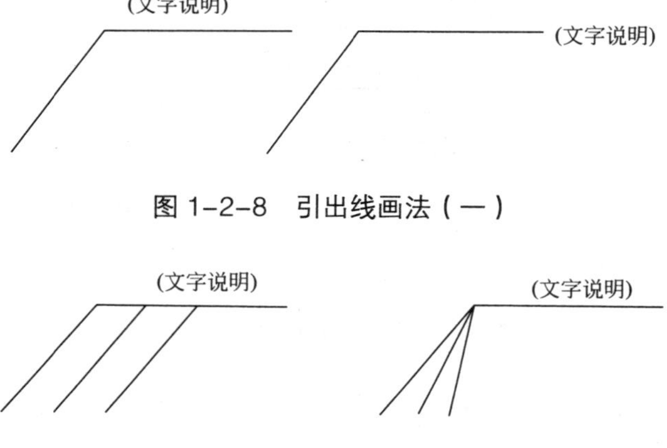

图 1-2-8　引出线画法（一）

图 1-2-9　引出线画法（二）

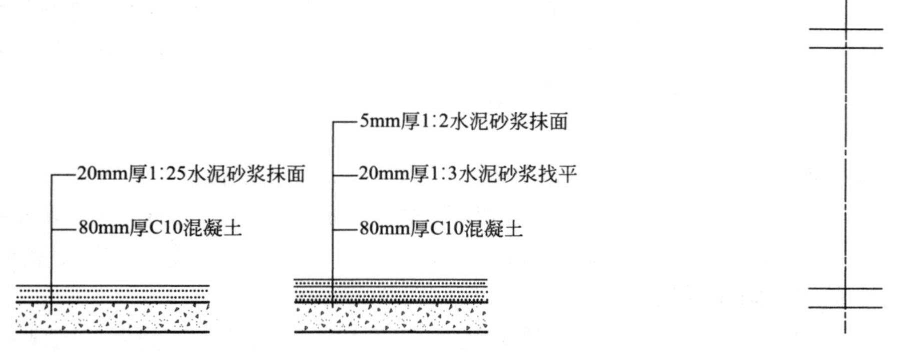

图 1-2-10　引出线画法（三）　　图 1-2-11　对称符号

2.1.2 建筑施工图

1. 建筑平面图（图1-2-12）

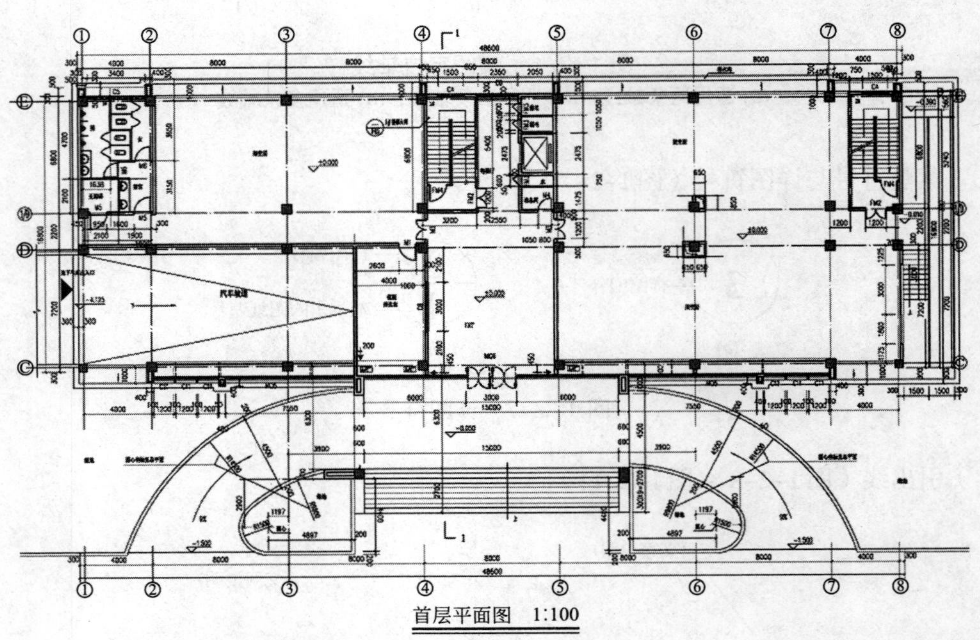

图1-2-12 平面图

图示方法如下：

1）比例

平面图常用1 ∶ 50、1 ∶ 100、1 ∶ 200的比例进行绘制。

2）图例

由于比例较小，平面图中许多构造配件（如门、窗、孔道、花格等）均不按真实投影绘制，而按规定的图例表示。

3）定位轴线与图线

承重墙、柱，必须标注定位轴线并按顺序编号。被剖切到的墙、柱断面轮廓线用粗实线画出；没有剖到的可见轮廓线（如台阶、梯段、窗台等）用中实线画出；轴线用细点划线画出，标注尺寸线、尺寸界线、引出线用细实线画出。

4）尺寸标注

外部尺寸。外部尺寸一般标注在平面图的下方和左方，分三道标注：最外面一道是总尺寸，表示房屋的总长和总宽；中间一道是定位尺寸，表示房屋的开间和进深；最里面一道是细部尺寸，表示门窗洞口、窗间墙、墙厚等细部尺寸，同时还应注写室外附属设施，如台阶、阳台、散水、雨篷等尺寸。

内部尺寸。一般应标注室内门窗、墙厚、柱、砖垛和固定设备（如厕所、盥洗室等）的大小位置，及需要详细标注出的尺寸等。底层平面图中，应注写室内外地面的标高。

2. 建筑立面图（图 1-2-13）

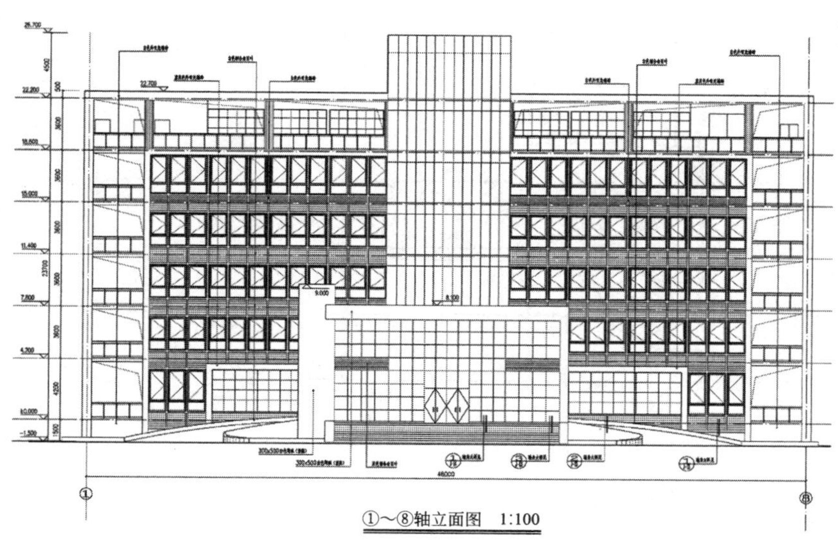

图 1-2-13　立面图

图示方法：

①图名与比例

每个立面对应一个立面图，分正、侧、背向立面图，或东、南、西、北向立面图，或以轴线编号命名。建筑立面图的绘制比例应与平面图相一致，常用1 ： 50、1 ： 100、1 ： 200的比例进行绘制。

②图例

立面图比例小，立面图上的门窗应按图例立面式样表示，并画出开启方向，细实线表示外开，虚实线表示内开。相同构件和构造可局部图示，其余简化。

③定位轴线与图线

在建筑立面图中，一般只绘制两端的轴线并注出其编号，且编号应与建筑平面图中该立面两端的轴线编号一致，以便与平面图对照确定立面图的观看方向。建筑物的外形轮廓线用粗实线表示（b）；室外地坪线用特粗实线表示（$1.4b$）；门窗、阳台、雨篷等主要部分的轮廓线用中粗实线表示（$0.5b$）；门窗扇、勒脚、雨水管、栏杆、墙面分隔线，及有关说明的引出线、尺寸线、尺寸界线和标高均用细实线表示（$0.35b$）。

④尺寸标注

最外一道尺寸：表示建筑物总高，从建筑物室外地坪至女儿墙；

中间一道尺寸：表示层高，即上下相邻两层楼板之间的距离；

最里一道尺寸：表示室内外地面高差、防潮层位置、窗下墙高度、门窗洞口高度、洞口顶面到上一层楼面的高度、女儿墙或挑檐板高度。

3. 建筑剖面图（图1–2–14）

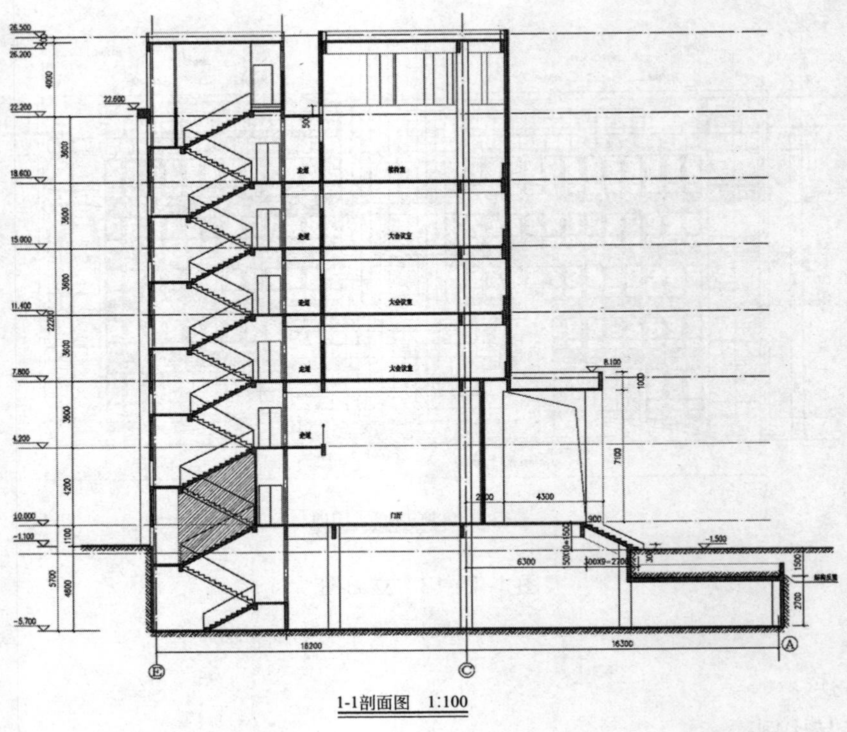

1-1剖面图　1:100

图 1–2–14　剖面图

图示方法：

①比例

建筑剖面图的比例应与建筑平面图、立面图相一致，通常为1 ∶ 50、1 ∶ 100、1 ∶ 200等。

②图例

由于建筑剖面图的绘制比例较小，按投影很难将所有细部表达清楚，所以剖面的建筑构造与配件也应用相应的图例表示。

一般而言，剖面图的构件（例如门窗等）都应当采用国家有关标准规定的图例来绘制，而相应的具体构造可以在建筑详图中采用较大的比例绘制。

③定位轴线与图线

在剖面图中，凡是被剖切到的承重墙、柱等均要绘制定位轴线，并注写上与平面图相同的编号。一般情况下，定位轴线只绘制两端的轴线及编号，以便与平面图对照。

主要建筑构造用粗实线表示（*b*），如承重墙、柱的断面轮廓及剖切符号；次要建筑构造的轮廓线用中粗实线表示（0.5*b*），如墙身、散水、门扇开启线、建筑构配件的轮廓线及尺寸起止短斜线；建筑构配件中不可见的轮廓线用中虚线；可见轮廓线及图例、尺寸标注等用细实线（0.35*b*）。

④尺寸标注

最外一道尺寸：表示建筑物总高，从建筑物室外地坪至女儿墙；

中间一道尺寸：表示层高，即上下相邻两层楼板之间的距离；

最里一道尺寸：表示室内外地面高差、防潮层位置、窗下墙高度、门窗洞口高度、洞口顶面到上一层楼面的高度、女儿墙或挑檐板高度。

4. 楼层结构平面图（图 1-2-15）

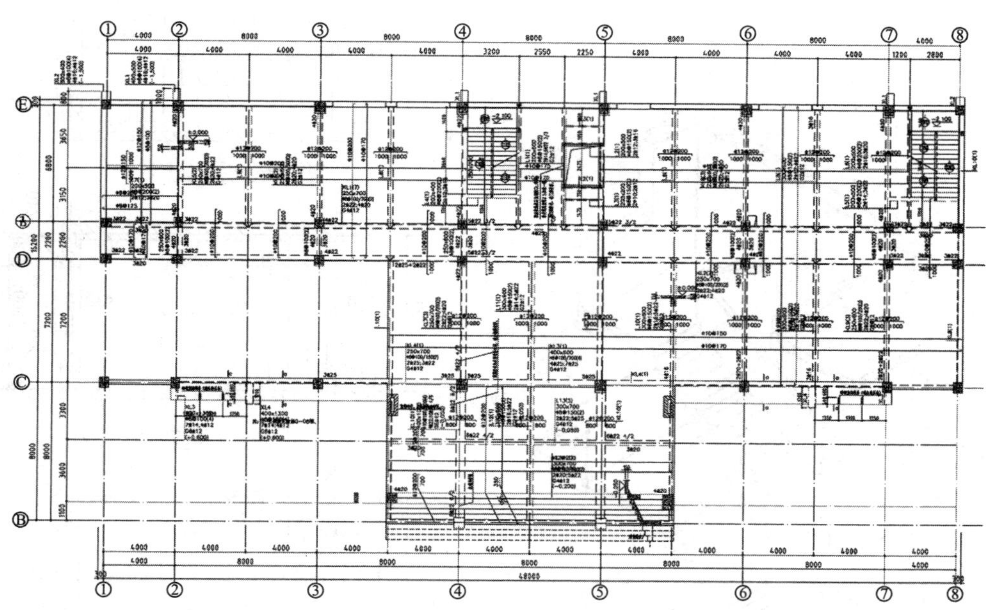

图 1-2-15　楼层结构平面图

图示方法：

①比例

楼层结构平面图的比例应与建筑平面图相一致，通常为 1 ∶ 50、1 ∶ 100、1 ∶ 200 等。

②定位轴线与图线

楼层结构平面图的定位轴线的画法、尺寸及编号应该建筑平面图一致。

可见的墙、梁、柱的轮廓线用中粗实线表示；不可见的墙、梁、柱的轮廓线用中粗虚线表示，门窗洞口省略不表示；如若干部分相同时，可只绘制一部分，并用大写拉丁字母（A、B、C……）外加直径 8 ~ 10mm 的细实线圆圈表示相同部分的分类符号。

③尺寸标注

结构平面图上标注的尺寸较简单，仅标注与建筑平面图相同的轴线编号和轴线间尺寸、总尺寸、一些次要构件的定位尺寸及结构标高。

2.1.3 楼梯、阳台、建筑外墙节点详图

1. 楼梯详图（图1-2-16 ~图1-2-19）

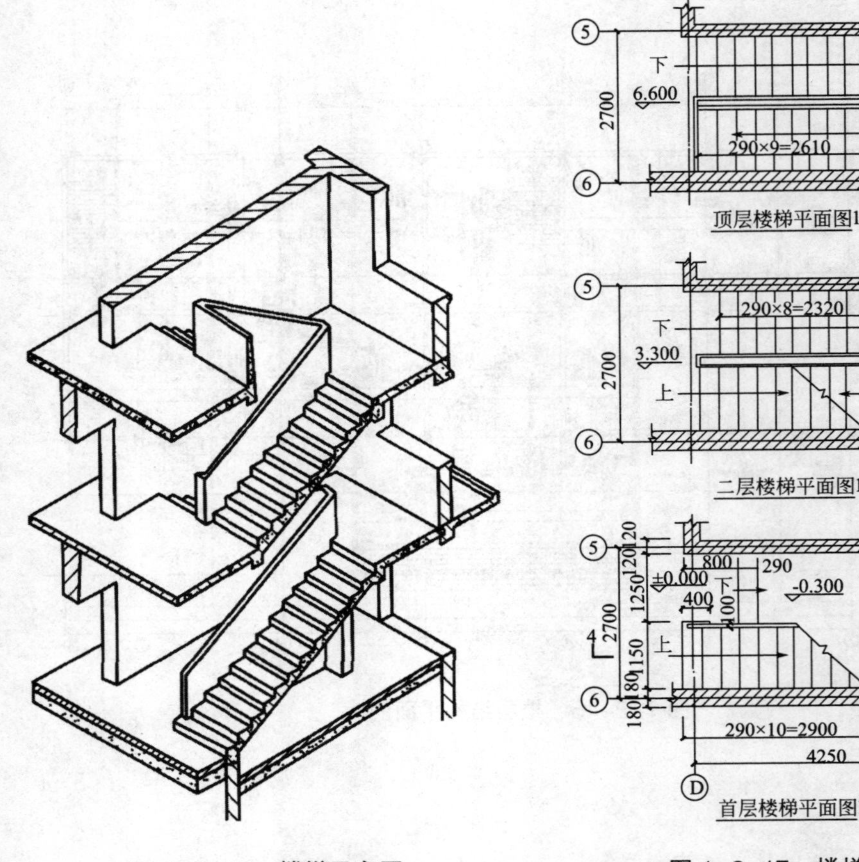

图 1-2-16　楼梯示意图　　　　图 1-2-17　楼梯平面图

图示方法：

①剖切位置

从地面往上走的第一梯段（休息平台下）的任一位置处。各层被剖切到梯段，按“国标”规定，均在平面图中以一根45° 折断线表示。

②轴线编号

与建筑平面图对应。

③楼梯的走向及踏步的级数

在每一梯段处画有一长箭头，并注写“上”或“下”字和层间踏步级数，表明从该层地面往上或往下走多少步级可到达上（或下）一层的楼（地）面。梯段的“上”或“下”是以各层楼地面为基准标注的，向上者称上行，向下者称下行。

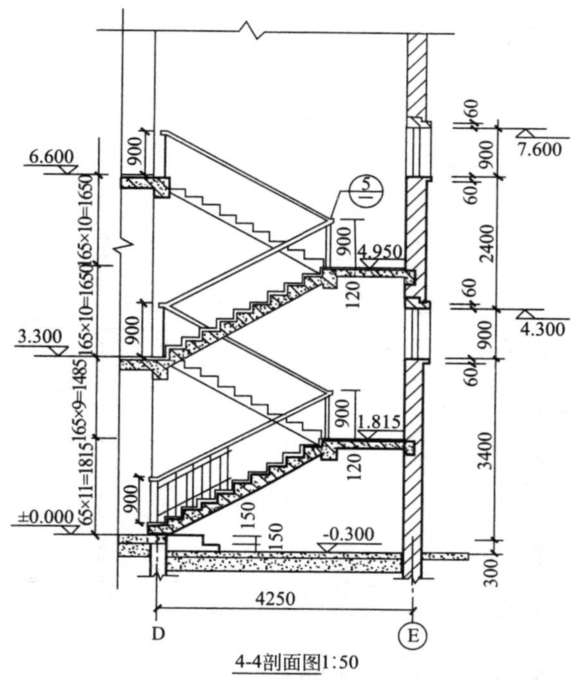

图 1-2-18　楼梯剖面图

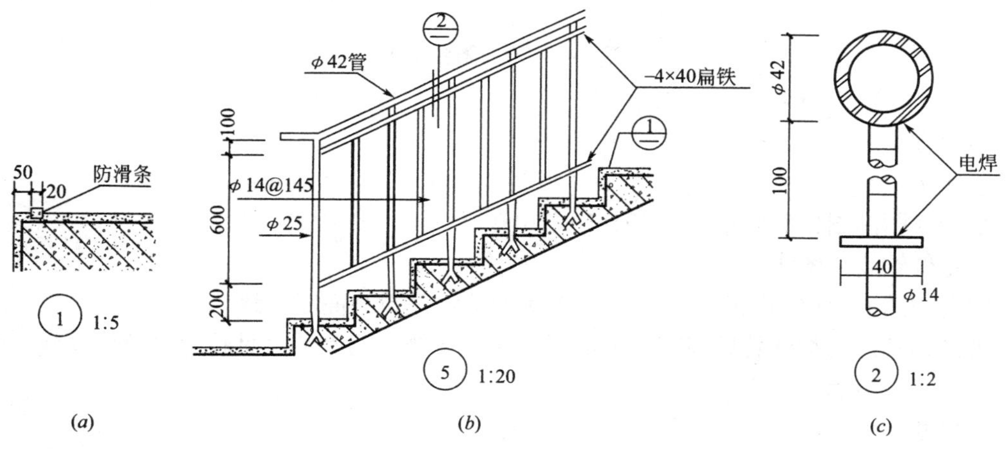

图 1-2-19　楼梯踏步、栏杆与扶手详图
(a) 踏步；(b) 栏杆；(c) 扶手

④尺寸标注

楼梯平面图中，需注出楼梯间的开间和进深尺寸、楼梯休息平台的宽度、楼地面和平台面的标高，以及各细部的详细尺寸。通常把梯段长度尺寸与踏面数、踏面宽的尺寸合并写在一起。

2. 阳台详图（图1-2-20）

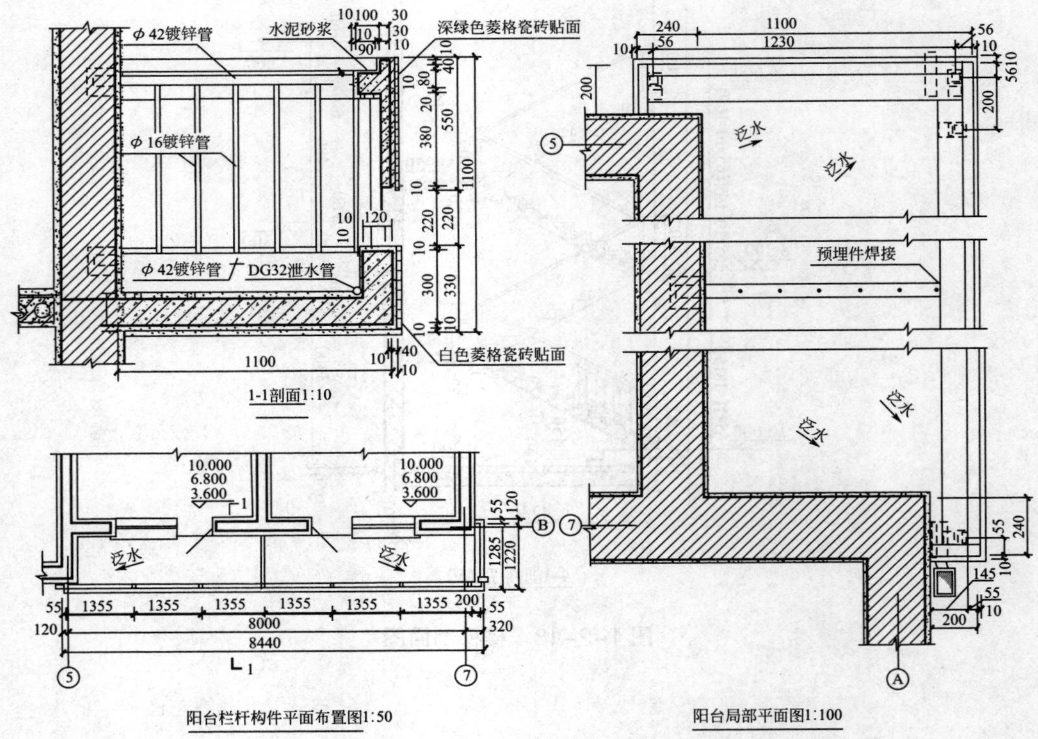

图 1-2-20　阳台详图

图示方法：

①比例

阳台详图制图比例常用1 ∶ 20、1 ∶ 10。

②定位轴线与图线

阳台详图的定位轴线的画法、尺寸及编号应该建筑平面图一致。

被剖切到的构配件轮廓线用中粗实线表示；未被剖切到的可见轮廓线及尺寸线、图例线等用细实线表示。

③尺寸标注

标注与建筑平面图相同的轴线编号和轴线间尺寸，对洞口、部件的定位标注要明确。

3. 建筑外墙节点详图（图1-2-21）

图示方法：

①比例

外墙节点详图制图比例常用1 ∶ 20、1 ∶ 10。

②定位轴线与图线

楼层结构平面图的定位轴线的画法、尺寸及编号应该建筑平面图一致。

被剖切到的构配件轮廓线用中粗实线表示；未被剖切到的可见轮廓线及尺寸线、图例

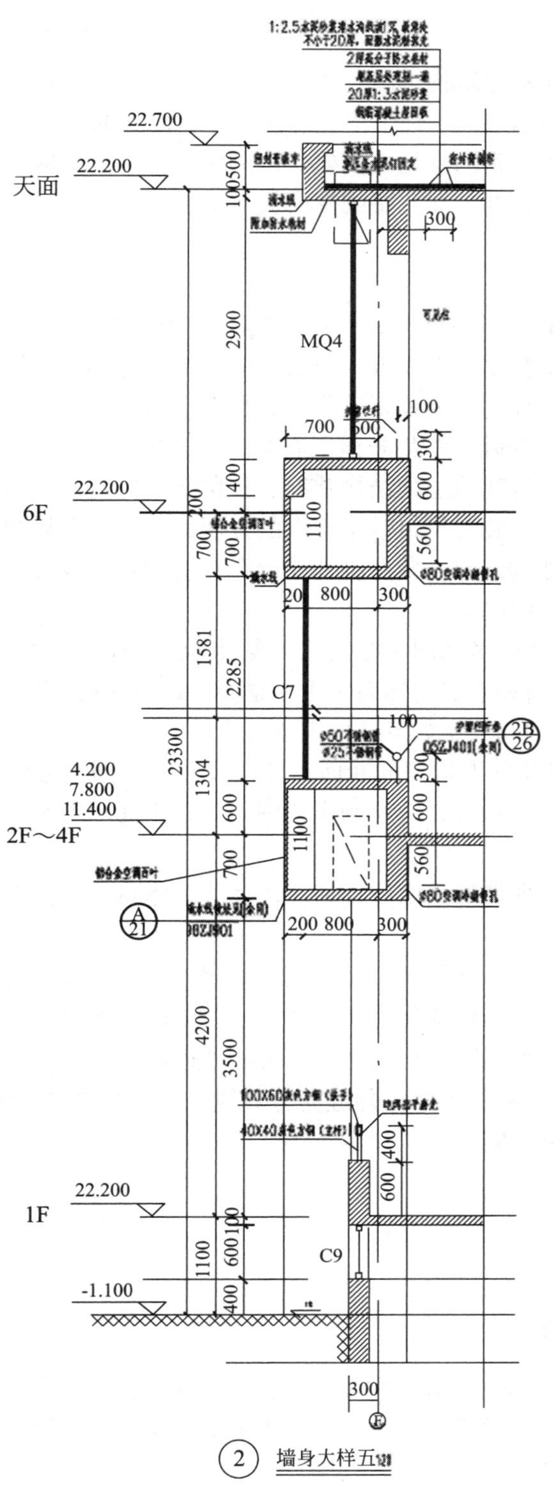

图 1-2-21　外墙节点详图

线等用细实线表示。

③尺寸标注

最外一道尺寸：表示建筑物总高，从建筑物室外地坪至女儿墙；

中间一道尺寸：表示层高，即上下相邻两层楼板之间的距离；

最里一道尺寸：表示室内外地面高差、防潮层位置、窗下墙高度、门窗洞口高度、洞口顶面到上一层楼面的高度、女儿墙或挑檐板高度。

2.1.4 模板翻样图

木工翻样的主要职责是按照原设计图，“翻样”出木工模板图，包括一部分模板的支撑详图，并且指导木工制作木工模板。现场木工班组长是看木工翻样图工作的。

模板翻样是模板工程的一项重要工作。它是在全面熟悉设计图纸的前提下，以建筑物各个标准层的平面图为基础，汇集与该层有关的各结构构件，并进行高度的归纳。通过翻样，能一目了然地看出各建筑层的结构状况、预留孔洞以及预埋件的位置等。它以一张图归纳多张蓝图的内容，给施工班组带来极大的方便，节约了大量的时间。同时，在翻样过程中，能仔细地推敲结构细节，发现设计图中存在的问题，以求得及时解决，避免施工错误。现就其方法步骤介绍如下。

1）绘制建筑物标准层平面图：绘制比例视具体情况适当放大。

2）标注本层的标高和下层的标高：主要是便于计算柱模及其顶撑的长度。

3）在平面图上归纳和绘制如下结构内容。

（1）L梁、板、墙及其他构件的断面和几何尺寸，相同型号的只需标注出一个，较复杂的以及特殊形式的结构构件，应绘制大样图，并在平面图上编上大样图图号，断面线一律用红铅笔涂做记号。

（2）预留孔洞、预埋件的平面位置和几何尺寸、标高等，如不能表达清楚时，还需绘大样。

（3）同一平面上不同标高的部位，除应注明相异的标高外，还要画出断面图。

（4）选用标准图集的结构部位，按标准图绘出结构大样。

（5）屋面的挑檐、天沟除画出剖面外，不能表达的部位，仍需画大样图。

4）较长的大型建筑物，可以沉降缝为分界线，分别绘制。木工翻样力求简洁、明了、全面，最主要的是能够说明问题（图1-2-22）

2.2 放线、测量

2.2.1 测量工作原则

1）审查图纸：校核施工图所有尺寸与建筑物的关系即平面、立面、大样图所标注的同一位置的建筑物尺寸、形状、标高是否一致；室内外标高之间的关系是否正确。

2）实施测量原则：以大定小、以长定短、以精定粗、先整体后局部。

3）测量主要操作人员必须持证上岗。

4）施工前测量方案审批通过（方案中要有建立测量网络控制图、结构测量放线图、

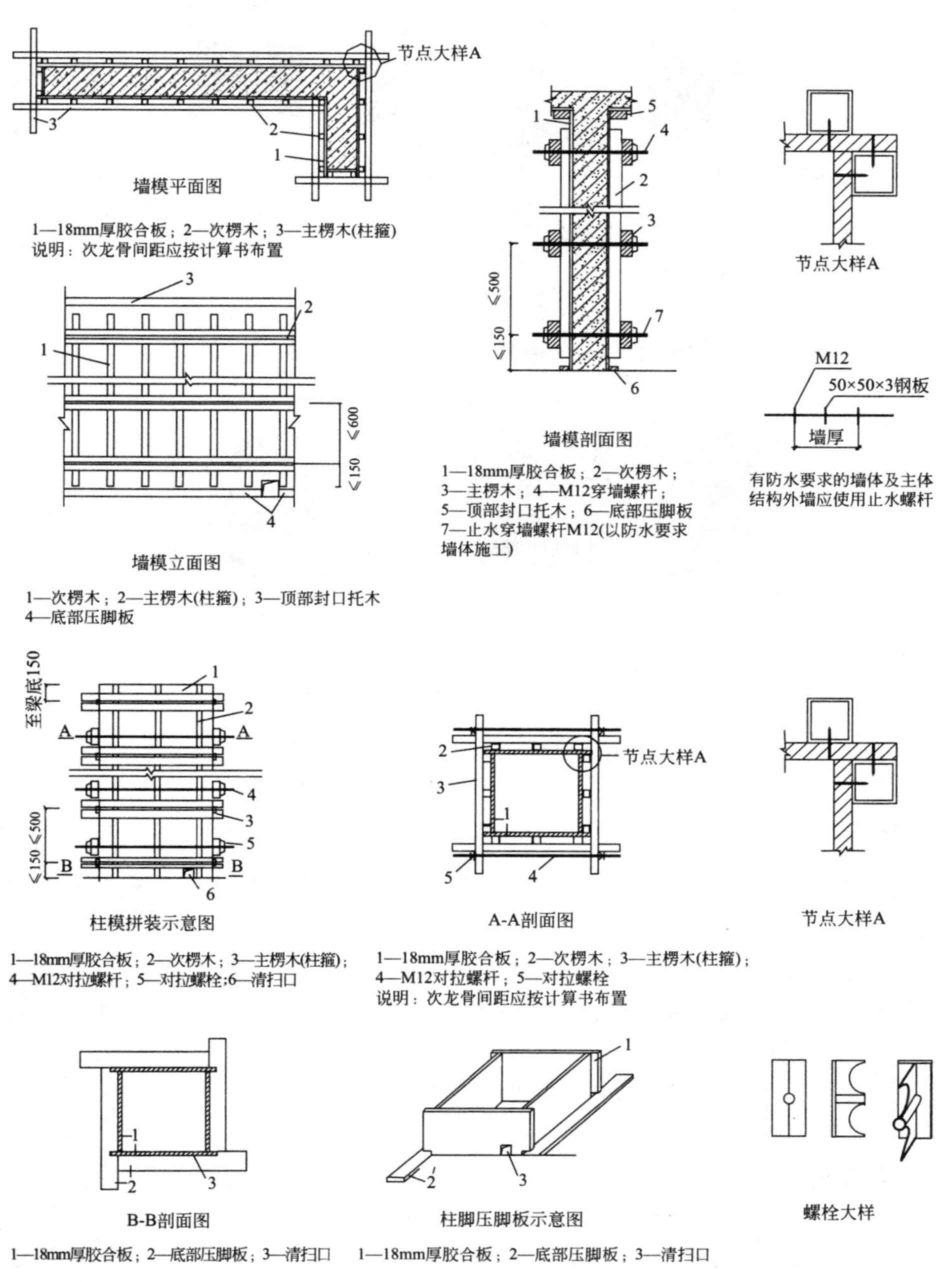

图 1-2-22　模板翻样图

标高传递图、水电定位图、砌筑定位放线图、抹灰放线控制图等）。

2.2.2　测量工具

测量工具如图 1-2-23 所示。

图 1-2-23　测量工具

2.2.3　测量步骤

1）制定测量计划，按施工进度要求，精度要求，制定测量方案，根据图纸中数据计算和绘制测量草图。

2）开工前熟悉施工测量方案、仪器配备、人员配备，方可施工。

3）检查校正测量仪，如经纬仪、全站仪、水准仪、标尺、钢尺等，在使用前均应做好校正工作，以保证测量精度。

4）建立测量仪器台账统一管理，定期维护与保养。

2.3　模板的分类

建筑模板是一种临时性支护结构，按设计要求制作，使混凝土结构、构件按规定的位置、几何尺寸成形，保持其正确位置，并承受建筑模板自重及作用在其上的外部荷载。

2.3.1　模板的种类

1）按照形状分为平面模板和曲面模板两种。

2）按受力条件分为承重模板（承受混凝土的重量）和非承重模板（承受混凝土的侧压力）。

3）按照材料分为木模板、钢模板、钢木组合模板、铝合金模板、塑料模板、砖砌模板、纸模板等。

4）按照结构和使用特点分为拆移式、固定式两种。

5）按其特种功能有滑动模板、模壳、真空吸盘或真空软盘模板、保温模板、钢模台车等。

2.3.2　模板的简介

1）木模板是现阶段建筑工地较为常用的一种，木模板通常使用杨木、松木为板芯，木模板在使用过程中以其轻便、切割方便得到广泛认可。适用于高层建筑中的水平模板、剪力墙、垂直墙板、高架桥、立交桥、大坝、隧道和梁柱模板等，强度较高、韧性好。但其不阻燃，易吸水变形，耐腐蚀、耐硫酸性差，单次使用成本较高。

2）建筑钢模板是一种定型建筑模板，是使用连接构件拼装而成的，在构件混凝土结构施工中使用较为广泛，如筒中筒结构或者框架筒结构。它的优点主要体现在部件强度高，组合刚度大，板块制作精度高，拼缝严密，不易变形，模板整体性好，抗震性强。同时也存在模板重量大，移动安装需起重机械吊运，钢制建筑模板一次性资金投入较大，成本高等缺点。

3）塑料模板是以聚丙烯等硬质塑料为基材，加入玻璃纤维、剑麻纤维、防老化助剂等增强材料，经过复合层压等工艺制成的一种工程塑料，可锯、可钉、可刨、可焊接、可修复，其板材镶于钢框内或钉在木框上，所制成的塑料模板能代替木模板、钢模板使用，既环保节能，又能保证质量，施工操作简单，节约成本，减轻工人劳动强度，减少钢材、木材用量，此材料最后还能回收利用。塑料模板表面光滑、易于脱模、重量轻、耐腐蚀性好，模板周转次数多、可回收利用，对资源浪费小，有利于环境保护，符合国家节能环保要求。塑料模板属于组合型小模板（包括平板模、阴角模、连接角模），拼组连接件包括异形卡、钩头螺栓、紧固螺栓、对拉螺栓、模板扣件，其特点是重量轻、强度高、使用轻便，卡扣连接操作简单，规格多、拼模率高，表面光洁易脱模，可使模板安装效率提高，支拆模快捷省力，易清理，从而缩短工期。

4）铝合金模板具有重量轻、刚度大、拼装方便等特点。铝合金制作的新型建筑模板，是建筑行业新兴起的绿色施工模板，具有操作简单、施工快、回报高、环保节能、使用次数多、混凝土浇筑效果好、可回收等特点，被各建筑公司广泛采用。它具有阻燃性，不吸水不变形，相比于钢模板，其重量轻、操作方便，能够组合拼装成不同尺寸、外形尺寸复杂的整体模架，装配化、工业化施工的系统模板，解决了以往传统模板存在的缺陷，大大提高了施工效率。铝模板设计研发及施工应用，是建筑行业一次大的发展。

5）模壳是用于钢筋混凝土现浇密肋楼板的一种工具式模板。由于密肋楼板是由薄板和间距小的单向或双向密肋组成，因而，使用木模和组合式模板组拼成比较小的密肋梁模板难度较大，且不经济。采用塑料或玻璃钢按密肋楼板的规格尺寸加工成需要的模壳，具有一次成型、多次周转使用的特点。目前我国的模壳主要采用玻璃纤维增强塑料和聚丙烯塑料制成，配置以钢支柱（或门架）、钢（或木）龙骨、角钢（或木支撑）等支撑系统，使模板施工的工业化程度大大提高。

第3章 常用模板

建筑施工现场常用的模板有木模板、铝模板、钢模板。

3.1 木模板

3.1.1 木模板的性能

本章将胶合板模板、木模板、竹木胶合板模板统一作为木模板进行介绍。常用的为扣件式钢管支架（或碗扣式、盘扣式、盘销式或轮扣式钢管架作模板支架）搭设的模板支撑体系（本章简称模板及支架）。

1. 性能

1）木模板特点

（1）板幅大、自重轻、板面平整。既可减少安装工作量，节省现场人工费用，又可减少混凝土外露表面的装饰及磨去接缝的费用。

（2）承载能力大，特别是经表面处理后耐磨性好，能多次重复使用。

（3）材质轻，厚18mm的木胶合板，单位面积重量为50kg，模板的运输、堆放、使用和管理等均较为方便。

（4）保温性能好，能防止温度变化过快，冬期施工有助于混凝土的保温。

（5）锯截方便，易加工成各种形状的模板。

（6）便于按工程的需要弯曲成型，用作曲面模板。

2）木胶合板模板

木胶合板属具有高耐气候、耐水性的I类胶合板，胶粘剂为酚醛树脂胶，主要用克隆木、阿必东、柳桉、桦木、马尾松、云南松、落叶松等树种加工。

木胶合板模板分为三类。

①素板，未经表面处理。

②涂胶板，经树脂饰面处理。

③覆模板，经浸渍胶膜纸贴面处理。

（1）构造和规格

①构造：模板用的木胶合板通常由5层、7层、9层、11层等奇数层单板经热压固化而胶合成型。相邻层的纹理方向相互垂直，通常最外层表板的纹理方向和胶合板板面的长向平行，因此，整张胶合板的长向为强方向，短向为弱方向，使用时必须加以注意。

②规格如表1-3-1所示。

混凝土模板用木胶合格板规格尺寸（mm）　　**表 1-3-1**

模数制		非模数制		厚度
宽度	长度	宽度	长度	
600	1800	915	1830	12.0 15.0 18.0 21.0
900	1800	1220	1830	
1000	2000	915	2135	
1200	2400	1220	2440	

注：本表摘自《混凝土模板用胶合板》GB/T 17656—2018。

（2）木胶合板物理力学性能

①胶合性能检验：模板用木胶合分板的胶粘剂主要是酚醛树脂。此类胶粘剂胶合强度高，耐水、耐热、耐腐蚀等性能良好，其突出的是耐沸水性能及耐久性优异。也有采用经化学改性的酚醛树脂胶。

评定胶合性能的指标主要有两项：

a. 胶合强度，为初期胶合性能，指的是单板经胶合后完全粘牢，有足够的强度。

b. 胶合耐久性，为长期胶合性能，指的是经过一定时期，仍保持胶合良好。上述两项指标可通过胶合强度试验、沸水浸渍试验来判定。

施工单位在购买混凝土模板用胶合板时，首先要判别是否属于I类胶合板，即判别该批胶合板是否采用了酚醛树脂或其他性能相当的胶粘剂。如果受试验条件限制，不能做胶合强度试验时，则可以用沸水煮小块试件快速简单判别。方法是从胶合板上锯截下20mm见方的小块，放在沸水中煮0.5 ~ 1h。用酚醛树脂作为胶粘剂的试件煮后不会脱胶，而用脲醛树脂作为胶粘剂的试件煮后会脱胶。

②物理力学性能如表1-3-2所示。

物理力学性能指标　　**表 1-3-2**

项目		单位 \ 板厚（mm） \ 树种	柳桉、拟赤杨、马尾松、云南松、落叶松、辐射松、奥堪美				克隆木、阿必东、荷木、枫香				桦木			
			12	15	18	21	12	15	18	21	12	15	18	21
含水率		%	6 ~ 14											
胶合强度≥		MPa	0.70				0.80				1.0			
静曲强度≥	顺纹	MPa	26	24	24	26	26	24	24	26	26	24	24	26
	横纹		20	20	20	18	20	20	20	18	20	20	20	18
弹性模量≥	顺纹	MPa	5500	5000	5500	5000	5500	5000	5000	5500	5500	5000	5000	5500
	横纹		3500	4000	4000	3500	3500	4000	4000	3500	3500	4000	4000	3500

（3）使用注意事项

①必须选用经过板面处理的胶合板：未经板面处理的胶合板用作模板时，因混凝土硬化过程中，胶合板与混凝土界面上存在水泥—木材之间的结合力，使板面与混凝土粘结较牢，脱模时易将板面木纤维撕破，影响混凝土表面质量。这种现象随胶合板使用次数增加而逐渐加重。

经覆膜罩面处理后的胶合板，增加了板面耐久性，脱模性能良好，外观平整光滑，最适用于有特殊要求的、混凝土外表面不加修饰处理的清水混凝土工程，如混凝土桥墩，立交桥、简仓、烟囱等。

浸渍膜纸贴面处理的胶合板，其物理力学性能如表1–3–3所示。

浸渍膜纸贴面胶合板物理力学性能　　**表 1-3-3**

项目		单位	指标要求
含水率		%	6 ~ 14
胶合强度		MPa	≥ 0.7
表面胶合强度		MPa	≥ 1.0
浸渍剥离性能		—	试件贴面胶层与胶合板表层上的每一边累计距离长度不超过 25mm
静曲强度	顺纹	MPa	≥ 57
	横纹		50
弹性模量	顺纹	MPa	≥ 6000
	横纹		≥ 5000

注：摘自《混凝土模板用浸渍胶膜纸贴面胶合板》LY/T 1006—2002。

②未经板面处理的胶合板（亦称白坯板或素板），在使用前应对板面进行处理。处理的方法为冷涂刷涂料，把常温下固化的涂料胶涂刷在胶合板表面，构成保护膜。

③经表面处理的胶合板，施工现场使用中，一般应注意以下几个问题：

a．脱模后立即清洗板面浮浆，堆放整齐。

b．模板拆除时，严禁抛扔，以免损伤板面处理层。

c．胶合板边角应涂有封边胶，故应及时清除水泥浆。为了保护模板边角的封边胶，最好在支模时在模板拼缝处粘贴防水胶带或水泥纸袋，加以保护，防止漏浆。

d．胶合板板面尽量不钻孔洞。遇有预留孔洞，可用普通木板拼补。

e．现场应备有修补材料，以便对损伤的面板及时进行修补。

f．使用前必须涂刷隔离剂。

3.1.2　木模板的组成及构造

1）模板应按图加工、制作。模板面板背面的次楞（木方或方钢管）宜高度统一。模板制作与安装时面板拼缝处应严密，防止漏浆。有防水要求的墙体，其模板对拉螺栓中部应设止水片，止水片应与对拉螺栓环焊。

2）与通用钢管支架匹配的专用支架应按设计图加工、制作。搁置于支架顶端可调托座上的主楞，可采用木方、方钢管等截面对称的型钢。

3）对竖向构件的模板及支架，应根据混凝土一次浇筑高度和浇筑速度采取竖向抗侧移、抗浮和抗倾覆措施。对水平构件的模板及支架，应结合不同的支架和模板面板形式采取支架间、模板间及模板与支架间有效拉结措施。对可能承受较大风荷载的模板，应采取防风措施。

4）模板安装应满足下列要求：

（1）模板的接缝不应漏浆；在浇筑混凝土前，木模板应浇水湿润，但模板内不应有积水。

（2）模板与混凝土的接触面应清理干净并涂刷隔离剂，但不得采用影响结构性能或妨碍装饰工程施工的隔离剂。

（3）浇筑混凝土前，模板内的杂物应清理干净。

（4）对清水混凝土工程及装饰混凝土工程，应使用能达到设计效果的模板。

（5）用作模板的地坪、胎模等应平整光洁，不得影响构件质量出现下沉、裂缝、起砂或起鼓等现象。

（6）对跨度不小于4m的现浇钢筋混凝土梁、板，其模板应按设计要求起拱；当设计无具体要求时，起拱高度宜为跨度的1/1000 ~ 3/1000。

（7）固定在模板上的预埋件、预留孔和预留洞均不得遗漏，且应安装牢固，其偏差应符合相关规范规定，详见第9章。

（8）现浇结构模板安装的偏差应符合相关规范规定，详见第9章。

3.2　铝模板

3.2.1　铝模板优势

铝模板是以铝合金为主材制作的建筑模板，全称为建筑用铝合金模板，又名铝合金模板。铝模板按模数设计，由工厂标准化生产而成，可按照不同结构尺寸自由组合。铝模板的设计研发及施工应用，是建筑行业一次大的发展，主要有以下显著优点：

1）施工周期短

（1）所有模板由工厂设计、制作完成，现场只做“搭积木”的动作，避免了传统木模支设因现场测量、切割导致的低工效。

（2）采用销钉连接，装拆便利，减少作业时间。

（3）出厂前采用预拼装，提前发现、解决错误，避免现场返工。

（4）楼面支撑采用独立支撑快拆体系，支拆速度快，而且可以较好地展开流水线施工，一套模板正常施工可达到4天一层，施工周期短。

（5）随着铝模板设计技术及生产工艺的不断提升，取消预拼装已成为趋势，将进一步缩短施工周期。

2）成型质量好

（1）铝模板自身刚度大，承载力可达到60kN/m^{2}以上，采用销钉连接，配以钢背楞、斜撑等，足够满足支模承载力要求，系统稳定性高，混凝土表面平整度、垂直度好。

（2）板块拼缝严密，无漏浆、无胀模。

（3）采用铝模板，滴水线、散水、门窗过梁、砌体连接构造等均可实现与结构同时成型，提升成型质量。

3）综合成本低

（1）采用快拆体系，只需配置一层模板，减少模板投入；一套模板规范施工平均翻转使用150次以上（最多可达300次），单层使用摊销成本低。

（2）混凝土成型质量高，节省抹灰费用，降低漏浆、胀模导致的材料损失，减少现场垃圾清理费用。

（3）铝模板系统组装简单、方便，平均重量在25kg/m^{2}左右，可完全由人工搬运和拼装，而且系统设计简单，工人上手速度和模板翻转速度很快，熟练的安装工人每人每天可安装20 ~ 30m^2，大大节约人工成本和机械费用。

（4）铝模板标准化程度高，通用性强，规格多，可根据项目的具体要求采用不同规格的模板拼装；使用过的模板投入新项目，只需更换20%左右的非标准板，大大降低费用。

（5）工期短，节省管理费用和现场设备费用。

4）安全性能高

（1）牢固的连接和稳固的支撑，避免了胀模和坍塌事故，保证了现场安全。

（2）消除了木模铁钉穿刺隐患和木模火灾风险。

（3）避免了因钢模过重、操作难度大而发生的坠落、砸伤事故。

5）环保优势强

（1）铝模板施工拼接严密、不胀模，大大减少了混凝土垃圾的产生。施工过程中铝模板无需进行裁剪、切割，不会产生相应的废料，减少现场污染，施工现场文明整洁。

（2）铝模板施工混凝土表面平整，大幅减少抹灰水泥用量，从而减少了水泥生产带来的环境污染。

（3）铝模板回收再利用率高，以铝代木，减少了木材消耗，也避免了大量木模垃圾的产生；以铝代钢，减少了钢材生产和回收再加工造成的环境污染。符合国家对建筑项目环保、低碳、节能、减排的要求，具有良好的社会效益。

3.2.2 铝模板材料要求

1）铝型材要求

（1）铝模板的型材材料宜选用6061–T6或6082–T6，化学成分和力学性能应符合《变形铝及铝合金化学成分》GB/T 3190和《一般工业用铝合金挤压型材》GB/T 6892的规定和要求。

（2）铝型材的力学性能和硬度应符合表1-3-4的要求。

铝型材性能　　表1-3-4

铝合金牌号	状态	力学性能			硬度	
		抗拉强度 R_m（N/mm^2）	规定非比例延伸强度 $R_{p0.2}$（N/mm^2）	断后伸长率 A_{50mm}（%）	维氏（Hv）	韦氏（Hw）
6061	T6	≥260	≥240	≥7	≥87	≥15
6082	T6	≥290	≥250	≥6	≥92	≥15

（3）铝型材的物理性能及强度设计值应符合表1–3–5和表1–3–6的要求。

铝型材的物理性能指标　　表 1-3-5

弹性模量E_a（N/mm²）	剪变模量G_{ap}（N/mm²）	线膨胀系数α（以每℃计）	质量密度ρ（kg/m³）	泊松比γ
0.7×10^5	27000	23×10^{-6}	2700	0.330

铝型材的强度设计值　　表 1-3-6

铝合金牌号	状态	厚度（mm）	抗拉、抗压和抗弯f_a（N/mm²）	抗剪f_{va}（N/mm²）
6061	T6	所有	200	115
6082	T6	所有	230	120

2）焊接材料要求

（1）铝模板焊接应采用氩弧气体保护焊，宜优先选用5356或5A03焊丝或焊条，焊条和焊丝应符合《铝及铝合金焊条》GB/T 3669、《铝及铝合金焊丝》GB/T 10858的规定。

（2）铝焊条、铝焊丝化学成分指标应符合表1–3–7的要求。

铝焊条、铝焊丝的化学成分　　表 1-3-7

牌号	化学成分（质量分数）/%										
	Si（硅）	Fe（铁）	Cu（铜）	Mn（锰）	Mg（镁）	Cr（铬）	Zn（锌）	Ti（钛）	其他		Al（铝）
									单个	合计	
5356	0.25	0.40	0.10	0.05 ~ 0.20	4.50 ~ 5.50	0.05 ~ 0.20	0.10	0.06 ~ 0.20	0.05	0.15	余量
5A03	0.50 ~ 0.80	0.50	0.10	0.3 ~ 0.6	3.2 ~ 3.8	—	0.20	0.15	0.05	0.15	余量

（3）铝合金结构焊缝的强度设计值按表1–3–8选用。

铝合金结构焊缝的强度设计值　　表 1-3-8

对接焊缝			角焊缝
抗拉f_t（N/mm²）	抗压f_c（N/mm²）	抗剪f_v（N/mm²）	抗拉、抗压和抗剪f（N/mm²）
145	145	85	85

3）独立支撑材料要求

（1）钢制独立支撑的构配件材质应符合《低合金高强度结构钢》GB/T 1591、《碳素结构钢》GB/T 700、《优质碳素结构钢》GB/T 699、《一般工程用铸造碳钢件》GB/T 11352的规定。独立支撑主要构配件材质应符合表1–3–9的规定。

钢制独立支撑主要构配件材质　　表 1-3-9

内管	外管	螺管	底板	铸钢螺母
Q235或Q345	Q235或Q345	20#或Q235	Q235	ZG230–450

（2）独立支撑承载插销的材质应根据承载要求确定，材质性能不应低于Q235，承载插销直径应不小于14mm。

（3）钢制独立支撑的焊接宜采用二氧化碳气体保护电弧焊，焊丝应符合《气体保护电弧焊用碳钢、低合金钢焊丝》GB/T 8110的规定；采用手工焊时，应选用符合《非合金钢及细晶粒钢焊条》GB/T 5117规定的E43系列焊条。

4）其他配件要求

铝模板的铁配件包括连接件、支撑件和加固件，其名称及规格应符合表1-3-10的要求。配件应满足配套使用、装拆方便、操作安全的要求。

铝模板铁配件名称及规格表 **表 1-3-10**

名称	规格	材质	表面处理方式
销钉	ϕ16mm × 57mm、ϕ16mm × 131mm	Q235	防锈处理
销片	70mm × 3mm	45 钢	防锈处理
螺栓	M16mm × 35mm	Q235	防锈处理
独立支撑	外管 ϕ60mm × 3.2mm × 1600mm 内管 ϕ48mm × 3.2mm × 1700mm	Q235	冷镀锌或 防锈漆
	外管 ϕ60mm × 2.5mm × 1600mm 内管 ϕ48mm × 2.5mm × 1700mm	Q345	冷镀锌或 防锈漆
斜撑	ϕ48mm × 2.5mm × 1900mm（上部） ϕ48mm × 2.5mm × 900mm（下部）	Q235	防锈漆
钢背楞	60mm × 40mm × 2.5mm、50mm × 30mm × 2.5mm	Q235	防锈漆
对拉螺杆	Tr18mm	Q345	防锈油
垫片	75mm × 75mm × 8.0mm	Q235	防锈漆

注：以上规格为参考。

3.2.3 铝模板质量标准

铝模板制作质量应符合表1-3-11的要求。

铝模板制作质量允许偏差 **表 1-3-11**

项目名称	要求尺寸（mm）	允许偏差（mm）
面板长度	L	0 −1.0
面板宽度	$B \leqslant 200$	0 −0.5
	$200 < B \leqslant 400$	0 −0.8
	$400 < B \leqslant 600$	0 −1.20
面板对角线差	$\leqslant 1500$	1.00
	> 1500	1.50

续表

项目名称	要求尺寸（mm）	允许偏差（mm）
面板厚度	—	± 0.15
边肋及端肋高度	65	± 0.40
相邻孔中心距	—	± 0.25
孔中心与面板距离	40	± 0.25
孔直径	16.50	0 −0.25
边框垂直度	90°	0° −0.30°
端肋组装位移	—	−0.60
边肋直线度	—	± 0.50
面板平面度	—	≤ 1.0
焊缝高度	4	+0.5
分段焊的焊缝长度	30	+5
分段焊的焊缝间距	＜200	± 5
阴角模板的角度	—	−0.30°
阳角模板的角度	—	−1.00°

3.2.4 铝模板系统构件

铝模板系统构件主要包括：铝模板构件、加固系统构件、附件系统构件、早拆系统构件，其示意图如图 1-3-1 所示。

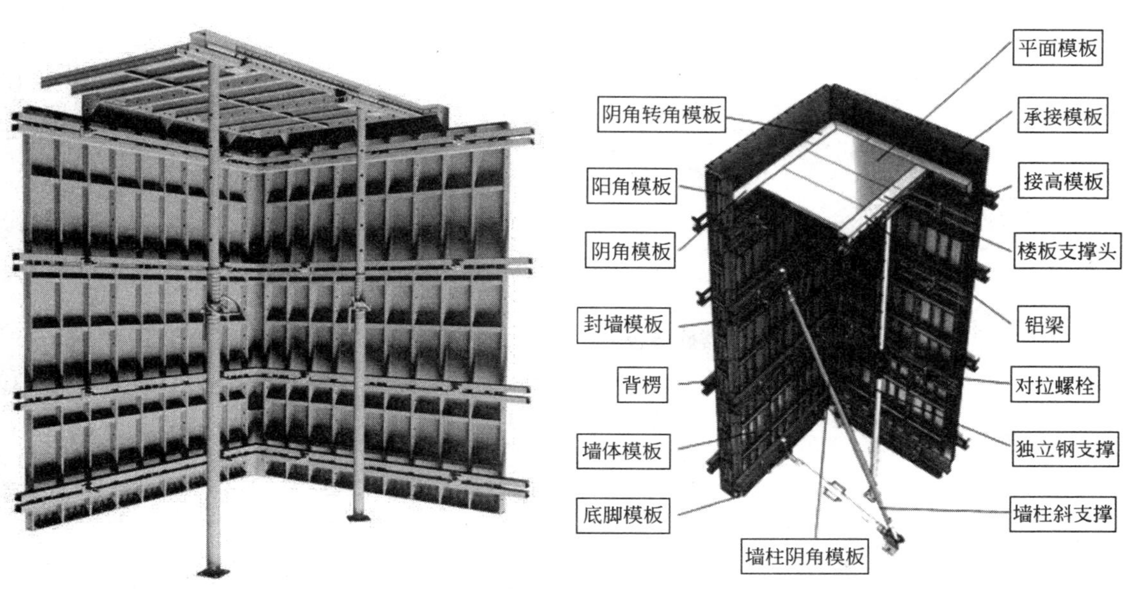

图 1-3-1　铝模板系统示意图（一）

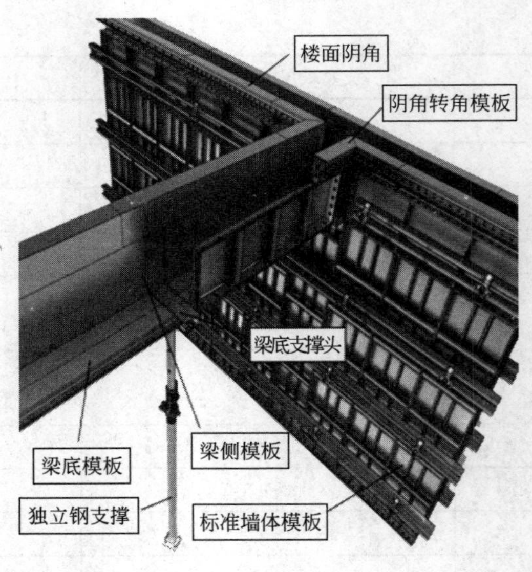

图 1-3-1　铝模板系统示意图（二）

1）铝模板构件

铝模板构件主要包括：楼面模板、梁模板、墙体模板、楼梯模板、吊模模板。

（1）楼面模板：一般包括标准楼面模板、楼面阴角C槽、楼面阴角直C槽，如图1-3-2、图1-3-3、图1-3-4所示。

（2）梁模板：一般包括梁底模板、梁底支撑头、梁底C槽，如图1-3-5、图1-3-6、图1-3-7所示。

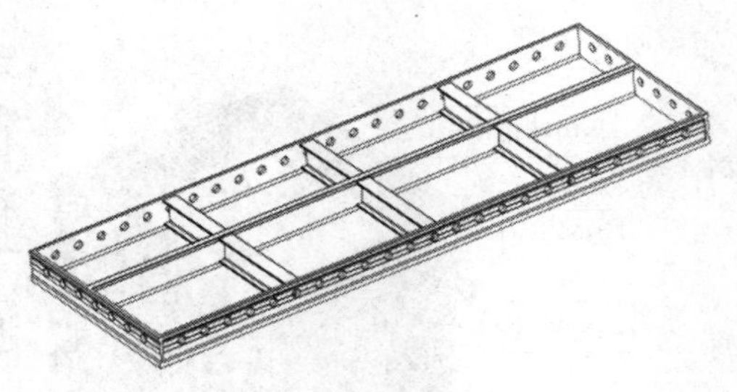

图 1-3-2　标准楼面模板

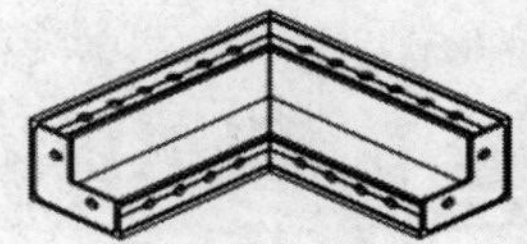

图 1-3-3　楼面阴角 C 槽

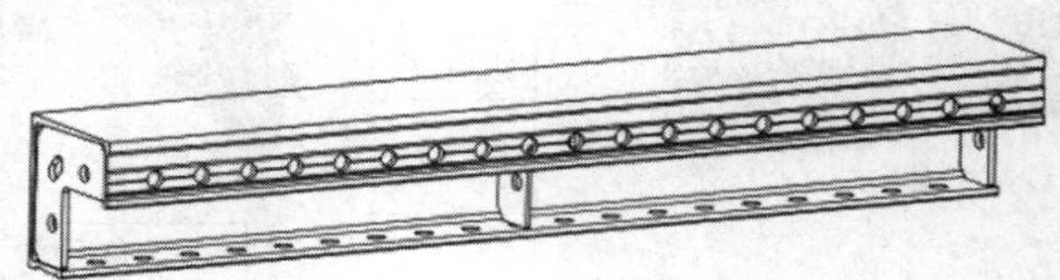

图 1-3-4　楼面阴角直 C 槽

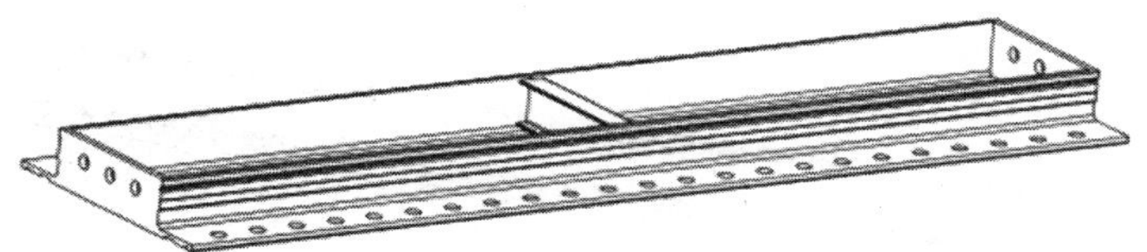

图 1–3–5　梁底模板

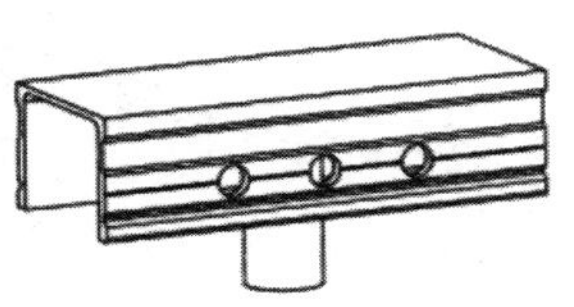

图 1–3–6　梁底支撑头

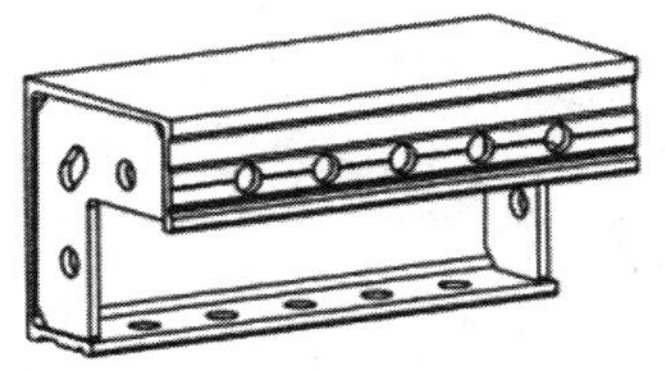

图 1–3–7　梁底 C 槽

（3）墙体模板：一般包括内墙模板、外墙模板、墙C槽模板、外墙K板、阳角模板，如图1–3–8 ~ 图1–3–12所示。

（4）楼梯模板构件（图1–3–13、图1–3–14）

（5）吊模模板构件（图1–3–15）

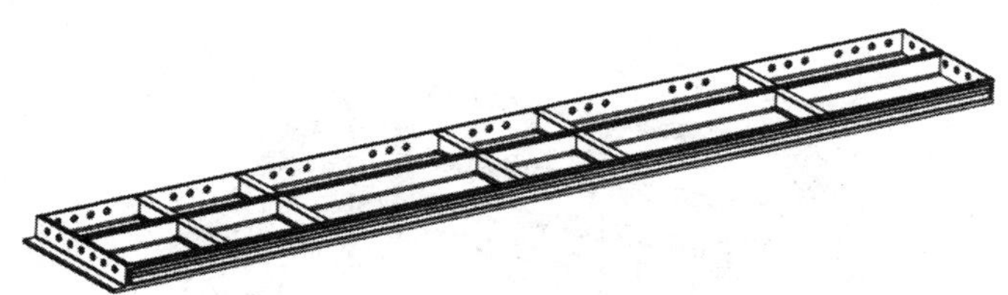

图 1–3–8　内墙模板

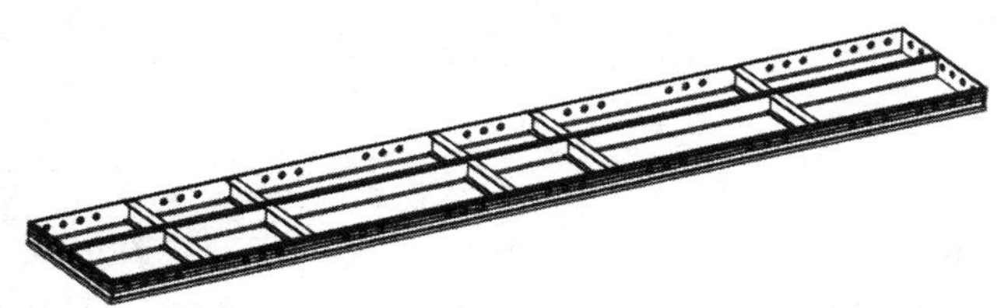

图 1–3–9　外墙模板

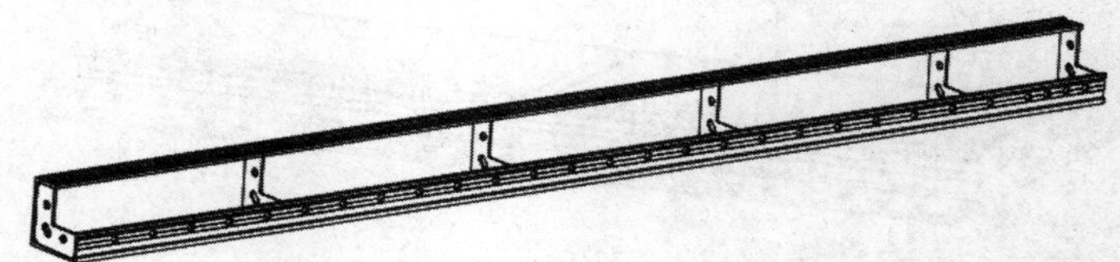

图 1-3-10　墙 C 槽模板

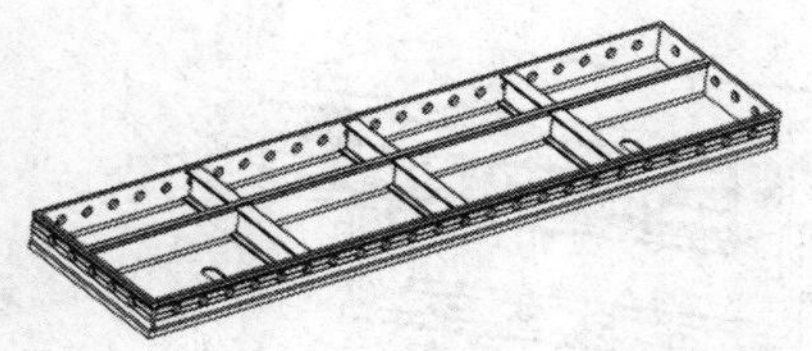

图 1-3-11　外墙 K 板

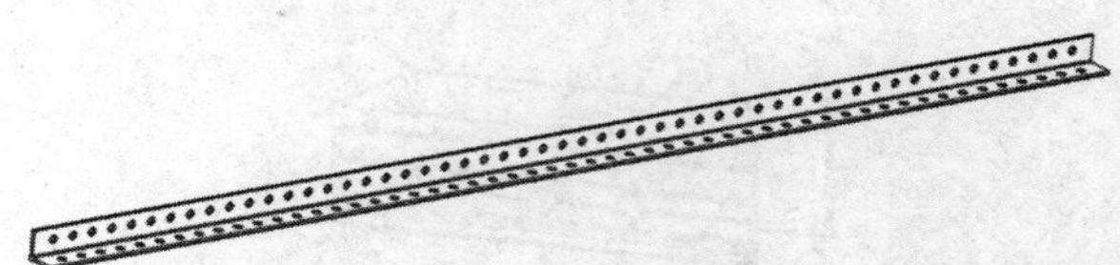

图 1-3-12　阳角模板

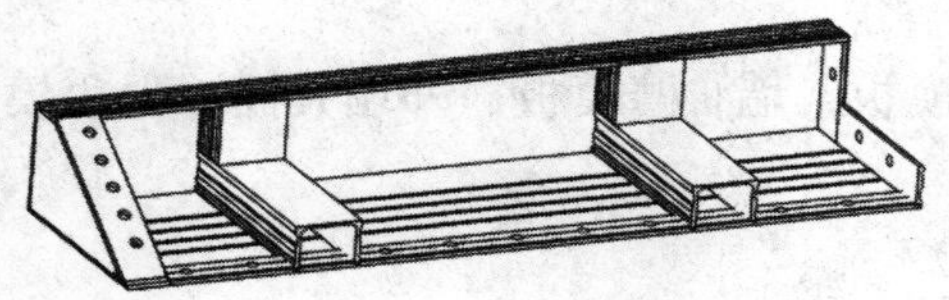

图 1-3-13　楼梯踏步模板

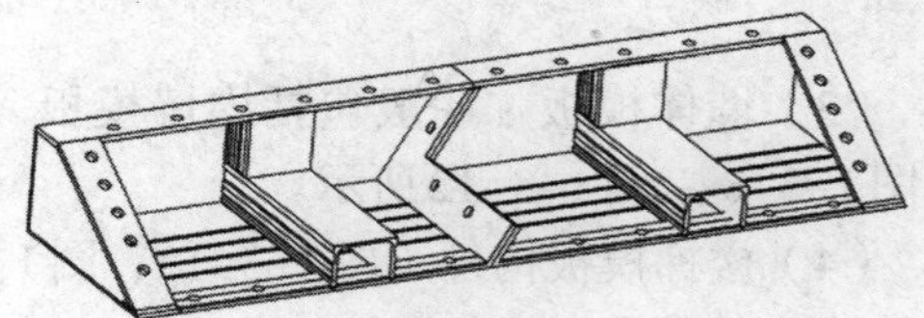

图 1-3-14　易拆楼梯踏步模板

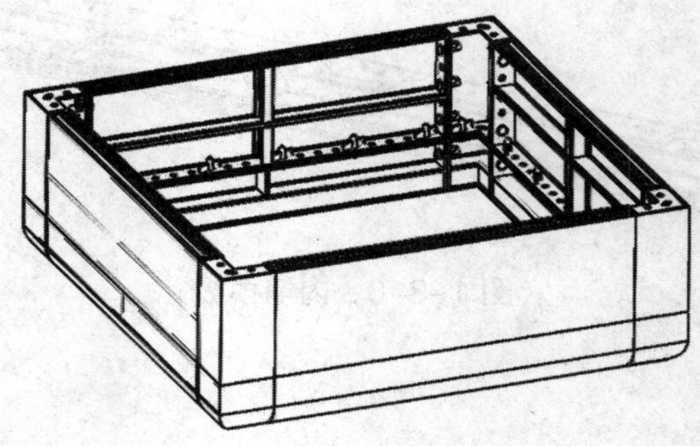

图 1-3-15　吊模沉箱

2）加固系统构件

铝模板加固系统构件包括：转角背楞、直角码背楞、斜撑、销钉销片、对拉螺杆等，如图 1-3-16 ~ 图 1-3-20 所示。

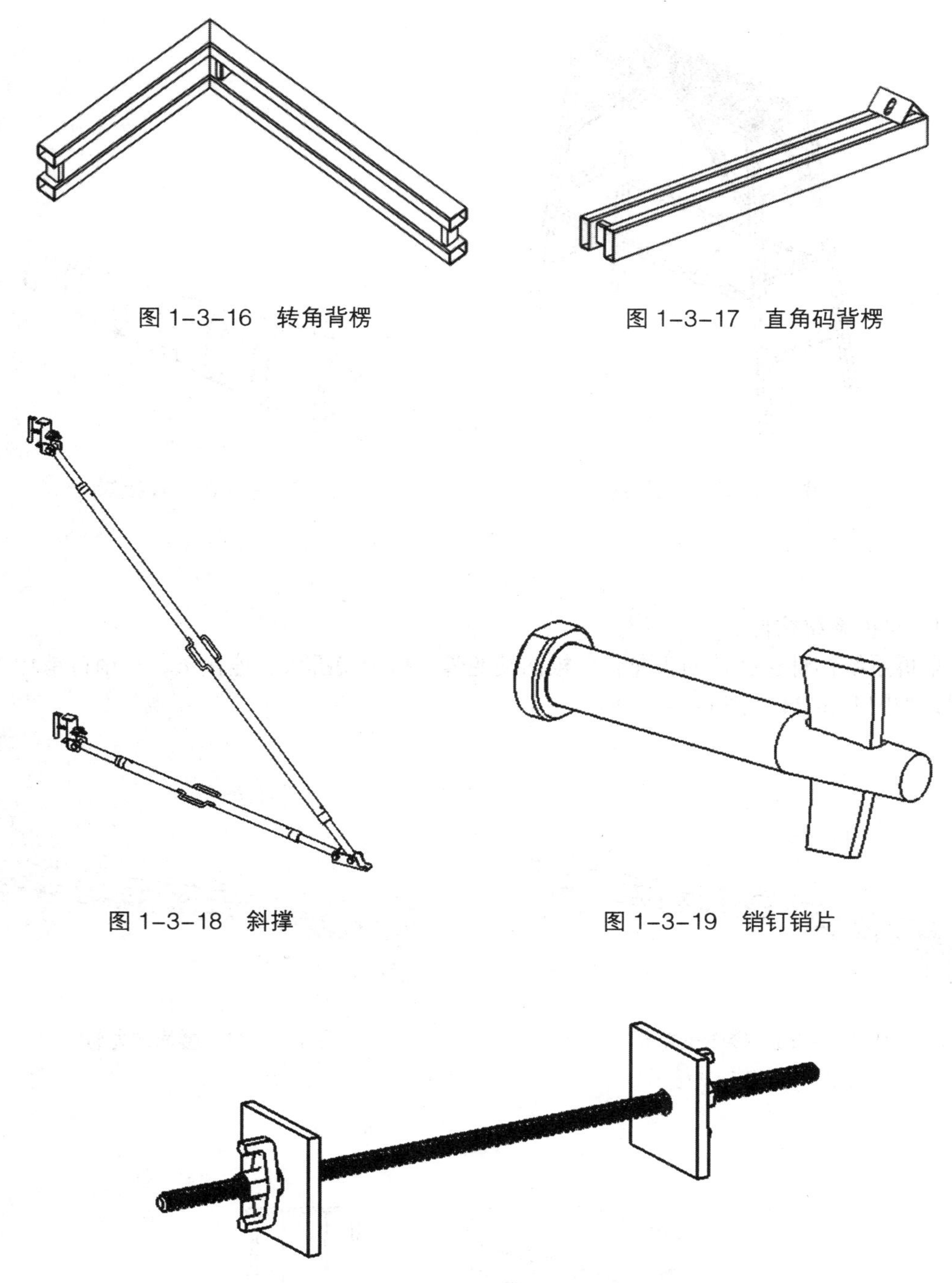

图 1-3-16　转角背楞

图 1-3-17　直角码背楞

图 1-3-18　斜撑

图 1-3-19　销钉销片

图 1-3-20　对拉螺杆

3）附件系统构件

铝模板附件系统包括工作凳（图1-3-21）、拆模匙、K板扳手、K板螺丝（图1-3-22）、传料口、放线口等。

图 1-3-21 工作凳

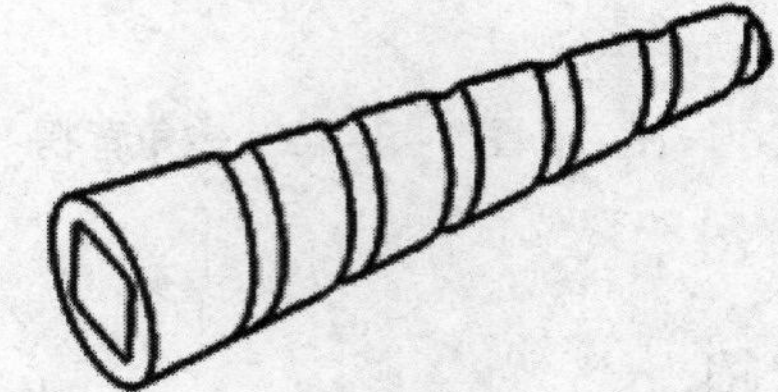

图 1-3-22 K 板螺丝

4）早拆系统构件

早拆系统构件包括楼面主龙骨、楼面端龙骨、楼面晚拆头、连接条、长销钉销片、单支撑，如图1-3-23 ~图1-3-28所示。

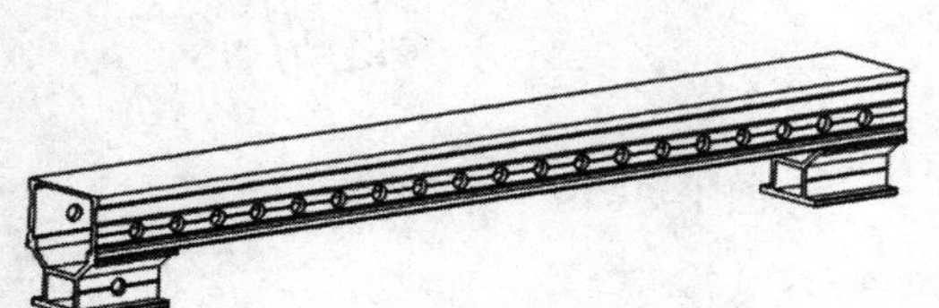

图 1-3-23 楼面主龙骨

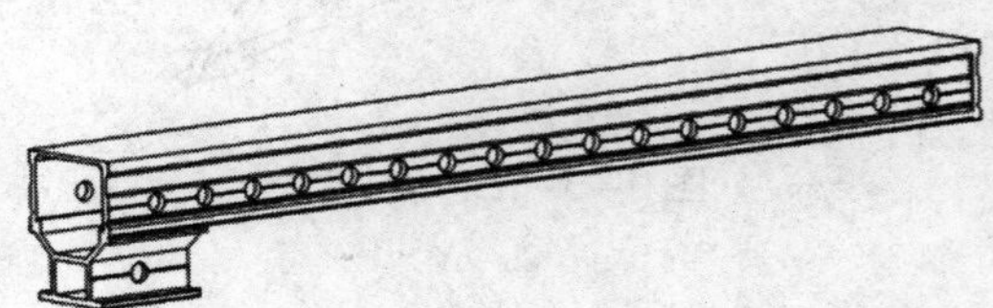

图 1-3-24 楼面端龙骨

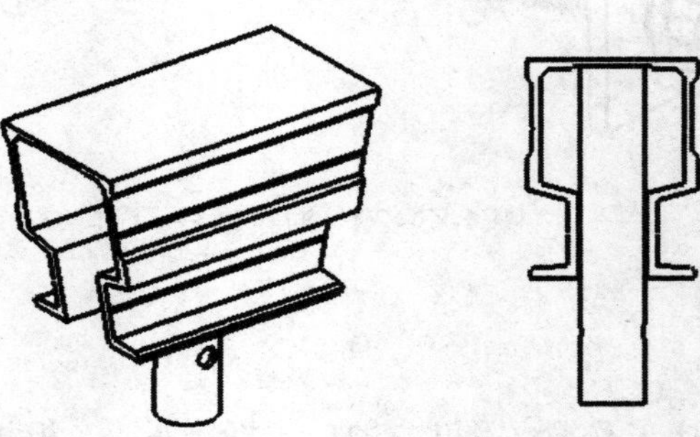

图 1-3-25 楼面晚拆头

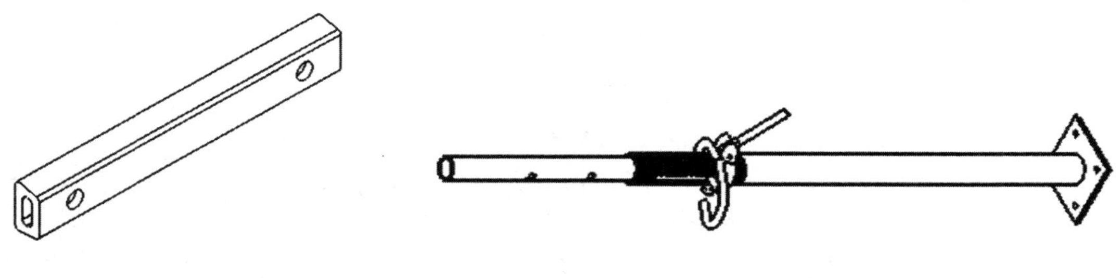

图 1-3-26　连接条　　　　图 1-3-27　单支撑

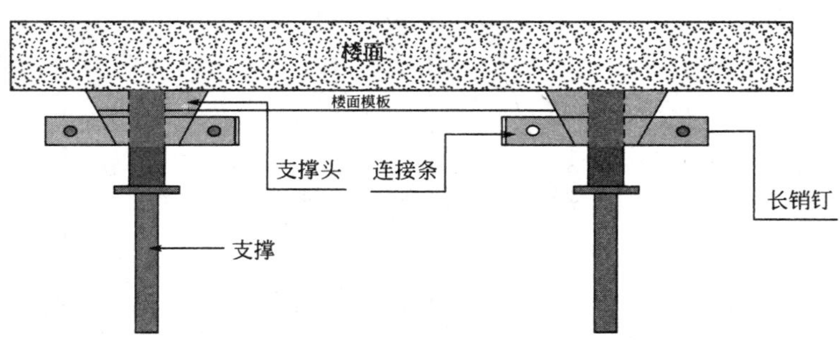

图 1-3-28　楼面早拆系统示意图

3.2.5　铝模板系统的构成

铝模板系统由墙模系统、梁模系统、楼面系统、吊模系统及楼面传料口、烟道口、门窗下挂、抹灰企口等构成。

1）墙模系统

墙模系统结构主要包括主墙板、横身板（墙头板）、内墙板角铝、对拉螺杆、钢背楞及导墙板（K板），如图1-3-29所示。

模板之间用销钉连接，用对拉螺杆对拉，螺杆横向间距小于等于800mm。

背楞有直背楞和直角码背楞等，通常用两条60mm×40mm×2.5mm矩形钢管焊接而成，中间焊有加强块。

2）梁模系统

梁模系统结构主要包括梁底阴角、梁底模板、转角连接阳角模板、梁底早拆头及独立钢支撑，如图1-3-30所示。

3）楼面系统

楼面系统结构主要包括楼面板、楼面龙骨、早拆头及独立钢支撑，如图1-3-31所示。

4）吊模系统

（1）沉降区域的吊模采用吊架固定，室外侧吊架与外墙板（或外墙竖向背楞）连接固定，室内侧通过在非降板区域设置固定支座进行固定。

（2）降板高度小于100mm时采用方通进行吊模支护；降板高度大于或等于100mm时，

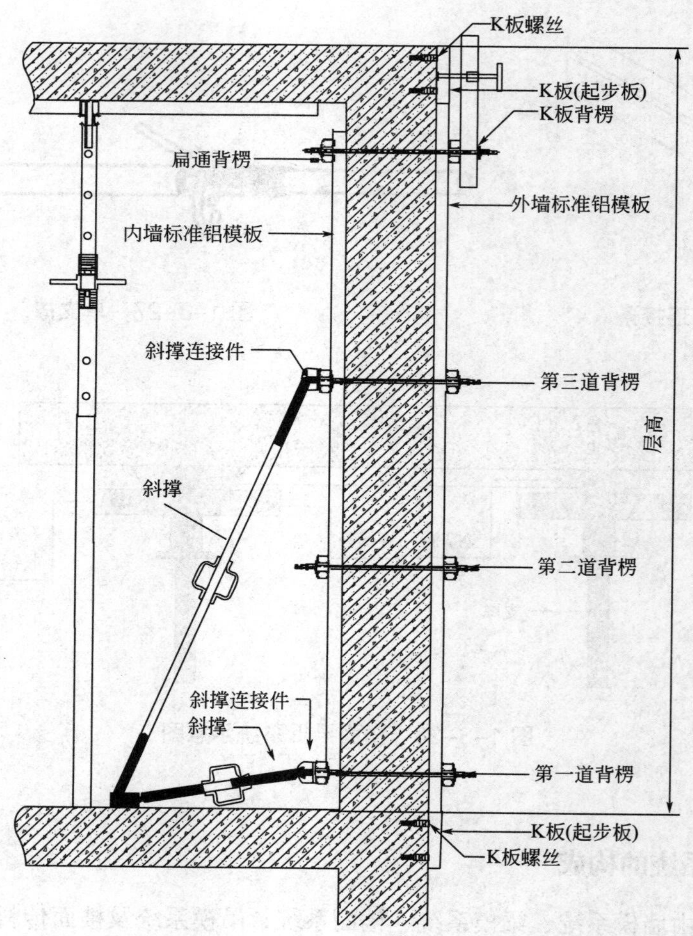

图 1–3–29　铝模板墙模系统示意图

采用铝模板进行吊模支护。吊模做法及结构示意图如图1–3–32所示。

5）楼面传料口、烟道口（图1–3–33、图1–3–34）

6）门窗下挂

（1）结构梁下高度≤300mm的过梁，铝模设计一次浇筑成型；门窗上方无梁时，板下过梁不做铝模设计，门窗过梁长度一般为门洞宽度或伸入砌体墙250mm。

（2）过梁高度，过梁高h=结构楼层高－（门洞高＋洞顶结构梁高＋装修层厚）。个别项目要求洞口高度放大10mm时的计算公式为：过梁高h=结构楼层高－（门洞高＋洞顶结构梁高＋装修层厚）–10mm；过梁宽度，过梁宽b=门窗洞口两侧墙墙厚较小值。过梁压槽示意图如图1–3–35所示。

（3）过梁与现浇墙梁之间间距≤600mm时，铝模安装拆模困难，建议将过梁拉通至墙边，如图1–3–36所示。

7）抹灰企口

根据砌体墙材质不同，设置的抹灰企口尺寸也不同。通常情况下，砖砌体设置的

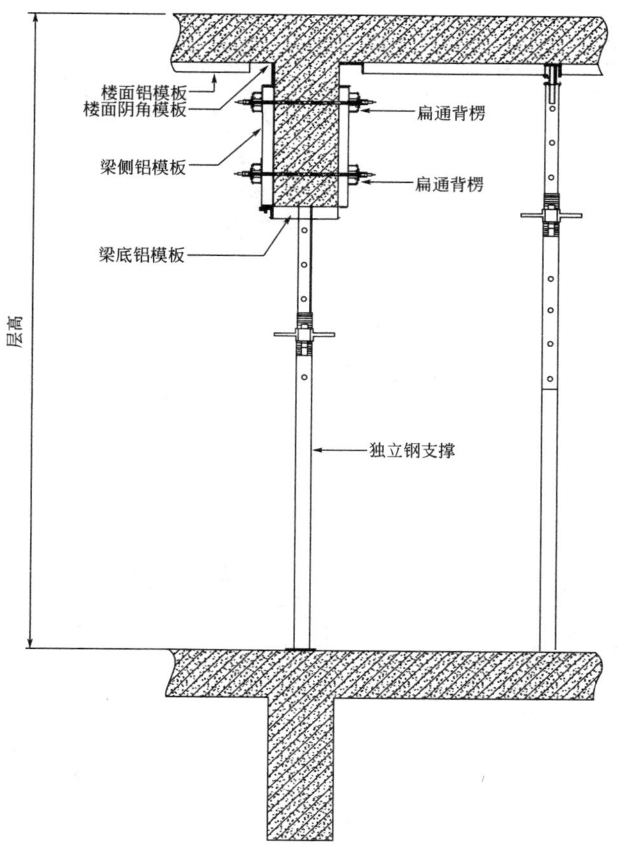

图 1-3-30　铝模板梁模系统示意图

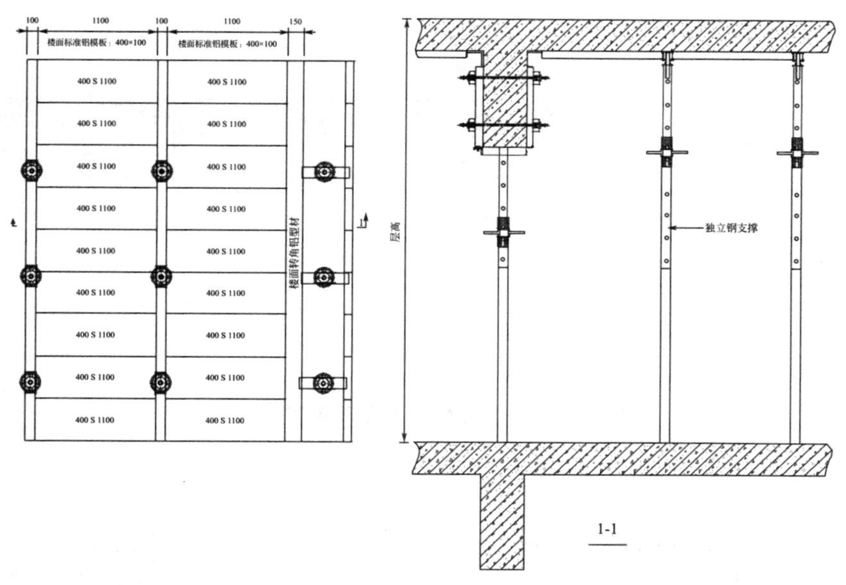

图 1-3-31　铝模板楼面系统示意图

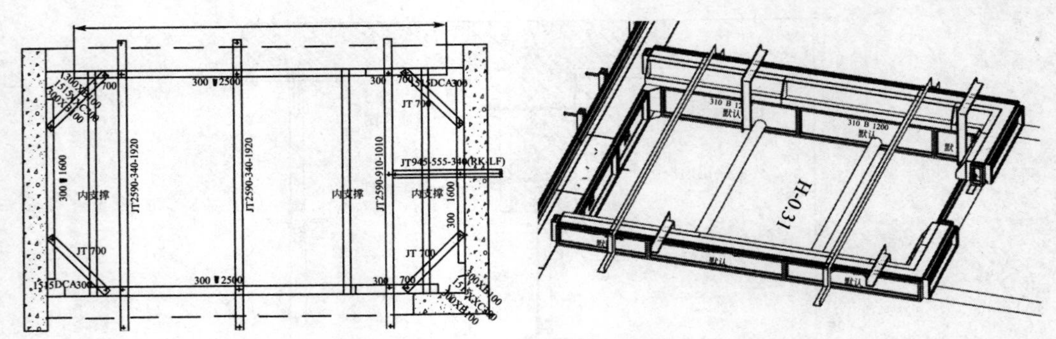

图 1-3-32　吊模吊架做法及结构示意图

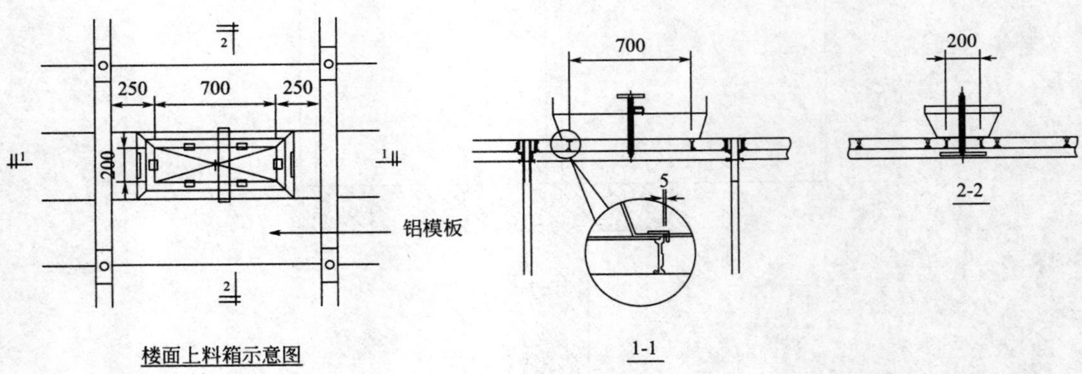

图 1-3-33　传料口做法示意图

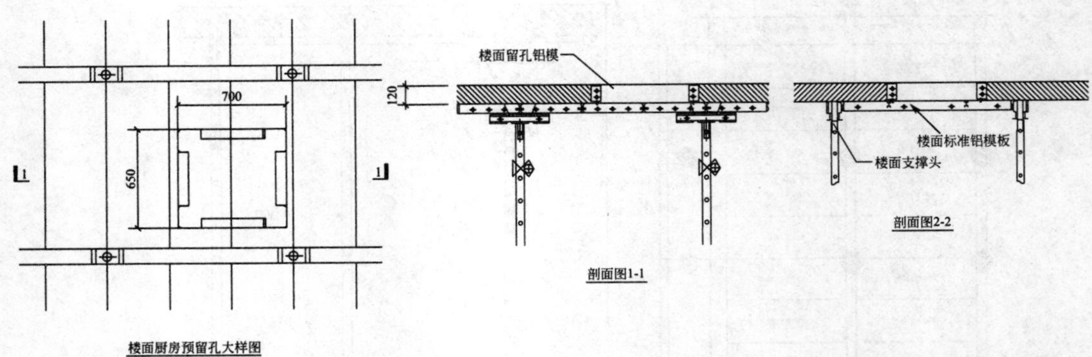

图 1-3-34　烟道口做法示意图

抹灰企口尺寸为10mm×150mm、10mm×100mm；轻质隔墙板、高精砌块、ALC墙板设置的抹灰企口尺寸为4（6）mm×150mm、4（6）mm×100mm。设置规则均类似，以10mm×150mm砖砌体抹灰企口为例，做法如图1-3-37所示。

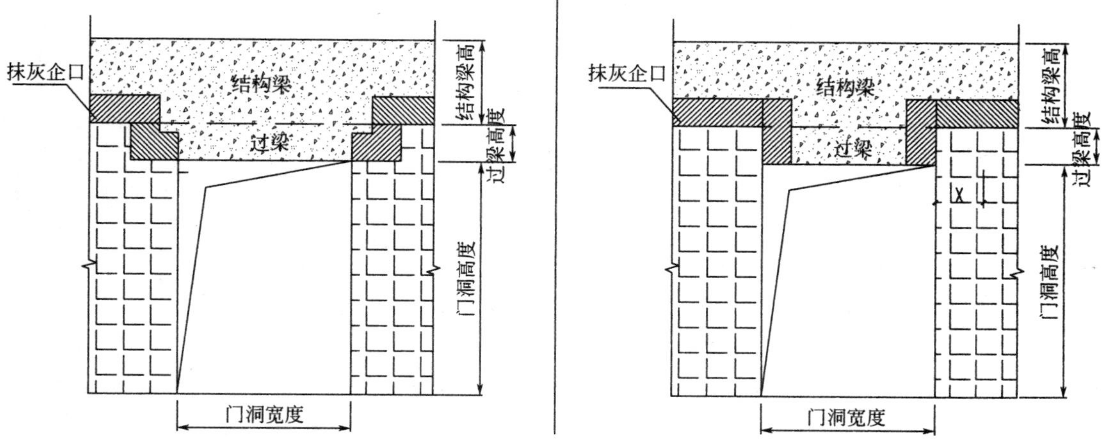

图 1-3-35　过梁压槽示意图

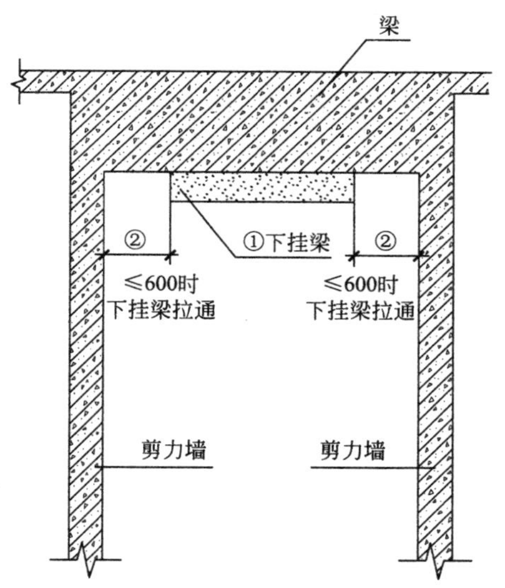

图 1-3-36　下挂梁优化图

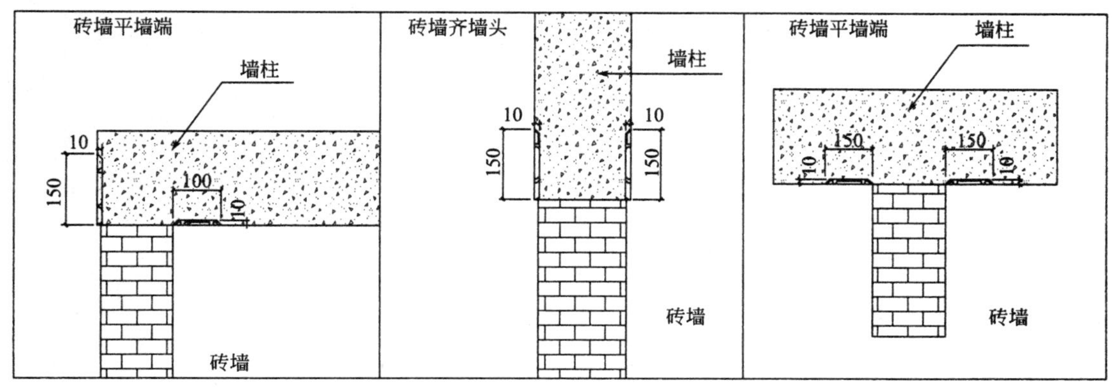

图 1-3-37　抹灰企口做法示意图（一）

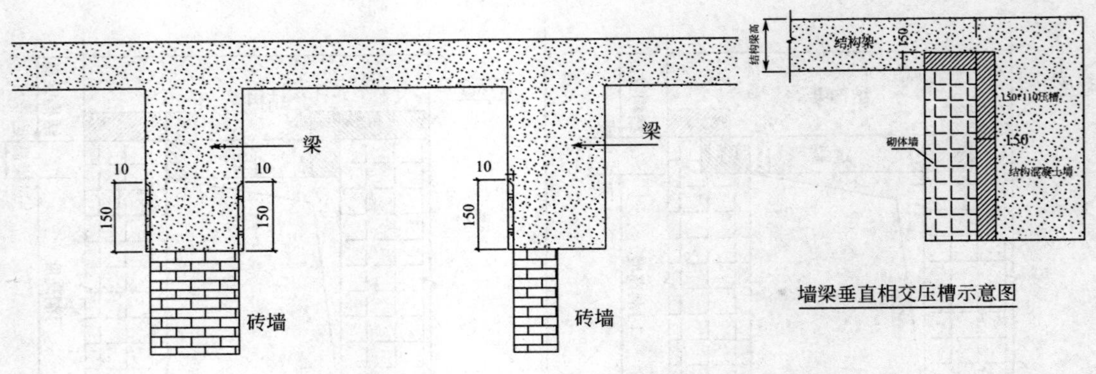

图 1-3-37　抹灰企口做法示意图（二）

第4章　工具式模板

把定型模板、定型支承件、定型紧固件等部件做成能组合成各种结构物的模板，既便于拆装，又能重复使用的定型工具，称为工具式模板。工具式模板除了用钢材制作外，还有木制板、钢丝网水泥板等。

为了适应各种工程的需要，各种部件都要选择合适的尺寸，以便于组成各种规格。工具式模板的特别之处是使用灵活，适应性强。工具式模板有大模板、台模、隧道模、筒模、滑升模板等。

4.1　大模板

4.1.1　大模板概述

大模板，是大型模板或大块模板的简称。大模板为大尺寸的工具式模板，一般是一块墙面用一块大模板。大模板由面板、加劲肋、支撑桁架、稳定机构等组成。面板多为钢板或胶合板，亦可用小钢模组拼；加劲肋多用槽钢或角钢；支撑桁架用槽钢和角钢组成。它具有安装和拆除简便、尺寸准确和板面平整等特点。

采用大模板进行建筑施工的工艺特点是：利用工业化建筑施工的原理，以建筑物的开间、进深、层高尺寸为基础，进行大模板的设计和制作。这种施工方法工艺简单，施工速度快，工程质量好，结构整体性和抗震性能好，混凝土表面平整光滑，并可以减少装修抹灰湿作业。由于它的工业化、机械化施工程度高，综合经济技术效益好，因而受到普遍欢迎。

采用大模板进行结构施工，主要用于剪力墙结构或框架—剪力墙结构中的剪力墙施工。常用建筑结构部位有钢筋混凝土外墙、剪力墙和电梯井等。

4.1.2　大模板的构造形式

大模板工程主要包括四大系统，即面板系统、支撑系统、操作平台系统、附件系统等，该四个系统中，面板系统用来混凝土直接接触，利用横肋和竖肋作为骨架，来接受面板的压力；支撑系统则由支撑架和地脚螺栓构成，用来承受水平荷载，保持模板稳定；操作平台系统则是用来给建筑工人进行施工的场所，主要包括脚手板和三脚架，另外还会设置铁爬梯和围栏；附件系统则是指其他模板配件。

按照其构造和组拼方式的不同，可分为桁架式大模板、组合式大模板、拼装式大模板、外墙式大模板和筒形大模板等。

4.2 滑动模板

4.2.1 滑动模板概述

滑模工程技术是用液压的提升装置滑升模板以浇筑竖向混凝土结构的施工方法。它是我国现浇混凝土结构工程施工中机械化程度高、施工速度快、现场场地占用少、结构整体性强、抗震性能好、安全作业有保障、环境与经济综合效益显著的一种施工技术，通常简称为“滑模”。滑模不仅包含普通或专用工具式模板，还包括动力滑升设备和配套施工工艺等综合技术。

与常规施工方法相比，这种施工工艺具有施工速度快、整体结构性能好、机械化程度高、可节省支模和搭设支撑架所需的工料、能较方便地将模板进行拆模和灵活组装并可重复使用。滑模和其他施工工艺相结合（如预制装配、砌筑或其他支模方法等），可为简化施工工艺创造条件，更好地取得综合的经济效益。

滑模施工工艺不仅广泛应用于筒仓、水塔、烟囱、桥，墩、立井筑壁、框架等工业构筑物，还广泛应用于高层和超高层民用建筑施工。例如高层建筑的竖向结构：核心筒体、剪力墙、框架柱、框架梁是结构质量和工期进度控制的重点，这些构件适合采用滑模施工。

滑模施工由狭义的滑模工艺向广义的滑模工艺发展，包括与爬模、提模、翻模、倒模等工艺相结合，以取得最佳的经济效益和社会效益。

采用滑模施工的现浇钢筋混凝土结构工程，称为滑模工程。一般可分为仓筒（筒壁）结构滑模工程（如烟囱、水塔、贮仓等）、框架或框剪结构滑模工程、框筒和筒中筒结构滑模工程、板墙结构滑模工程等。

4.2.2 滑动模板的组成及构造

1. 滑模体系简介

滑模体系是指滑动（滑升）模板体系。滑升模板的施工是按照建筑物的平面布置，从地面开始沿墙、柱、梁等构件的周边，一次装设高度为1.2m左右的模板，随着在模板内不断浇筑混凝土和绑扎钢筋，利用一套提升设备将模板不断向上提升，由于出模的混凝土自身强度能承受本身的重量和上部新浇混凝土的重量，所以能保持其已获得的形状而不会塌落和变形。这样，随着滑升模板的不断上升，在模板内分层浇筑混凝土，连续成型，逐步完成建筑物构件的混凝土浇筑（图1-4-1）。

2. 滑模施工工艺原理

滑模体系是指滑动（滑升）模板体系。滑动模板施工是，以千斤顶为提升动力，带动模板（或滑框）沿着混凝土（或，模板）表面滑动而成型的现浇混凝土结构的施工方法。

在成组千斤顶的同步作用下，带动1m多高的工具式模板或滑框沿着刚成型的混凝土表面或模板表面滑动，混凝土由模板的上口分层向套槽内浇灌，每层一般不超过30cm厚。当模板内最下层的混凝土达到一定强度后，模板套槽依靠提升机具的作用，沿着已浇灌的混凝土表面再滑动约30cm，如此连续循环作业，直到达到设计高度，完成整个施工。需要注意的是，滑模高度应控制在1.2m以内。高度越高，混凝土浇筑、振捣的冲击力越大，

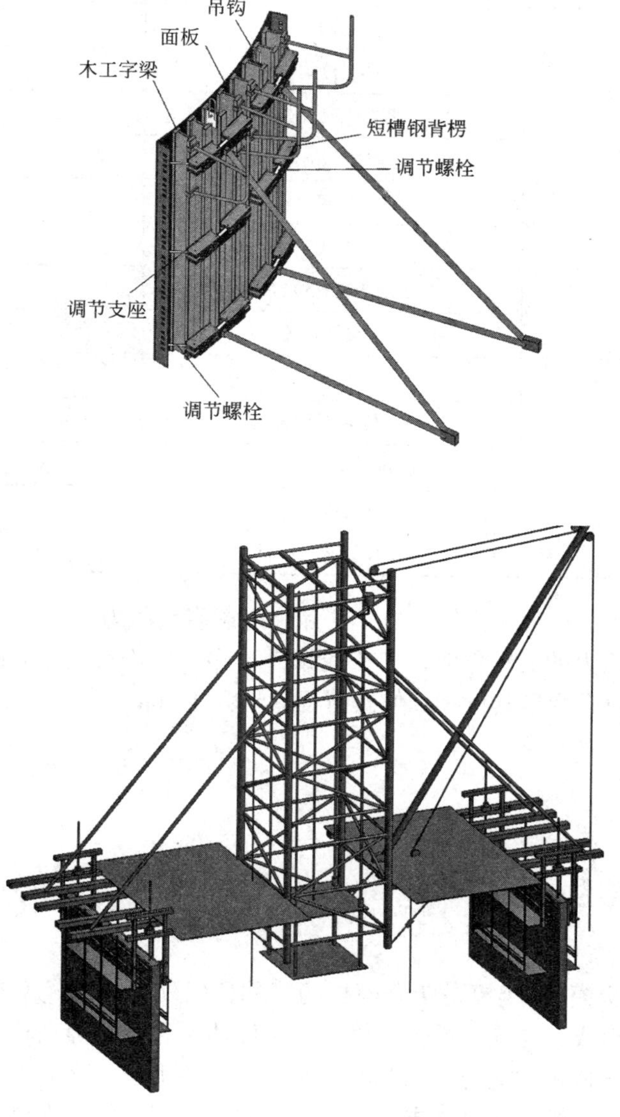

图 1–4–1　滑模体系

混凝土对模板的侧向压力也越大，容易引起胀模。

4.2.3　滑动模板的质量验收标准

滑模装置进场时，应依据完整的加工图、施工安装图、设计审核单进行检查验收。制作滑模装置的材料应有质量合格文件，其品种、规格等应符合设计要求。验收合格的滑模装置、构配件在安装前应妥善保存，防雨防潮（表 1–4–1）。

爬模装置主要部件制作允许偏差 表 1-4-1

名称	内容	允许偏差（mm）
围圈	长度	–0.7 ~ 0
	弯曲长度≤3m	±2
	弯曲长度＞3m	±4
	连接孔位置	±0.5
提升架	高度	±4
	宽度	±3
	围图支托位置	±2
	连接孔位置	±0.5
支撑杆	弯曲	＜（1/1000）L
	ϕ25mm圆钢直径	–0.5 ~ +0.5
	ϕ48.3mm钢管直径	–0.2 ~ +0.5
	椭圆度公差	–0.25 ~ +0.25
	接焊缝凸出母材	＜+0.25

滑模千斤顶应逐个检验合格后编号，千斤顶空载启动压力不得高于0.3MPa；千斤顶最大工作油压为额定压力的1.25倍时，卡头应锁固牢靠、放松灵活，升降过程应连续平稳；同一批组装的千斤顶应调整其行程，使其行程差不大于1mm。

4.3 爬升模板

4.3.1 爬升模板概述

爬升模板（即爬模），爬模是爬升模板的简称，国外也叫跳模。它由竖向模板、架体和爬升设备三部分组成，在施工剪力墙体系、筒体体系和桥墩等高耸结构中是一种有效的模板形式。由于具备自爬的能力，因此不需起重机械的吊运，这减少了施工中运输机械的吊运工作量。在自爬的模板上悬挂支撑架可省去施工过程中的外支撑架。爬升模板能减少起重机械数量，加快施工速度，因此经济效益较好。

爬升模板是综合大模板与滑动模板工艺和特点的一种模板工艺，具有大模板和滑动模板共同的优点。尤其适用于超高层建筑施工。它在结构施工阶段依附在建筑竖向结构上，随着结构施工而逐层上升，这样模板可以不占用施工场地，也不用其他垂直运输设备。另外，它装有操作支撑架，施工时有可靠的安全围护，故可不需搭设外支撑架，特别适用于在较狭小的场地上建造多层或高层建筑。

爬升模板就是为了避免滑动模板的缺点，而发展起来的施工技术。

1. 爬升模板的优点

1）在爬升的时候，模板脱离混凝土面，减少了摩阻力，只需要使用轻型提升设施就可以。

2）支承架固定在下部已硬化的混凝土墙体上，模板结构不会发生变形，而且坚固结实。

3）支承架的刚度较大，使得脱空的模板结构可以稳定站立，有足够空间给楼板以及其他横向结构进行施工。

4）自下而上可以分段施工，与一般工地作息常规相适应，便于组织管理。

2. 滑模与爬模在工艺上的主要相同点

1）机械化程度高。整个施工过程只需要进行1次模板组装，均利用机械提升，从而减轻了劳动强度，实现了机械化操作。

2）施工速度快。模板组装一次成型，减少模板装拆工序且连续作业，竖向结构施工速度快。如果合理选择横向结构的施工工艺与其相应配套进行交叉作业，可以缩短施工周期。

3）节约模板和劳动力。施工装置事先在地面上组装，施工中一般不再变化，不但可以大量节约模板，同时极大地减少了装拆模板的劳动力。

4）一次性投资较多、施工组织管理要求高。模板装置一次性投资较多，对结构物立面造型有一定限制，结构设计上也必须根据施工的特点予以配合。更重要的是在施工组织管理上，要有科学的管理制度和熟练的专业队伍，才能保证施工的顺利进行。

3. 爬升模板工艺原理

爬升模板以建筑物的钢筋混凝土墙体为承力主体，通过依附在已浇完成并具有足够强度的钢筋混凝土墙体上的爬升支架或大模板和已联结爬升支架与大模板的爬升设备，二者互做相对运动，交替爬升，以完成其爬升、下降、就位、校正等施工过程。

4.3.2 爬升模板的组成及构造

爬模分为有爬架爬模和无爬架爬模两类。有爬架爬模由爬升模板、爬架和爬升设备三部分组成（图1-4-2 ~ 图1-4-4）。

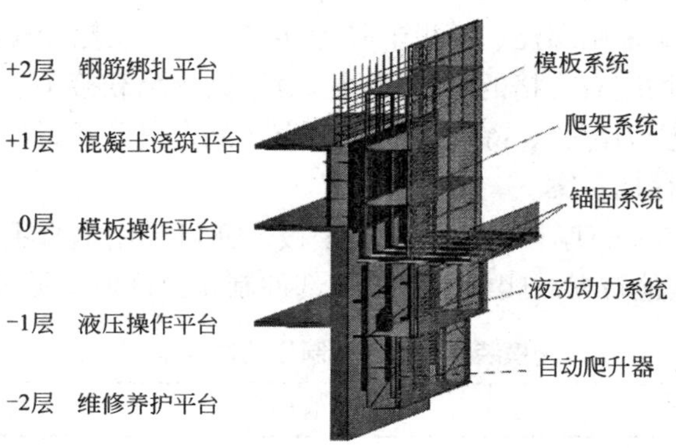

图 1-4-2　爬模体系 1

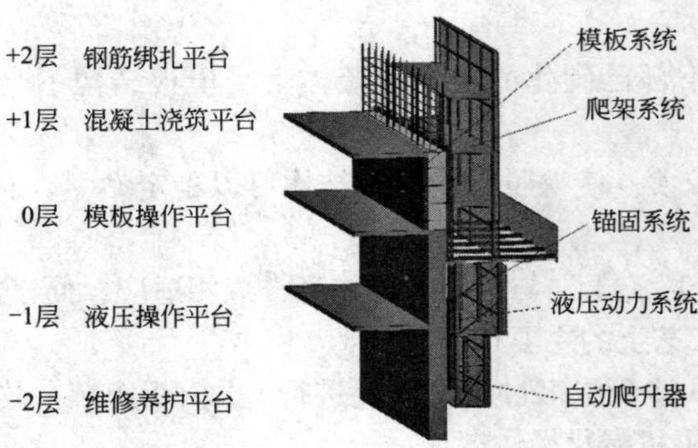

图 1-4-3 爬模体系 2

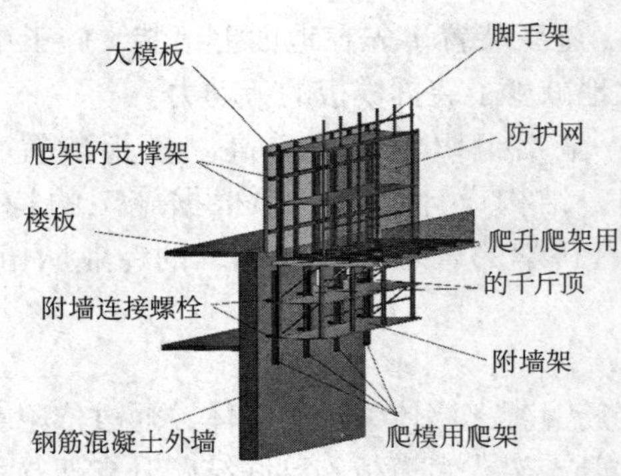

图 1-4-4 爬模体系 3

4.3.3 爬升模板的质量验收

爬模模板应满足强度、刚度、平整度和周转的使用要求，易于清理和涂刷隔离剂，面板更换不应影响工程施工进度；模板面板材料宜选用钢板、酚醛树脂面板的木（竹）胶合板等；模板之间的连接应采用螺栓、模板卡具等连接件；对拉螺栓应选用高强度螺栓。

所使用的各类钢材均应有合格的材质证明。对于锥形承载接头、承载螺栓、挂钩连接座、防坠爬升器等重要受力部件，除应有生产厂家产品合格证及材质证明外，还应进行复检，确保性能合格，并存档备案。

操作平台板宜选用50mm厚杉木或松木脚手板，亦可采用钢脚手板；操作平台护栏可选择 ϕ48.3mm 钢管或其他材料。爬模装置主要部件制作允许偏差见表 1-4-2。

爬模装置主要部件制作允许偏差 **表 1-4-2**

项次	项目	允许偏差（mm）	检查方法
1	连接孔中心位置	±0.5	游标卡尺
2	下架体挂点位置	±2	尺量

续表

项次	项目	允许偏差（mm）	检查方法
3	梯挡间距	±2	尺量
4	导轨平直度	2	2m 靠尺、尺量
5	提升架体宽度	±5	尺量
6	提升架体高度	±3	尺量
7	平移滑轮与轴配合	0.2 ~ 0.5	游标卡尺
8	支腿丝杠与螺母配合	0.1 ~ 0.3	游标卡尺

注：摘自《液压爬升模板施工技术规程》JGJ 195—2010。

第5章　清水混凝土模板

清水混凝土是直接利用混凝土成型后的自然质感作为饰面效果的混凝土（图1–5–1），清水混凝土模板是按照清水混凝土要求进行设计加工的模板技术。根据结构外形尺寸要求及外观质量要求，清水混凝土模板可采用大钢模板、钢木模板、组合式带肋塑料模板、铝合金模板及聚氨酯内衬模板技术等（图1–5–1）。

图1–5–1　清水混凝土的外观效果

清水混凝土模板技术是按照清水混凝土技术要求进行设计加工，满足清水混凝土质量要求和外观装饰效果要求的模板技术。模板表面的特征有平整度、光洁度、拼缝、孔眼、线条，模板木纹图案能够拓印到混凝土表面上。因此，根据清水混凝土的饰面要求和质量要求，清水混凝土模板更加重视模板选型、模板分块、面板分割、对拉螺栓的排列和模板表面平整度。

清水混凝土模板施工特点：模板安装时遵循先内侧、后外侧，先横墙、后纵墙，先角模后墙模的原则。吊装时注意对面板保护，保证明缝、蝉缝的垂直度及交圈。模板配件紧固要用力均匀，保证相邻模板配件受力大小一致，避免模板产生不均匀变形。

5.1　清水混凝土模板概述

5.1.1　清水混凝土种类

清水混凝土通常分为以下三种类型：

1）普通清水混凝土，是指表面颜色无明显色差，对饰面效果无特殊要求。

2）饰面清水混凝土，是指表面颜色基本一致，由有规律排列的对拉螺栓孔眼、明缝、蝉缝、假眼等组合形成，以自然质感，为饰面效果。

3）装饰清水混凝土，是指表面形成装饰图案、镶嵌装饰片或彩色的清水混凝土。

清水混凝土施工中的明缝是指凹入混凝土表面的分格线或装饰线。蝉缝是指模板面板拼缝在混凝土表面留下的细小痕迹。堵头是指模板内侧对拉螺栓套管两端的定位、成孔配件。

5.1.2　清水混凝土模板特点

（1）清水混凝土是直接利用混凝土成型后的自然质感作为饰面效果的混凝土工程，清水混凝土表面质量的最终效果主要取决于清水混凝土模板的设计、加工、安装和节点细部处理。

（2）由于对模板应有平整度、光洁度、拼缝、孔眼、线条与装饰图案的要求，根据清水混凝土的饰面要求和质量要求，清水混凝土模板更应重视模板选型、模板分块、面板分割、对拉螺栓的排列和模板表面平整度等技术指标。

5.2　清水混凝土模板的材料性能、组成及构造

对于不同类型的清水混凝土构件应选择不同造型的模板，如表 1–5–1 所示。模板面板选材需兼顾面板材料的吸水性、周转使用次数、清水混凝土饰面效果影响程度等因素（表 1–5–2）。

清水混凝土模板选型表　　　　**表 1-5-1**

序号	模板类型	清水混凝土分类		
		普通清水混凝土	饰面清水混凝土	装饰清水混凝土
1	木梁胶合板模板	●	●	●
2	铝梁胶合板模板	●	●	●
3	木框胶合板模板	●		●
4	钢框胶合板模板（包边）	●		●
5	钢框胶合板模板（不包边）		●	●
6	全钢大模板	●	●	●
7	全钢不锈钢贴面模板		●	●
8	全钢不锈钢装饰模板			●
9	50mm厚木板模板			●
10	铸铁装饰内衬模板			●
11	胶合板装饰模板			●
12	玻璃钢模板	●	●	●
13	塑料模板	●	●	●

清水混凝土模板面板选材表　　表 1-5-2

面板材料	吸水性能	混凝土饰面效果	注意事项	周转次数	备注
原木板材	吸水性面板	粗糙木板纹理	色差大，有斑纹	2 ~ 3	
锯木板材，表面不封漆		粗糙木板纹理，暗色调	多次使用后，纹理和吸水性会减退	3 ~ 4	具体使用次数与清水混凝土饰面要求等级的高低有关
表面刨平的木板材		平滑的木板纹理，暗色调	多次使用后，纹理和吸水性会减退	3 ~ 5	
普通胶合板或松木板	弱吸水性面板	粗糙木板纹理，暗色调	多次使用后，纹理和吸水性会减退	3 ~ 5	
表面封漆的平木板		平滑的木板纹理，暗色调	多次使用后，纹理和吸水性会减退	10 ~ 15	具体使用次数与板材的封漆厚度有关
木质光面多层板，三合板		平滑的木板纹理	多次使用后，纹理和吸水性会减退	8 ~ 15	具体使用次数与板材的厚度有关
压实处理的三合板				15 ~ 20	具体使用次数多取决于板材的压实胶结度
覆膜多层板		平滑表面没有纹理	面层不均匀性和覆膜色调差异	5 ~ 30	具体使用次数与板材的覆膜厚度有关（120 ~ 600g/㎡）
平面塑料板材	非吸水性面板	平滑发亮的混凝土表面		50	
塑料、塑胶、聚氨酯内衬膜		根据设计选择制作		20 ~ 50	具体使用次数与衬膜厚度和使用部位有关
玻璃钢		平滑表面	混凝土表面易形成气孔和石状纹理	8 ~ 10	
金属模板			混凝土表面易形成气孔和石状纹理甚至锈痕	80 ~ 100	

注：选自《建筑业+项新技术（2017）》。

5.3　清水混凝土模板要点

编制清水混凝土模板工程专项施工方案，对施工图纸进行深化设计，综合考虑各施工工序对清水混凝土饰面效果的影响，并做好技术交底，确保施工人员都熟悉操作规程和职责。

清水混凝土模板设计：

1）模板设计前应对清水混凝土工程进行全面深化设计，妥善解决好对饰面效果产生影响的关键问题，如明缝、蝉缝、对拉螺栓孔眼、施工缝的处理、后浇带的处理等。

2）模板体系选择，选取能够满足清水混凝土外观质量要求的模板体系，具有足够的强度、刚度和稳定性；模板体系要求拼缝严密、规格尺寸准确、便于组装和拆除，能确保周转使用次数要求。

3）模板分块原则，在起重荷载允许的范围内，根据蝉缝、明缝分布设计分块，同时兼顾分块的定型化、整体化、模数化、通用化。

4）面板分割原则，应按照模板蝉缝和明缝位置分割，必须保证蝉缝和明缝水平交圈、竖向垂直。

5）对拉螺栓孔眼排布，应达到规律性和对称性的装饰效果，同时还应满足受力要求。

6）节点处理，根据工程设计要求和工程特点合理设计模板节点。

加工准备模板面板，对每张模板从面层、边框及模板的尺寸均须逐一检查，选择符合标准要求的模板。下料时按清水饰面分割线及模板尺寸的要求，通过套裁的方法加工标准面板，使用裁剪面板不会出现“飞边”现象的合金锯片。加工时面板高度方向留5mm余量，宽度方向留15mm余量。模板成型后面板应无破损现象，并摆放整齐。为保证模板尺寸和拼缝的严密性，防止漏浆，满足清水饰面蝉缝要求，需经过精加工研缝。蝉缝拼接的模板边采取如图1-5-3所示的蝉缝处理，确保模板拼接严密。蝉缝成型后刷两道清漆封边处理。

蝉缝：有规则的模板拼缝在混凝土表面上留下的痕迹，设计整齐匀称的蝉缝是混凝土表面的装饰效果之一。

明缝：明缝是凹入混凝土表面的分隔线或装饰线。

建筑设计外墙部分为清水混凝土，以明缝分格，以蝉缝作分块（图1-5-2、图1-5-3）。

模板的选型、表面处理、强度、刚度、隔离剂的使用等均应满足设计和施工规范的要求（表1-5-3、表1-5-4）。

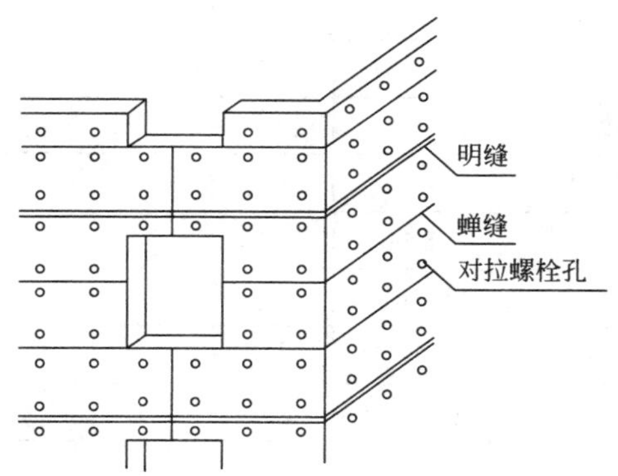

图 1-5-2　明缝蝉缝横平竖直

图 1-5-3　蝉缝示意图

清水混凝土模板允许偏差　　表 1-5-3

<table>
<tr><th rowspan="2">序号</th><th rowspan="2">项目</th><th colspan="2">允许偏差（mm）</th><th rowspan="2">检查方法</th></tr>
<tr><th>普通清水混凝土</th><th>饰面清水混凝土</th></tr>
<tr><td>1</td><td>模板高度</td><td>±2</td><td>±2</td><td>尺量</td></tr>
<tr><td>2</td><td>模板宽度</td><td>±1</td><td>±1</td><td>尺量</td></tr>
<tr><td>3</td><td>整块模板对角线</td><td>≤3</td><td>≤3</td><td>尺量</td></tr>
<tr><td>4</td><td>单块板面对角线</td><td>≤3</td><td>≤2</td><td>尺量</td></tr>
<tr><td>5</td><td>板面平整度</td><td>3</td><td>2</td><td>2m靠尺、塞尺</td></tr>
<tr><td>6</td><td>边肋平直度</td><td>2</td><td>2</td><td>2m靠尺、塞尺</td></tr>
<tr><td>7</td><td>相邻面板拼缝高低差</td><td>≤1.0</td><td>≤0.5</td><td>尺量、塞尺</td></tr>
<tr><td>8</td><td>相邻面板拼缝间隙</td><td>≤0.8</td><td>≤0.8</td><td>尺量、塞尺</td></tr>
<tr><td>9</td><td>连接孔中心距</td><td>±1</td><td>±1</td><td>游标卡尺</td></tr>
<tr><td>10</td><td>边框连接孔与板面距离</td><td>±0.5</td><td>±0.5</td><td>游标卡尺</td></tr>
</table>

清水混凝土模板安装尺寸偏差与检验方法　　表 1-5-4

<table>
<tr><th rowspan="2">项次</th><th rowspan="2" colspan="2">项目</th><th colspan="2">允许偏差（mm）</th><th rowspan="2">检查方法</th></tr>
<tr><th>普通清水混凝土</th><th>饰面清水混凝土</th></tr>
<tr><td>1</td><td>轴线位移</td><td>墙、柱、梁</td><td>4</td><td>3</td><td>尺量</td></tr>
<tr><td>2</td><td>截面尺寸</td><td>墙、柱、梁</td><td>±4</td><td>±3</td><td>尺量</td></tr>
<tr><td>3</td><td colspan="2">标高</td><td>±5</td><td>±3</td><td>水准仪、尺量</td></tr>
<tr><td>4</td><td colspan="2">相邻面板高低差</td><td>3</td><td>2</td><td>尺量</td></tr>
<tr><td rowspan="2">5</td><td rowspan="2">模板垂直度</td><td>不大于5m</td><td>4</td><td>3</td><td rowspan="2">托线板、线坠、尺量</td></tr>
<tr><td>大于5m</td><td>6</td><td>5</td></tr>
<tr><td>6</td><td colspan="2">表面平整度</td><td>3</td><td>2</td><td>靠尺、塞尺</td></tr>
<tr><td rowspan="2">7</td><td rowspan="2">阴阳角</td><td>方正</td><td>3</td><td>2</td><td rowspan="2">方尺、塞尺、拉线、尺量</td></tr>
<tr><td>顺直</td><td>3</td><td>2</td></tr>
<tr><td rowspan="2">8</td><td rowspan="2">预留洞口</td><td>中心线位移</td><td>8</td><td>6</td><td rowspan="2">拉线、尺量</td></tr>
<tr><td>孔洞尺寸</td><td>+8，0</td><td>+4，0</td></tr>
<tr><td>9</td><td>预埋件、管、螺栓</td><td>中心线位移</td><td>3</td><td>2</td><td>拉线、尺量</td></tr>
<tr><td rowspan="3">10</td><td rowspan="3">门窗洞口</td><td>中心线位移</td><td>8</td><td>5</td><td rowspan="3">拉线、尺量</td></tr>
<tr><td>宽、高</td><td>±6</td><td>±4</td></tr>
<tr><td>对角线</td><td>8</td><td>6</td></tr>
<tr><td>11</td><td colspan="2">蝉缝交圈</td><td>5</td><td>3</td><td>水准仪、拉线、尺量</td></tr>
</table>

第 6 章　曲面模板

6.1　曲面混凝土模板概述

随着科学技术和经济水平的发展，涌现出越来越多的体型复杂的建筑。复杂结构构件主要指复杂曲面或多曲面结构、异型复杂的结构节点，如曲面壳体结构、圆弧形筒仓结构、复杂弧形楼梯等。作为混凝土成型的围护，也需随之制作加工成曲面，给模板加工、制作及安装造成了空前的困难。

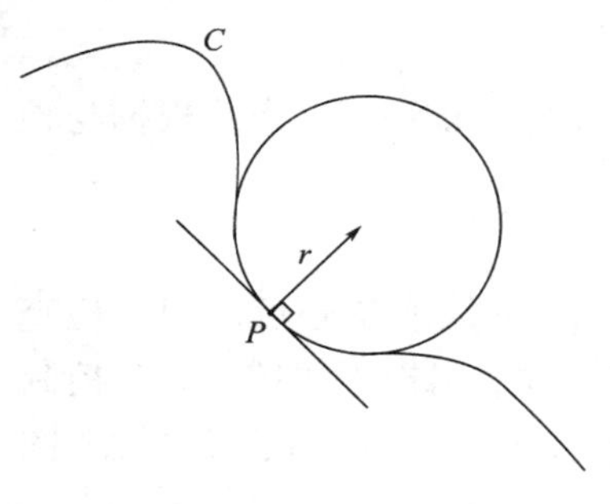

图 1-6-1　曲率示意图

关于曲率的概念：

（1）曲率P：就是针对曲线上某个点的切线方向角对弧长的转动率，数学上表明曲线在某一点的弯曲程度的数值。

曲率越大，表示曲线的弯曲程度越大。曲率的倒数就是曲率半径。

（2）曲率半径r：对于曲线，它等于最接近该点处曲线的圆弧的半径。对于表面，曲率半径是最适合正常截面或其组合的圆的半径。

6.2　曲面混凝土模板的放线/翻样

6.2.1　模板放样思路

1. 曲率较小情况

由于曲面模板制作难度较大，尤其是在建筑表面曲率变化不定的情况下，制作出的曲面模板使用率较低，成本较高，因此在条件允许，如建筑物表面曲面曲率较小的情况下，以平面模板近似代替曲面模板（以下简称为“以直代曲”）是一种常见思路，可降低施工难度和成本。“以直代曲”成立的条件是平面模板与曲面之间的偏差小于规范要求和模板分块大小满足施工要求。如果模板分块过大，会出现模板平面形状与理论曲面偏差较大的问题；模板分块过小，虽然减少了偏差，但会出现模板数量较多、施工不便的局面，失去“以直代曲”的意义，可在制作模板时适当加大尺寸，同时在直木横挡加入垫块，形成微曲的模板以减少偏差值和便于施工。

2. 曲率较大情况

对于一些大型结构的表面，曲率变化不一，局部曲面的曲率较大，如果仍然按“以直代曲”思路制作模板，根据允许偏差，则每块模板的尺寸变小、数量增多，难以满足工程施工要求。因此，采用 CAD 建模技术，得到精确的曲面模型后，再分解为工程施工需要尺寸的若干小曲面，可以采用钢板曲面模板。对于曲率特别大或者曲率突变的情况，可以将钢板进一步分解，形成拼装板条模板。对于钢板模板或拼装板条模板，其横肋、竖肋均采用槽钢为宜，各构件在连接前需要先按 CAD 建模设计得到的曲面模型要求进行弯曲加工，以适应弯曲的钢板（或钢板条）并与之焊接。

3. 竖向曲面模板设计划分的原则

对于竖向曲面模板，考虑切割和加工方便，以采用木模板为宜。在模板设计时，尤其是对于收分模板，以上层模板的尺寸小于或等于下一层模板的尺寸为宜，以利于模板的重复使用和加工。竖向曲面模板按“以直代曲”思路按高度进行分段设计时，有弦长等分和高度等分两种设计方法。当上层的模板较下层的模板更接近铅垂时，可考虑高度等分或弦长等分来制定模板；当下层的模板较上层的模板更接近铅垂时，则只能按弦长等分的方法来分段。

6.2.2 细部构件放样

利用全站仪在三级控制网的基础上偏移得到结构附近轴线位置，细部节点线根据与轴线的相对位置关系用全站仪放出。

1. 墙、柱水平放样

根据控制轴线和坐标控制点位置放样出墙、柱的位置、尺寸线或中心点，用于检查墙、柱钢筋位置，及时纠偏，以利于模板位置就位。再在其周围放出模板线控制线（控制线一般按距结构外边20cm）放双线控制以保证墙、柱的截面尺寸及位置。如图1–6–2、图1–6–3所示。

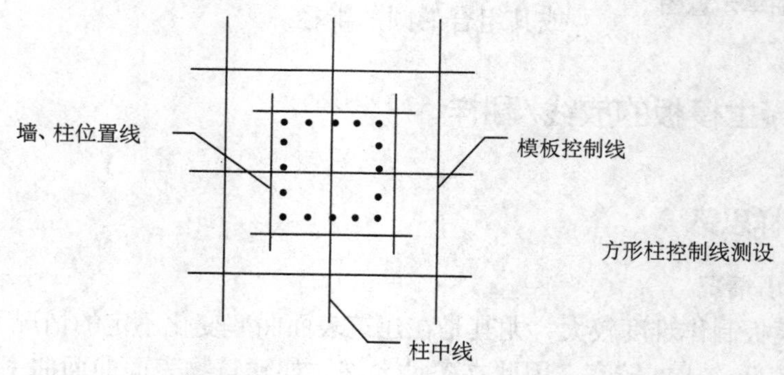

图 1–6–2 柱模板控制线示意图

2. 梁板水平放样梁中线控制

根据控制轴线和坐标控制点位置放样出墙、柱的位置、尺寸线或中心点后，放出柱中线，待柱拆除模板后把此线引到柱面上，以确定上层梁中线的位置，如图1–6–4所示。

3. 梁板边线控制

根据控制轴线和坐标控制点位置放样上层梁、板边线的位置，用铅锤仪投影到上

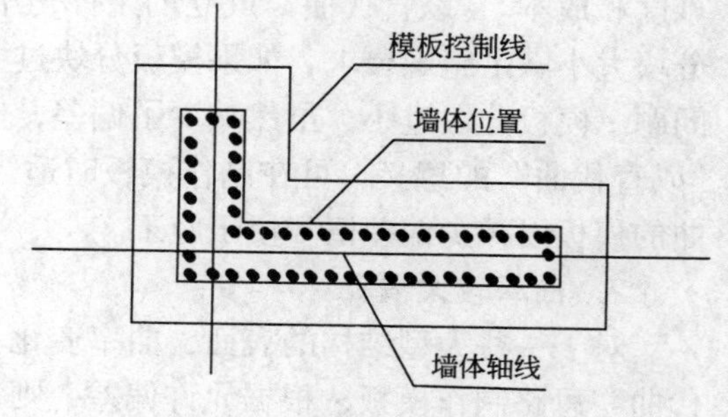

图 1–6–3 墙模板控制线示意图

部平台板放样出梁、板边线，每条边线投影两个点确定梁、板边线位置，再投影另一个点进行复核，若三点在一条直线上，则投影正确，若不在一条直线上，则重新纠正（图1-6-5）。

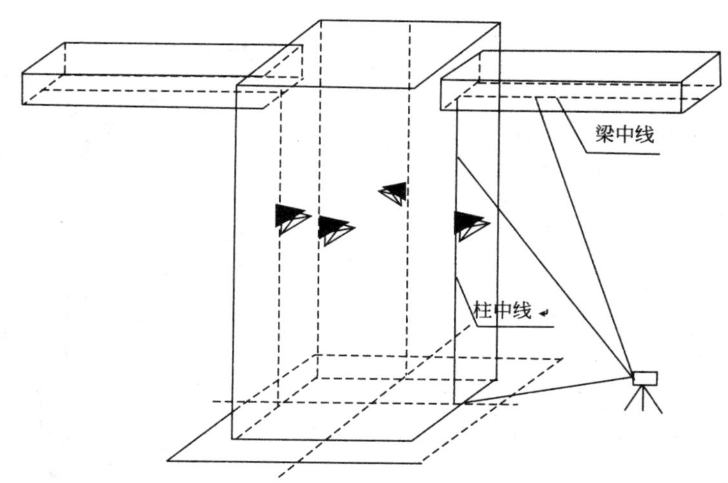

图 1-6-4　梁板中线位置示意图

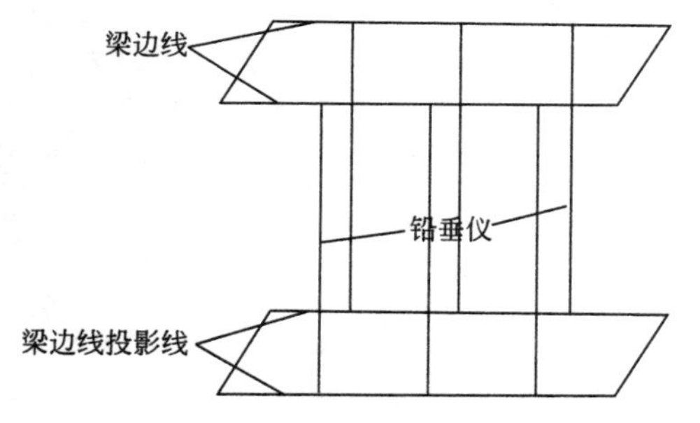

图 1-6-5　梁板边线位置示意图

4. 弧形边线放样

1）找出圆心。找出与圆相切的两条直线与圆的交点，分别做两条线的垂线，相交处得到圆心位置（图1-6-6）。

2）测量圆的半径。测量圆心的切线的距离，即为圆的半径。

3）以圆心为基点，在离圆心一个半径的地方每隔5 ~ 10cm找到圆弧路径上的一个点，用线弹出每相邻的两个点的连线，在精度要求较高的部位可缩小连线的长度（图1-6-7）。

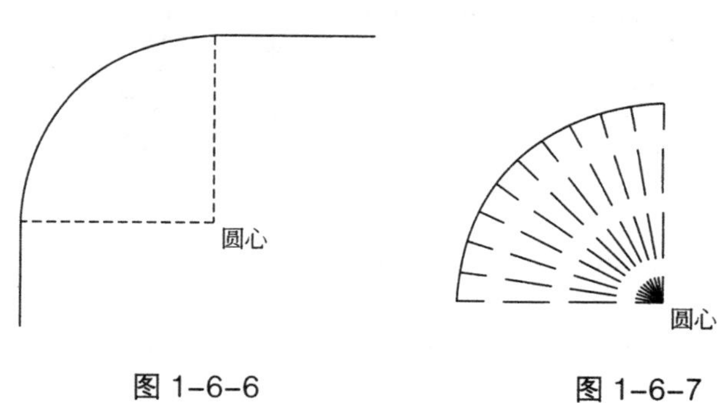

图 1-6-6　　图 1-6-7

4）若找不到圆心位置，则直接将圆弧在CAD电子图中每隔5 ~ 10cm等分成若干份，直接用全站仪通过相对位置关系找出每一个点，再连接每一个点（图1-6-8）。

5）将地面上的每个点用铅垂仪投影到平台板上（图1-6-9）。

工程示意，如图1-6-10所示。

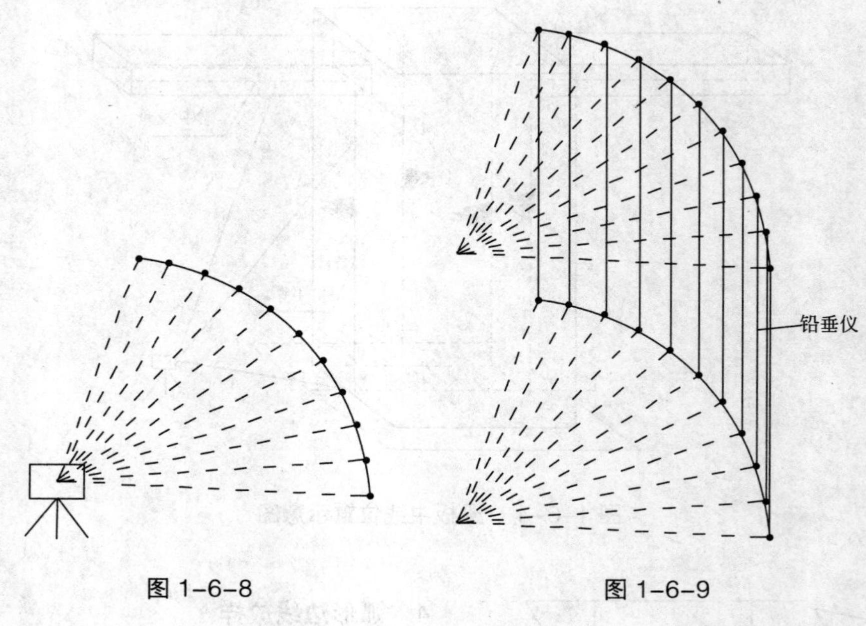

图 1-6-8　　图 1-6-9

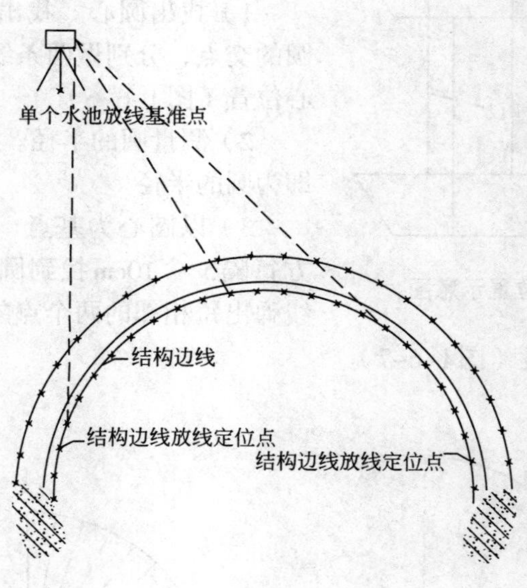

图 1-6-10

第7章　模板支撑架

7.1　模板支撑架概述

7.1.1　模板支撑体系简介

1. 模板支撑体系的种类

模板支撑体系为浇筑混凝土构件或安装钢结构等安装的模板主、次楞以下的承力结构体系，包括扣件式钢管满堂支撑架、碗扣式钢管满堂支撑架以及各种立柱—横梁跨越式支撑架。

满堂式支撑体系主要有扣件式钢管支撑架和碗扣式钢管支撑架两种类型，满堂支撑架主要由立杆基础、立杆、水平杆（包括扫地杆、封顶杆）、剪刀撑及斜杆、底座、可调托撑以及连接件（碗扣或扣件）等组合而成。

2. 满堂式支撑体系组成

各组件的构成如下（图1-7-1）：

（1）基础：混凝土面层、垫板基础等。

（2）立杆：扣件式钢管、碗扣式钢管。

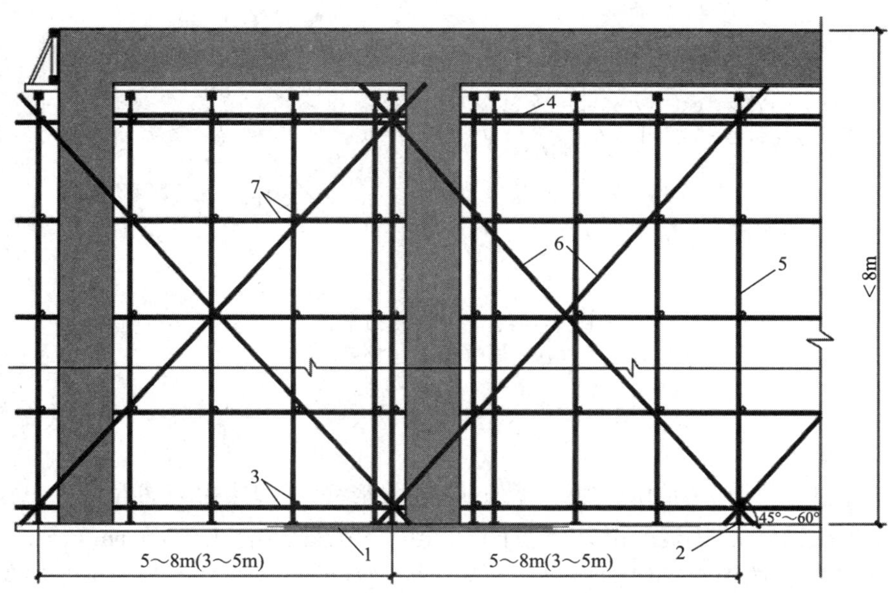

图1-7-1　普通扣件钢管模板立面图

1—夯实基础或硬化地面；2—垫木；3—纵横向扫地杆；4—水平剪刀撑；5—立杆；6—竖向剪刀撑；7—纵横向水平拉杆

（3）水平杆（亦称横杆）：扣件式钢管、碗扣式钢管。

（4）剪刀撑：钢管和扣件组成的成对交叉斜杆。

（5）连接件：扣件、碗扣、立杆连接销、限位销、横杆接头等。

（6）加固件：模板支撑架与主体结构的墙、柱牢固拉接的水平连接件等。

3. 碗扣式支撑体系主要构配件

立杆碗扣节点：由上碗扣、下碗扣、横杆接头和上碗扣限位销等构成。立杆碗扣节点的间距为0.6m的模数。

碗扣式立杆上设置接长套管及连接销孔。

碗扣式支撑架钢管规格为ϕ48 mm×3.5mm，钢管壁厚不得小于3.5 mm +0.25mm，采用Q235A级普通钢管，其材质性能应符合规范要求。

上碗扣、可调底座及可调托撑螺母应采用可锻铸铁或铸钢制造，下碗扣、横杆接头、斜杆接头应采用碳素铸钢制造，其机械性能应符合规范要求。

立杆连接外套管与立杆间隙应小于或等于2mm（内径不大于50 mm），外套管长度不得小于160mm，外伸长度不得小于110mm（图1-7-2）。

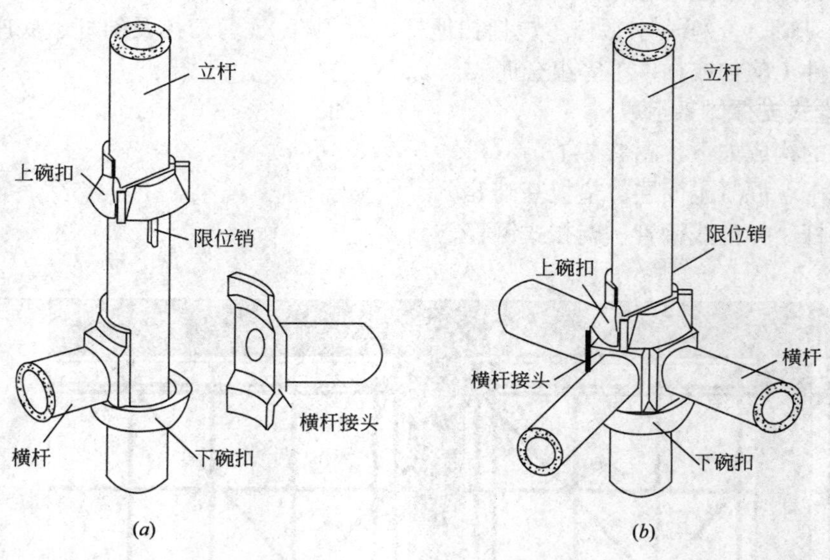

图1-7-2　立杆碗口节点
(a) 连接前；(b) 连接后

4. 剪刀撑

剪刀撑就是支撑架上的斜向支撑，类似剪刀的X形杆。剪刀撑搭接部位不少于1m，并应采用不少于2个旋转扣件固定。相交于立杆上，至中心节点距离不大于150mm（图1-7-3）。

剪刀撑是对支撑架起着纵向稳定，加强纵向刚性的重要杆件。为保证支撑架整体结构不变形，高度在24m以下的单双排支撑架，均必须在外侧立面的两端设置一道剪刀撑，并应由底至顶连续设置，中间各道剪刀撑之间的净距不应大于15m。24m以上的双排支撑架应在外侧立面整个长度和高度上设置剪刀撑。纵向必须设置剪刀撑，与水平夹角应为

图 1-7-3　剪刀撑示意图

45°～60°。剪刀撑的里侧一根与交叉处立杆用转扣胀牢，外侧一根与小横杆伸出部分胀牢。剪刀撑斜杆的接长应采用搭接或对接，当采用搭接时，搭接长度不应小于1m，并应采用不少于2个旋转扣件固定。

7.1.2　可变体系

可变体系：在外力作用下，其形态或位置会改变。

不变体系：在外力作用下，其形态或位置不会改变（图1-7-4）。

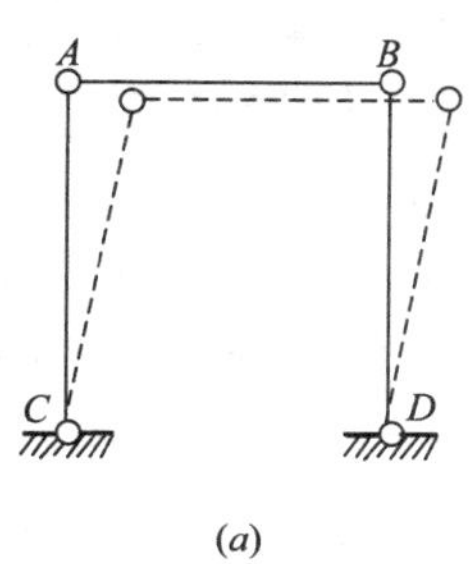

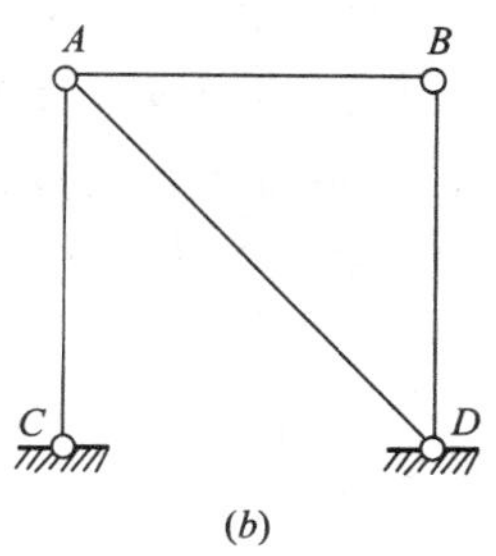

图 1-7-4　模板支架示意图
(a) 可变体系；(b) 不变体系

三角形稳定性：指三角形具有稳定性，有着稳固、坚定、耐压的特点，如埃及金字塔、钢轨、三角形框架、起重机、三角形吊臂、屋顶、三角形钢架、钢架桥和埃菲尔铁塔都以三角形形状建造。

模板支架的搭设都按照相同高度、相同跨度搭设的，立面都是竖向的长方形，当达到一定的高度时支撑效果不好，长方形结构不是一个稳定的结构。加上一个斜向的支撑，就变成了三角形。三角形具有稳定性，这样结构就变成了稳定结构（图1-7-5）。

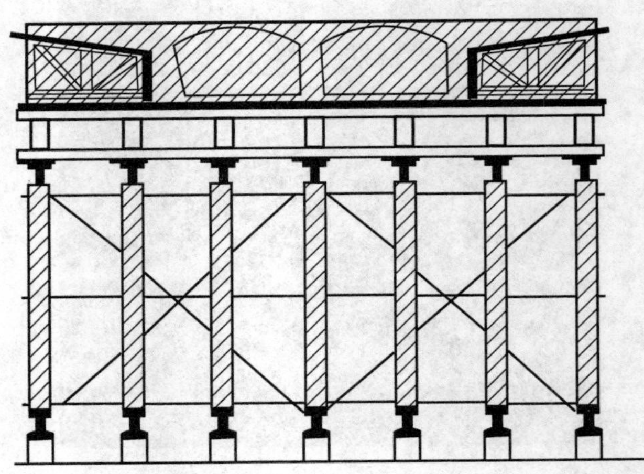

图 1-7-5　模板支架效果图

7.2　普通扣件式钢管模板满堂支撑架的一般要求

扣件式满堂支撑体系构配件应符合《建筑施工扣件式钢管支撑架安全技术规范》JGJ 130-2011规范要求。

（1）与通用钢管支架匹配的专用支架应按设计图加工、制作。搁置于支架顶端可调托座上的主楞，可采用木方、方钢管等截面对称的型钢。

（2）应根据周边结构的情况，采取有效连接措施加强支架整体稳固性。支架的竖向斜撑和水平斜撑应与支架同步搭设，支架应与已成型的混凝土结构拉结。钢管支架的竖向斜撑和水平斜撑的搭设应符合现行行业标准《建筑施工模板安全技术规范》JGJ 162-2008等的规定。临时堆放在混凝土楼板上的模板及支架钢管等应分散、整齐放置。

（3）梁板模板支架长度或宽度大于6m时，应在支架纵向或横向的中部设置纵向或横向的竖向剪刀撑（由底至顶连续设置）；当支架高度大于3倍步距且不超过8m时，宜在支架顶部设置一道连续水平剪刀撑，水平剪刀撑应延伸至周边；当支架高度在8m及以上时，应在支架底部、顶部及竖向间隔不超过8m分别设置连续水平剪刀撑。水平剪刀撑宜在竖向剪刀撑斜杆相交平面设置。单幅剪刀撑宽度应为6 ~ 8m。剪刀撑应用旋转扣件固定在与之相交的水平杆或立杆上，旋转扣件中心线至主节点的距离不宜大于150mm。

（4）当支架立柱高度超过5m时，应在梁板模板支架周圈外侧和中间有结构柱的部位，按水平间距6 ~ 9m、竖向间距2 ~ 3m与建筑结构设置一个固结点。

（5）满堂模板和共享空间模板支架立柱，在外侧周圈应设由下至上的竖向连续式剪刀撑；中间在纵横向应每隔10m左右设由下至上的竖向连续式剪刀撑，其宽度宜为4 ~ 6m，并在剪刀撑部位的顶部、扫地杆处设置水平剪刀撑（图1-7-6）。

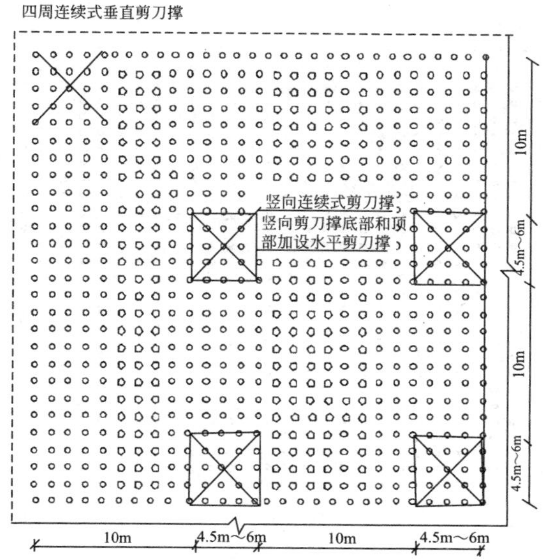

图 1-7-6　剪刀撑布置图（一）

剪刀撑杆件的底端应与地面顶紧，夹角宜为45° ～ 60° 。当建筑层高在8 ～ 20m时，除应满足上述规定外，还应在纵横向相邻的两竖向连续式剪刀撑之间增加“之”字斜撑，在有水平剪刀撑的部位，应在每个剪刀撑中间处增加一道水平剪刀撑（图1-7-7）。当建筑层高超过20m时，在满足以上规定的基础上，应将所有“之”字斜撑全部改为连续式剪刀撑（图1-7-8）。

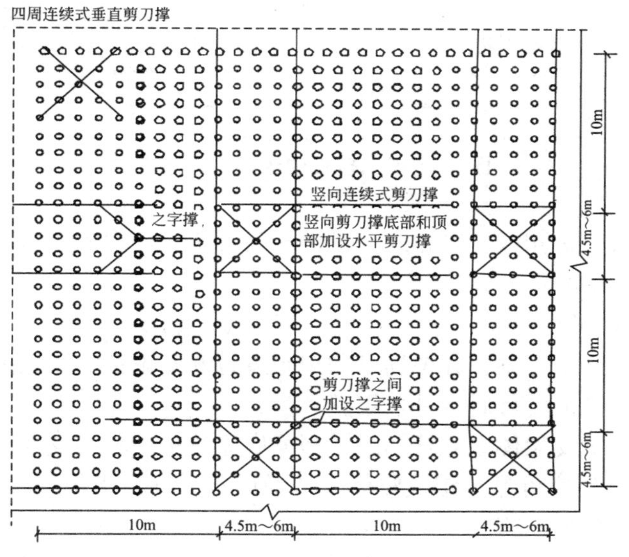

图 1-7-7　剪刀撑布置图（二）

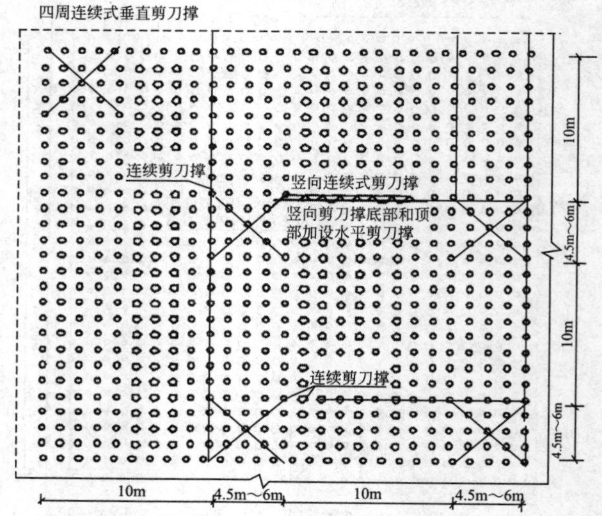

图 1-7-8　剪刀撑布置图（三）

（6）当满堂支撑架采用扣件式钢管、碗扣式和轮扣式钢管支架时，U托自由端伸出长度不大于200mm，插入立杆内长度不小于150mm。如图1-7-9所示。

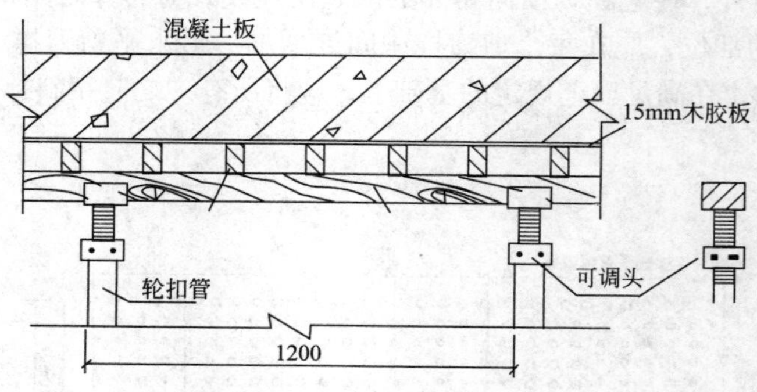

图 1-7-9　楼梯模板施工示意图

（7）采用碗扣式、盘扣式、轮扣式、盘销式钢管架等搭设的模板支架应采用可调托座插入支架立柱杆端的中心传力方式。

（8）采用轮扣式钢管支架作模板支架时，应满足下列规定：

①编制安全专项施工方案，并根据有关规定进行专家论证。高大模板体系安全专项施工方案，必须在充分论证可行后方可采用。

②预先确定轮扣式支架体系立杆间距；当梁底无法采用轮扣支架时，宜采用扣件式钢管支架体系，两种支架应可靠拉结成整体（如增设水平杆，步距与轮扣支架相同），并在梁两侧立杆基础上再延伸一跨。

③轮扣式支架基础宜在同一标高，当基础标高不同时，应采取过渡措施（如在立杆底部加设可调底座等）将轮盘调平，保证水平杆件的有效连接。

④插销连接应保证锤击自锁后，不拔脱。

⑤构造要求：相邻立杆的接头尽量不要选择在同一截面上；剪刀撑、扫地杆、自由端等设置和构造，应符合现行行业标准《建筑施工模板安全技术规范》JGJ 162–2008的要求。

7.3 高支撑模板系统

高支撑模板系统（以下简称高支模）是指高度大于或等于5.0m、跨度大于或等于10m、施工总荷载10kN/m^{2}及以上、集中荷载15kN/m^{2}及以上的模板及其支撑系统。高支模施工承受荷载大施工难度高，一旦施工或处理不好，极容易发生坍塌或坠落事故，故施工高支模前必须对支撑系统进行计算，制定相应方案，并经过相关专家评审、经现场搭设验收后方可浇筑混凝土。

（1）应满足“普通扣件式钢管模板满堂支撑架”的一般要求；其立杆和扣件等材料必须进行力学检测。

（2）支设立杆的地基应平整坚实。施工总荷载大于10kN/m^2，或集中线荷载大于15kN/ m^2 的模板工程，当立杆落在地面时，须增设强度不低于C10、厚度不少于100mm的混凝土垫层；当立杆落在楼面时，楼面下应采取可靠的支顶措施。

（3）每根立杆底部应设置底座，底座宜采用规格不小于150mm × 150mm × 8mm钢板和钢管套管焊接组成。底座下应设置长度不少于2跨、宽度不小于150mm、厚度不小于50mm的木垫板或仰铺12 ~ 16号槽钢。

（4）立杆接长必须对接，严禁搭接。立杆纵横间距不得大于1.2m × 1.2m，步距不应超过1.5m。满堂支撑架搭设高度不宜超过30m。

（5）立杆顶部应采用可调顶托受力，不得采用横杆受力，且顶托距离最上面一道水平杆不宜超过300mm。当超过300mm时，应采取可靠措施固定。

（6）架体必须连续设置纵、横向扫地杆和水平杆，纵向扫地杆应采用直角扣件固定在距底座上皮不大于200mm处的立杆上，横向扫地杆应采用直角扣件固定在紧靠纵向扫地杆下方的立杆上。

（7）扫地杆与顶部水平杆之间的间距，在满足模板设计所确定的水平拉杆步距要求条件下，进行平均分配确定步距后，在每一步距处纵横向应各设置一道水平拉杆。当层高在8 ~ 20 m时，在最顶步距两水平杆中间应加一道水平拉杆；当层高大于20m时，在最顶两步距水平拉杆中间应分别增加一道水平拉杆。

（8）架体外侧周边及内部纵、横向每隔 3 ~ 5m 由底至顶设置宽度 3 ~ 5m 连续竖向剪刀撑；在竖向剪刀撑交点平面设置宽度 3 ~ 5m 连续水平剪刀撑。

（9）架体四周与建筑物应形成可靠连接，以减少架体搭设高度对稳定性的不利影响。当满堂架高宽比大于 2 或 2.5 时，满堂支撑架应在支架的四周和中部与结构柱进行刚性连接，连墙件水平间距为 6 ~ 9m，竖向间距为 2 ~ 3m。在无结构柱部位应采取预埋钢管等措施与建筑结构进行连接。

（10）立杆垂直度偏差应不大于1/200H（H为架体总高度），且最大偏差应不大于± 50mm。

（11）模板支撑体系杆件不得与外支撑架、卸料平台等连接。

（12）框架结构中，柱和梁板的混凝土浇筑顺序，应按先浇筑柱混凝土，后浇筑梁板混凝土的顺序进行。浇筑过程应有专人对高大模板支撑系统进行观测，发现有松动、变形等情况，必须立即停止浇筑，撤离作业人员，并采取相应的加固措施（图1-7-10～图1-7-13）。

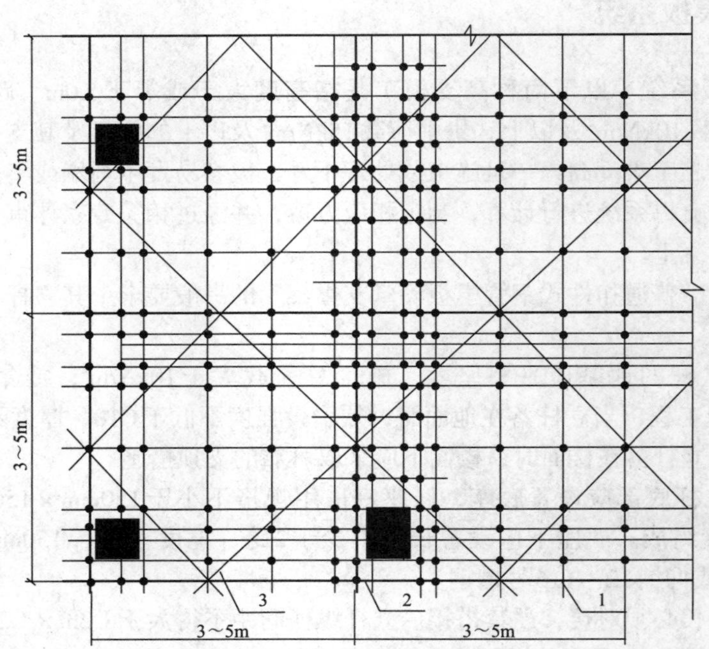

图 1-7-10　高大模板支撑平面图

1—立杆，其间距应根据构造要求进行布置；2—竖向剪刀撑，架体外侧周边及内部纵、横向每隔 3 ～ 5m 由底至顶设置宽度 3 ～ 5m 连续竖向剪刀撑；3—水平剪刀撑，在竖向剪刀撑交点平面设置高度 3 ～ 5m 连续水平剪刀撑

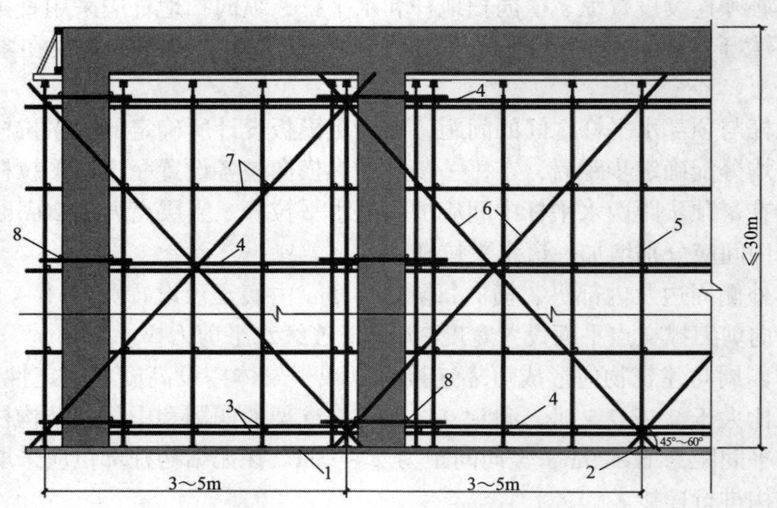

图 1-7-11　高大模板支撑立面图

1—夯实基础或硬化地面；2—50mm 厚道长垫木；3—纵横向扫地杆；4—水平剪刀撑；5—立杆；6—竖向剪刀撑；7—纵横向水平拉杆；8—抱柱加固钢管

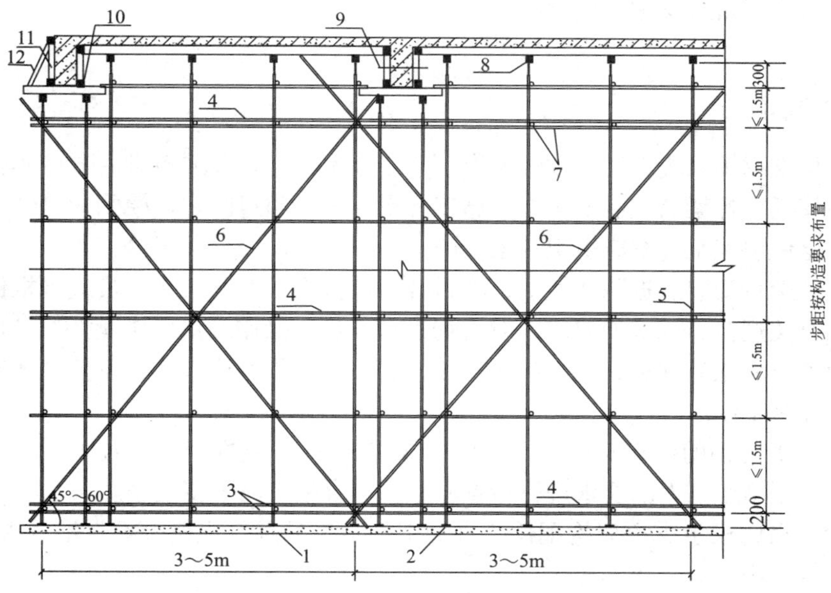

图 1-7-12　高大模板支撑剖面图

1—夯实基础或硬化地面；2—垫木；3—纵横向扫地杆；4—水平剪刀撑；5—立杆；6—竖向剪刀撑；7—纵横向水平拉杆；8—U 形顶托；9—对拉螺栓；10—通长托木；11—立档；12—斜撑

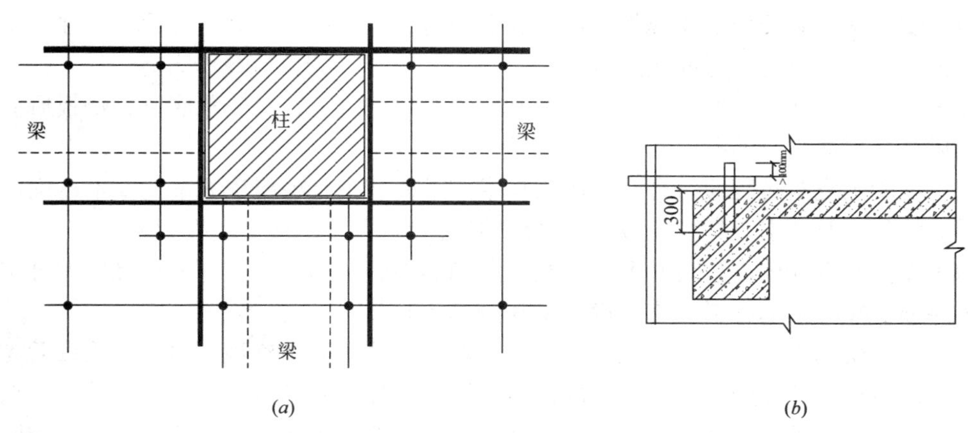

图 1-7-13　高大模板与构件连接大样图

(*a*) 高大模板架体与框架柱连接大样；

注：1. 满堂架与框架柱抱柱加固的第一道连接位置为第一道水平杆上部，最后一道为顶部水平杆上部，中间按每两步距设置；

2. 四根抱柱钢管均与水平杆拉接

(*b*) 高大模板架体与梁板连接大样

注：顶埋钢管连墙件在梁板面按两步三跨设置

7.4 模板支撑架的安装与拆除

7.4.1 施工准备

所有模板支撑体系施工前必须编制专项施工技术方案，并经审批后方可实施，对于危险性较大的模板支撑架需编制安全专项施工方案，对于超过一定规模的危险性较大的模板支撑架的安全专项施工方案应组织专家论证。

模板支撑架在安装、拆除作业前，项目技术负责人或方案编制人员应当根据安全专项施工方案和有关规范、标准的要求，对现场管理人员、操作班组、作业人员进行安全技术交底，作业人员应正确理解其施工顺序、工艺、工序、作业要点和搭设安全技术要求等内容，并履行签字手续。

对进入施工现场的模板支撑架构配件（含加工件）、支撑架杆（构）件、连接件等按规范和安全专项施工方案的要求进行检查验收，不合格产品不得使用。

经检验合格的模板支撑架构配件（含加工件）按品种、规格分类，堆放整齐、平稳，堆放场地不得有积水。

模板支撑体系搭设与拆除前应对场地进行清理、平整并采取排水措施使排水畅通。

模板支撑架安装前，在其安全距离范围以外应设置安全警示标志，必要时设立隔离设施。

7.4.2 安装与拆除

（1）支撑架安装前应对支撑架基础验收合格后，对预留预埋等进行检查，并按安全专项施工方案确定的位置进行放线测量。

（2）模板支撑架立杆底座、垫板应准确放置在定位线上，在放置底座、垫板后应按先立杆、后横杆再剪刀撑的顺序安装。

（3）混凝土浇筑过程应符合专项施工技术方案或安全专项施工方案的要求，确保支撑系统受力均匀，避免引起高大模板支撑系统的失稳倾斜。

（4）支撑架拆除前应进行必要的检查，明确拆除顺序和措施，并经审批后方可实施拆除。拆除前支撑架上的材料、施工机具及其他多余的杂物应先行清理。

（5）支撑架的拆除顺序、工艺应符合设计要求。设计无明确规定时，可采取后支的先拆、先支的后拆的总体顺序逐层向下进行，具体应符合以下规定：

①满堂支撑架拆除作业必须自上而下逐层进行，严禁上下层同时拆除作业，分段拆除的高度不应大于两层。

②设有附墙连接的模板支撑架，附墙连接必须随支撑架体逐层拆除，严禁先将附墙连接全部或数层拆除后再拆支撑架体。

③拆除支撑架应站在安全位置作业，使用专用工具，严禁用大锤打砸支撑或向一侧拉倒整个架体结构的拆除方法。

④拆除的构配件应采用起重设备吊运或人工传递到地面，严禁将拆卸的杆件向地面抛掷，并按规格分类均匀堆放。

⑤拆除如遇中途停歇，应将松动的构配件进行临时支撑牢固或连接牢固，对活动部件

应一次性拆除。

7.4.3 保证措施

在模板工程施工中，要努力做到：一个中心、两个基本点、三条措施、进行四个强化、严把五关、掌握六个操作要点。

1. 一个中心

在混凝土楼板施工中，以荷载中心传递为中心，使立杆中心受力和中心传力，尽量减小偏心。

2. 两个基本点

1）支撑层地面要坚实平整。

2）立杆要竖直牢稳。

立杆的着力点部位要坚实、平整，应优先采用钢底座，如为脚手板或木方时，底座的尺寸宜大不宜小、宜长不宜短，并要防止浸水；立杆要支得直，支得牢、支得稳。

3. 三条措施

1）支模架自身方案的构造设计要到位，要有足够的安全储备。

2）支模架与已有成型好的建筑结构之间的连接构造要设计周全。

3）要有必要的构造增强措施，宜根据高大空间和荷载等具体情况，在构造设计中增加构造柱、构造带和构造层的做法，以确保构造上的牢稳可靠。

4. 进行四个强化

1）强化安全管理。

2）强化技术交流。

3）强化安全检查。

4）强化相关施工工艺和相关工种之间的协同工作。

5. 严把五关，实现安全施工

为了实施安全施工，在强化管理和落实责任的过程中，要重点把好模板支撑架的五关：

1）要把好模架材料和模架产品关，在模架材料和产品进施工现场前，要对准备购置的模架材料和产品进行考察和抽查，要优选和定点厂家选用合格的材料和合格的产品，严防假冒伪劣材料、产品进入施工现场。

2）要把好模板施工方案和施工工艺的设计审批关，对于重大工程、高大工程的施工方案和施工工艺要进行论证评审。

3）要把好模板安装、拆卸的工艺关，要做到架设方法正确，防护到位，加强措施周全，安装要牢靠，拆卸要安全。

4）要把好模板架设安装的检查验收关，尤其是对高大空间的支模架在浇灌混凝土之前要组织仔细地检查与验收。

5）要把好模板使用过程中的监察和动态控制关，尤其是对高大空间的支模架在浇筑混凝土的全过程中要注意观察，发现异常情况要及时采取措施，以杜绝事故发生，实现安全施工。

6. 六个操作要点

在具体进行模板工程的设计、施工和检查中要掌握六个要点：

1）在模板方案设计与施工中，要使荷载（包括自重、静载荷和施工载荷等）的传力线路非常明确，要优先选用集中荷载直接传递到竖向主支撑杆上，其偏心愈小愈好。

2）支模架的设计与架设一定要做到竖直横平，即该直的一定要竖直，该横的一定要水平，偏差要控制在误差范围内。

3）最上部的水平支撑要与竖向建筑结构顶牢靠，或者与竖向支撑联结牢靠，要使垂直荷载的水平分力以最短的线路传递到竖向结构上或竖向杆件上。

4）在模板工程方案的设计和施工中，一定要注意竖直支撑之间的斜拉杆和斜支撑。在支撑系统中，斜拉杆和斜支撑至关重要，尤其是在高大空间的支撑架设中，足够数量的斜拉杆和斜支撑是保证支撑整体稳定的重要设防，一定要把它架设牢靠。

5）支撑系统的根部或底部一定要平整坚固结实，要有符合设计要求的垫板和坚固的支座，要防止支撑底部沉陷；在支撑系统中，根部不牢，上部架设得再好也难免不发生事故。

6）在特殊部位，要有安全设防和安全警示标牌。

7.5 模板支撑架的验收

7.5.1 检查验收的内容

模板支撑架的杆件材料应按以下要求进行验收、抽检和检测。

（1）对进场的承重杆件、连接件等材料的产品合格证、生产许可证、检测报告进行复核，并对其表面观感、重量、壁厚等物理指标进行抽检。

（2）对承重杆件的外观抽检数量不得低于安装用量的30%；采用钢管扣件安装高大模板支撑架时，还应对扣件螺栓的紧固力矩进行抽查，抽查数量应符合《建筑施工扣件式钢管支撑架安全技术规范》JGJ 130–2011的规定，对梁底扣件应进行100%检查。

支撑架基础检查：地基的处理、承载力及其他质量要求应符合施工设计的要求；基础（或其他型式承载体等）的形式、质量及沉降应符合施工设计的要求；基础周边设置的排水沟应进行硬化处理，不得有开裂现象，不得对基础有侵蚀。

（3）支撑架检查（表1–7–1）：

①支撑架的立杆（柱）、横杆（梁）及连接件的品种、规格、间距等应符合施工设计的要求；可调托撑、可调底座等符合现行有关标准的相关规定。

②支撑架的竖向剪刀撑、水平剪刀撑、扫地杆应符合施工设计和规范的要求。加固件的设置应符合施工设计的要求。

③支撑架的安装尺寸符合施工设计要求。

④架体的垂直度为$H/200$且不大于50mm，水平度为±100mm。

模板支架验收记录表　　　　**表 1-7-1**

搭设班组	架子工班组		班组长		
操作人员持证人数			证书符合性		
专项方案编审程序符合性		技术交底情况		安全交底情况	
钢管扣件	进场前质量验收情况		符合要求		
	材质、规格与方案的符合性		符合要求		
	使用前质量检查情况		符合要求		
	外观质量检查情况		符合要求		
检查内容		允许偏差	方案要求	实质质量情况	符合性
立杆间距	梁底	+30mm	+20mm		
	板底	+30mm	+20mm		
步距		+50mm	+50mm		
立杆垂直度		≤0.75% 且≤60mm	≤0.75% 且≤60mm		
扣件拧紧		40 ~ 65N · m	40 ~ 65N · m		
立杆基础		混凝土基加木垫板		混凝土基加木垫板	
扫地杆设置		离地面0.2m纵横向连续设置		离地面0.2m纵横向连续设置	
拉结点设置		按规范和方案要求		/	
立杆搭接方式		按规范和方案要求		按规范和方案要求	
纵、横向水平设置		扫地杆以上每1.5m纵横双向设一道		扫地杆以上每1.5m纵横双向设一道	
剪刀撑	垂直从横方向	按规范和方案要求		按规范和方案要求	
	水平（高度＞4m）	按规范和方案要求		按规范和方案要求	
	其他	/		/	
施工单位检查结论	结论：		检查日期：	年　　月　　日	
	检查人员：　　项目技术负责人：　　项目经理：				
监理单位验收结论	结论：		验收日期：	年　　月　　日	
	专业监理工程师：　　总监理工程师：				

注：表格内相关内容摘自《混凝土结构工程施工规范》GB 50666—2011和《建筑施工碗扣式钢管脚手架安全技术规范》JGJ 166—2016。

7.5.2　检查验收的注意事项

1. 检查验收应分阶段进行

1）施工准备阶段，对构配件进行检查验收。

2）在基础完工后模板支撑架安装前，对基础进行检查验收。

3）架体设计高度8m以下时，在安装完$H/2$、H高度后，对支撑架进行检查验收。

4）架体设计高度8m以上时，在安装完$H/3$、$H2/3$、H高度后，对支撑架进行检查验收。

5）在模板完工后投入使用（安装钢筋）前，进行总体检查验收。

2. 使用过程中，当遇到下列情况时，应进行专项检查

1）遇到六级及以上大风或大雨或遭受洪水淹没后；

2）冻结的地基土解冻后；

3）停用超过一个月后；

4）架体遭受外力撞击作用后；

5）架体部分拆除后；

6）其他特殊情况发生后。

3. 使用过程中，应在以下阶段对以下部位进行监测

1）在模板支撑架安装完工后，对基础进行监测；

2）在模板、钢筋安装完工后，对基础、支撑架进行监测；

3）在混凝土浇筑50%、100%后，对基础、支撑架进行监测；

4）在混凝土终凝前后，对基础、支撑架进行监测。

第8章　模板施工工艺流程及操作要点

8.1　常用模板的施工工艺

8.1.1　胶合板模板的施工工艺

1. 概述

1）胶合板模板系统的基本组成

胶合板模板为目前应用最广泛的一种模板，其主要包括面板、支撑体系和紧固件三个部分。

（1）模板面板

面板采用木、竹胶合板。木胶合板的常用厚度一般为12mm或18mm，竹胶合板的常用厚度一般为12mm，内、外楞一般采用方木，木楞的间距可随胶合板的厚度，通过设计计算进行调整。

（2）支撑体系

保持模板系统形状和尺寸的杆（构、配件）件有：围箍、夹持件、支撑与拉结杆件和锁固件，这些杆件应能可靠地承受浇筑混凝土时对侧模板产生的水平力作用，确保不出现模板开裂、模板鼓胀和其他明显变形。支撑体系一般采用钢管和扣件进行搭设。

（3）紧固件

模板紧固件的种类和规格很多，如螺栓、螺杆、接头连接件、螺母、三型卡环等。

2）胶合板模板的配制方法

（1）按设计图纸尺寸直接配制模板。形体简单的结构构件，可根据结构施工图纸直接按尺寸列出模板规格和数量进行配制。模板厚度、横档及楞木的断面和间距，以及支撑系统的配置，都可按支承要求通过计算选用。

（2）采用放大样方法配制模板。形体复杂的结构构件，如楼梯、圆形水池等，可在平整的地坪上，按结构图的尺寸画出结构构件的实样，量出各部分模板的准确尺寸或套制样板，同时确定模板及其安装的节点构造，进行模板的制作。

（3）用计算方法配制模板。形体复杂不易采用放大样的方法，但有一定几何形体规律的构件，可用计算方法结合放大样的方法，进行模板的配制。

（4）采用结构表面展开法配制模板。一些形体复杂且又由各种不同形体组成的复杂体型结构构件，如设备基础，其模板的配制，可采用先画出模板翻样图、模板平面图和展开图，再进行配模设计和模板制作。

3）胶合板模板配制要求

（1）应整张直接使用，尽量减少随意锯截，造成胶合板浪费。

（2）钉子长度应为胶合板厚度的1.5 ~ 2.5倍，每块胶合板与木楞相叠处至少钉2个钉子。第二块板的钉子要转向第一块模板方向斜钉，使拼缝严密。

（3）配制好的模板应在反面编号并写明规格，分别堆放保管，以免错用。

2. 基础模板

1）独立式基础模板

（1）阶梯形基础模板

阶梯形基础模板的每一台阶模板均由四侧胶合板及方木拼钉而成，四块侧板用夹板拼成方框，外侧用方木围檩。斜撑和平撑一端顶在侧板的夹板上，另一端钉在木桩或夹在钢管桩上。上台阶模板的四周也要用斜撑与平撑支撑，斜撑与平撑的一端支撑在上台阶侧板的木构上，另一端可支撑在下台阶侧板的木档顶上，如图1–8–1所示。

图 1–8–1　阶形基础模板

模板安装时，首先在侧板内侧画出中线，在基坑底弹出基础中线，把各台阶侧板拼成方框。然后把下台阶模板放在基坑底，两者中线互相对齐，并用水平尺校正其标高，在模板周围顶上木桩。上台阶模板放在下台阶模板上的安装方法同上。

（2）杯形基础模板

杯形基础模板的构造和阶形基础模板相似，只是在杯口位置要装设芯模。杯芯模两侧钉上轿杠木或夹上钢管，方便搁置在上台阶模板上。如果下台阶顶面带有坡度，应在上台阶模板的两侧钉上轿杠木，轿杠木端头下方加托木，方便搁在下台阶模板上。近旁有基坑壁时，可贴基坑壁设垫木，用斜撑与平撑支撑侧板木档（图1–8–2）。

图 1–8–2　杯形基础模板

杯芯模有整体式与装配式两种。整体式杯芯模是用轿杠木和木档根据杯口尺寸钉成一个整体，为方便脱模，可在芯模的上口设吊环，或在底部的对角十字档穿设8号铅丝，以便于芯模脱模。装配式杯芯模由四个角模构成，每侧设抽芯板，拆模时先抽去抽芯板，即可脱模，如图1-8-3所示。

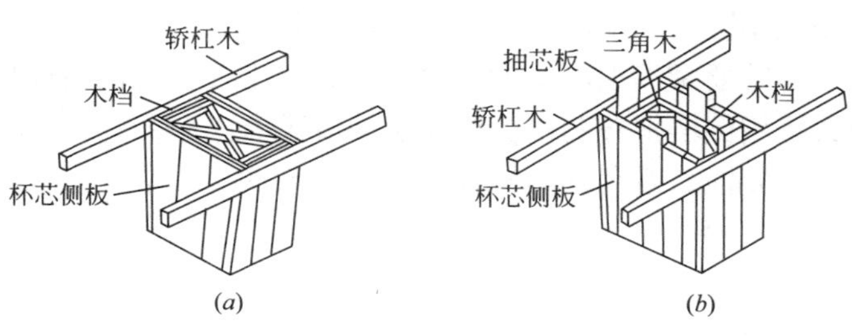

图 1-8-3　杯芯模
(a) 整体式；(b) 装配式

安装前，首先将各部分画出中线，在基础垫层上弹出基础中线，各台阶钉成方框，杯芯模钉成整体，上台阶模板和杯芯两侧钉上轿杠。

安装时，先将下台阶模板放在垫层上，两者中心对准，四周用斜撑及平撑钉牢，再把钢筋网放入模板内，然后将上台阶模板摆上，对准中线，矫正标高，最后在下台阶侧板外加木档，把轿杠的位置固定住。杯芯模需最后安装，对准中线，再将轿杠置于上台阶模板上，并用木档予以固定。

杯芯模的上口宽度通常比柱脚宽度大100 ~ 150mm，下口宽度比柱脚宽大40 ~ 60mm，杯芯模的高度（轿杠底到下口）需比柱子插入基础杯口中的深度大20 ~ 30mm，以便安装柱子时校正柱列轴线和调整柱底标高。

杯芯模通常不装底板，这样浇筑杯口底处混凝土比较容易操作，也易于振捣密实。

杯形基础应避免中线标准、杯口模板位移、混凝土浇筑时杯芯模浮起、拆模时杯芯模拆不出的现象发生。

2）条形基础模板

条形基础模板通常由斜撑、平撑、侧板组成。侧板用木夹板。斜撑和平撑顶在钢桩（或垫木）与木档之间，如图1-8-4所示。

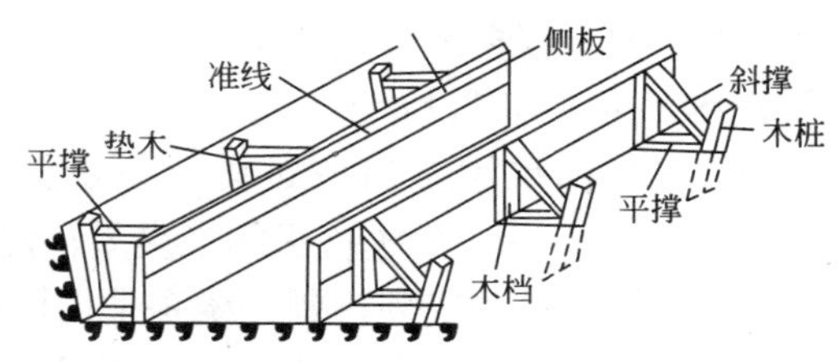

图 1-8-4　条形基础模板

条形基础模板安装时，首先在基槽底弹出基础边线，再把侧板对准边线垂直竖立，校正调平无误后，用斜撑与平撑钉牢。如基础较长，可先立基础两端的两块板，经过校正后再在侧板上口拉通线，按照通线再立中间的侧板。当侧板高度大于基础台阶高度时，可在侧板内侧根据台阶高度弹准线，并每隔2m左右在准线上钉圆钉，作为浇捣混凝土的标志。每隔一定距离在侧板上口钉搭头木，以免模板变形。

3）施工要点

（1）安装模板前先复查地基垫层标高和中心线位置，弹出基础边线。基础模板面标高应符合设计要求。

（2）基础下段模板用土模，前提是土质良好，但开挖基坑及基槽尺寸必须准确。杯芯模板要刨光，应直拼。如设底板，应使侧板包底板；底板要钻几个孔便于排气。芯模外表面涂隔离剂，四角做成小圆角，灌混凝土时上口要临时遮盖。

（3）杯芯模板的拆除要掌握混凝土的凝固情况，通常在初凝前后即可用锤轻打，撬棒松动；较大的芯模，可用倒链把杯芯模板稍加松动后拔出。

（4）浇捣混凝土时要注意避免杯芯模板向上浮升或四面偏移，模板四周混凝土应均衡浇捣。

（5）脚手板不能放置在基础模板上。

3. 墙模板

1）施工工艺流程

墙模板安装程序：弹线→抹水泥砂浆找平→安装门窗洞口模板→安装一侧模板→清理墙内杂物→安装另一侧模板→调整固定→预检。

2）施工工艺

（1）首先根据施工图纸的设计要求弹好混凝土墙的内外边线位置线及500mm控制线，然后按照位置线，先进行门窗洞口的模板和预埋件的安装。把这些模板安装好之后，然后开始墙模板的安装。

（2）安装一侧墙体模板，用钢管打斜撑临时固定，然后清理墙内杂物。

（3）安装另一侧墙体模板，两侧都装好后将对拉螺栓、套管、U形卡穿好，拧紧螺帽。

（4）在墙模板安装完毕后，检查扣件、螺栓、U形卡等是否紧固，并在模板的底部使用水泥砂浆堵严。

3）操作要点

（1）墙体模板面板采用木夹板，竖向背楞采用木方背楞，模板的横向背楞采用两根ϕ48钢管配置。

（2）连接两侧模板的对拉螺杆螺母的数量考虑混凝土侧压力沿垂直方向分布的不同，因此对拉螺杆两端螺母的数量亦有所不同。钢管横肋从楼层面起200mm处需设置一道横肋，然后向上根据螺杆设置钢管横肋，在模板收口处需再设置一道横肋，竖向背楞中距不大于250mm，同时设置上、中、下三道剪刀撑。

（3）墙体采用ϕ14或ϕ16对拉螺杆加穿墙套管，间距根据计算要求设置，一般为450 mm × 600 mm（为了模板的二次周转使用，杜绝二次开洞）。

（4）模板排列安装拼制，统一采用横向排布，不符合模数的地方用小木板条镶嵌。模板工程所有内支撑全部采用水泥支撑条，严禁使用钢筋等金属物作为内支撑。如图1-8-5所示。

4. 柱模板

1）柱模板安装程序

安装最下一圈模板（留清理孔）→逐圈安装向上直至柱顶（留浇筑孔）→校正垂直度→安装柱箍→装水平和斜向支撑。

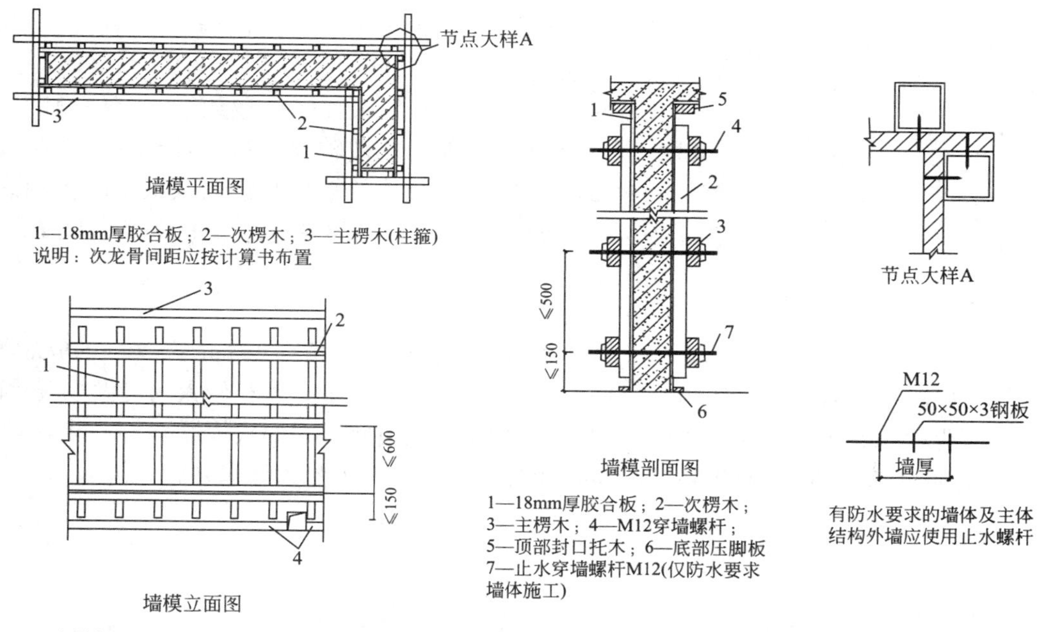

图 1-8-5　墙模板

2）柱子模板安装

（1）矩形柱模板

矩形柱模板由四面面板、柱箍、支撑构成。构造做法为：面板采用木夹板，竖向背肋采用方木竖放，柱箍采用钢管围檩，尺寸较小的柱子300mm × 300 mm及以下的柱子仅采用钢管围檩，尺寸300 mm × 300 mm以上的柱子根据计算设置双钢管夹对拉螺栓进行围檩。如图1-8-6。

柱顶与梁的交接处要留出缺口，缺口尺寸即为梁的高和宽（梁高以扣除平板厚度计算），并在缺口两侧和口底钉上衬口档，衬口档离缺口边的距离即为梁侧板和底板的厚度，如图1-8-7所示。

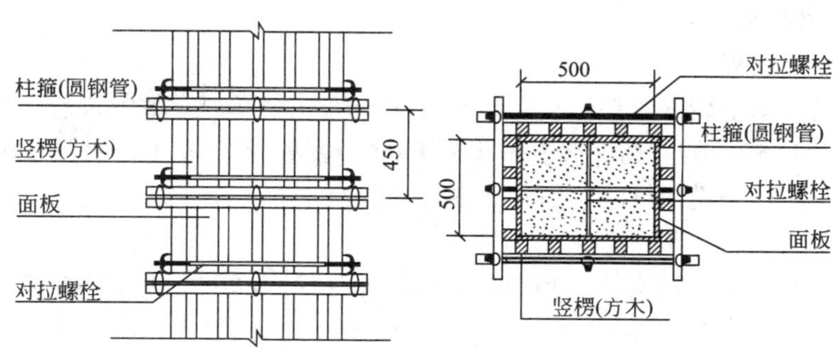

图 1-8-6　矩形柱木模板（单位：mm）

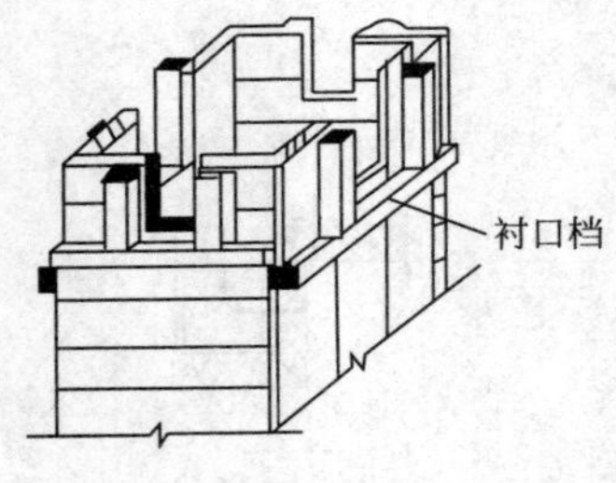

图 1-8-7 柱模顶处构造

柱箍间距应根据柱模断面大小经计算确定，柱模下部间距应小些，往上可逐渐加大间距。

安装柱模板时，应先在基础面（或楼面）上弹柱轴线和边线，同一柱列应先弹两端柱轴线与边线及500mm控制线，然后拉通线弹出中间部分柱的轴线与边线及500mm控制线。为了保证柱模的稳定，柱模之间要通过水平撑、剪刀撑等互相拉结固定。

（2）圆形柱木模板

圆形柱木模板用竖直狭条（20 ~ 25mm厚，30 ~ 50mm宽）模板与圆弧档（又称木带，厚30 ~ 50mm）做成两个半片组成，直径较大的可做成三片以上，其构造示意如图上1-8-8所示。为防止混凝土浇筑时侧压力使模板爆裂，木带净宽需不小于50mm或在模外每隔500 ~ 1000mm加两股以上8 ~ 10号铅丝箍紧。

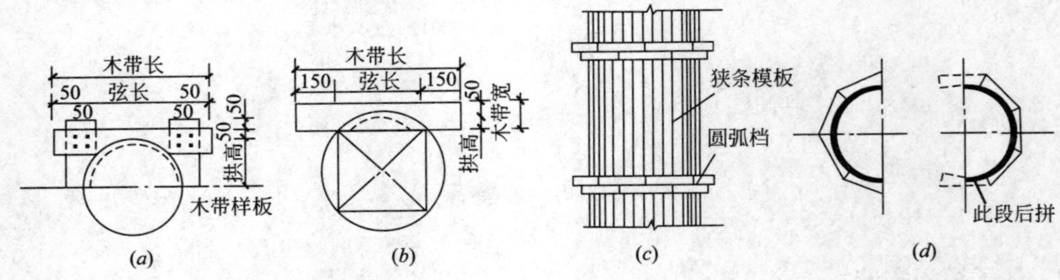

图 1-8-8 圆形柱木模板

(a) 示意图一；(b) 示意图二 (c) 立面图；(d) 平面图

3）施工要点

（1）安装时先在基础面上弹出四周边线、500mm控制线及纵横轴线。

（2）对于通排柱模板，需先装两端柱模板，校正固定，拉通长线校正中间各柱模板。

（3）柱模板应加柱箍，用钢管扣件扣牢，较大的柱模板需要根据设计要求增加对拉螺栓。

5. 梁模板

1）矩形单梁模板安装

（1）施工工艺流程

弹出梁轴线及水平线并复核→搭设梁模支架→绑扎钢筋→安装侧梁模→安装另一侧梁模→安装上下锁口楞、斜撑楞及腰楞和对拉螺栓→复核梁模尺寸、位置→梁模板自检验收→浇筑混凝土养护→模板拆除、清理、退场堆放。

（2）施工要点

安装梁模支架之前，在支柱下脚铺设垫板，并且楼层间的上下支座应大致在同一条直线上。支柱采用双排满堂支撑架，间距一般小于800mm，支柱上设置木楞。支柱中间和下方加模杆或斜杆，立杆加可调底座。

在支柱上调整预留梁底模板的厚度，符合设计要求后，拉线安装梁底模板并找直。

安装梁一侧模板，在底模上绑扎钢筋，经验收合格后，清除杂物，安装梁另一侧模板，将两侧模与底板连接角模与卡具连接。安装上下锁口楞及外竖楞，附加斜撑，其间距一般为75cm。当梁高超过70cm时，需加腰楞，并穿对拉螺栓加固，且梁侧模安装固定前上口要拉线找直。如图1-8-9所示。

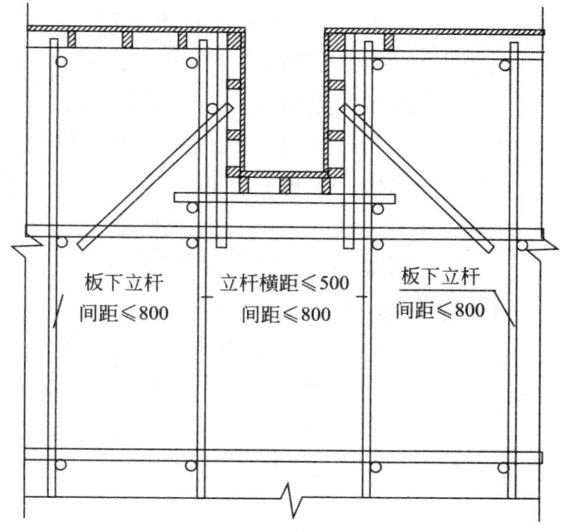

图 1-8-9　矩形单梁模板

梁模板安装后，要拉中线进行检查，核对各梁模中心位置是否对正。待平板模板安装后，检查并调整标高。各顶撑之间要设水平撑或剪刀撑，以保持顶撑的稳固。

梁模板宜采用侧包底的支模法，便于拆除侧模以利周转，保留底模及支撑有待混凝土强度的增长，一般梁底模板准备数量应多于梁侧模板数量。

当梁的跨度在4m及4m以上时，在梁模板的跨中要起拱，起拱高度为梁跨度的0.2% ~ 0.3%。

当梁模板下面需留施工通道，或由于土质不好不宜落地支撑，且梁的跨度又不大时，则可设置钢管斜撑，倾角通常不大于30°，以增加梁底板刚度和支撑的稳定性。

2）圈梁模板安装

如图1-8-10所示为圈梁模板安装。它是由横担、侧板、夹木、斜撑和搭头木等组成。横担和斜撑采用 ϕ48mm × 3mm钢管，侧板采用木夹板，夹木一般采用50mm × 50mm方木。

（1）在梁底一排砖处的预留洞中穿入截面尺寸为 ϕ48mm × 3mm钢管，两端露出墙体的长度一致，找平后用木楔将其与墙体固定。

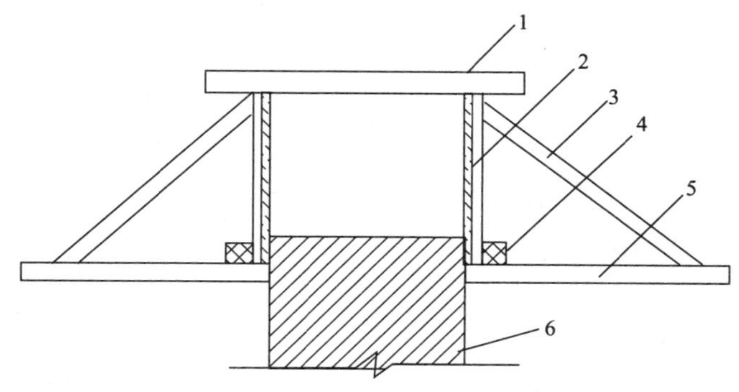

图 1-8-10　圈梁模板
1—搭头木方；2—侧板；3—斜撑；4—夹木；5—横担；6—砖墙

（2）立侧板。侧板底面但在横担上，内侧面紧贴墙壁，调直后用夹木和斜撑将其固定。斜撑上端顶在侧板的木档上，下端扣在横担钢管上。

（3）支模时应遵守“边模包底模”的原则，梁模与柱模连接处下料尺寸一般略小。

（4）梁侧模必须有压脚板和斜撑，拉线通直后将梁侧钉固。梁底模板按规定起拱。

（5）在侧板内侧面弹出圈梁上表面高度控制线。

（6）混凝土浇筑前，应将模内墙弄干净，并浇水湿润。

（7）在圈梁的交接处做好模板的搭接。

6. 楼板模板

平板模板通常用木夹板铺设在搁栅上。搁栅搁置在满堂支撑架上，搁栅通常用断面50mm × 100mm的木枋，间距为150 ~ 300mm。

支柱采用双排满堂支撑架，下面须垫垫板。一般用50mm × 100mm的木枋。平板模板应在垂直于搁栅方向铺钉。如图1-8-11所示。

图 1-8-11 楼板支模图

平板模板安装前，搭设满堂支撑架时，调整最上一步横杆的标高，以控制平板模板的标高，最上一步横杆的标高应为平板底标高减去平板模板厚度和搁栅高度。然后在最上步横杆上摆上木搁栅，等分搁栅间距。最后在搁栅上铺钉平板模板。为便于拆模，只在模板端部或接头处钉牢，中间尽量少钉。

7. 楼梯模板

1）楼梯模板配制方法

楼梯模板有的部分可根据楼梯详图配制，有的部分则需要放出楼梯的大样图，以便量出模板的准确尺寸。

（1）在平整的水泥地面上，用1 ： 1或1 ： 2的比例放大样，弹出水平基线x–x及其垂线。

（2）根据已知尺寸和标高，画出梯基梁、平台梁及平台板。

（3）定出踏步首末两级的角部位置A、a两点，与根部位置B、b两点，如图1–8–12（*a*）所示，两点之间连线画出线的平行线，其间距等于楼梯厚，与梁边相交得C、c。

（4）在Aa和两线之间，通过水平等分或垂直等分画出踏步。

（5）按模板厚度在梁板底部和侧部画出模板图，如图1–8–12（*b*）所示。

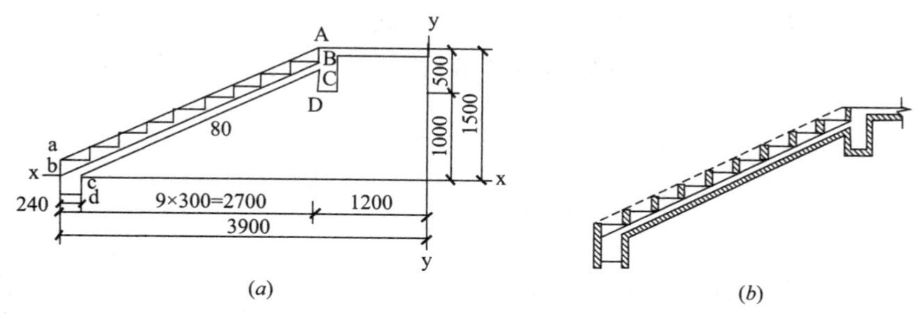

图 1–8–12　楼梯放样
(*a*) 样图；(*b*) 模板图

按支撑系统的规格画出模板支撑系统和反三角等模板安装图，如图1–8–13所示。

第二梯段放样方法和第一梯段基本相同。

2）楼梯模板的安装流程

工艺流程：抄平弹线→搭设支撑架→安装主龙骨→安装次龙骨→校正标高→铺木

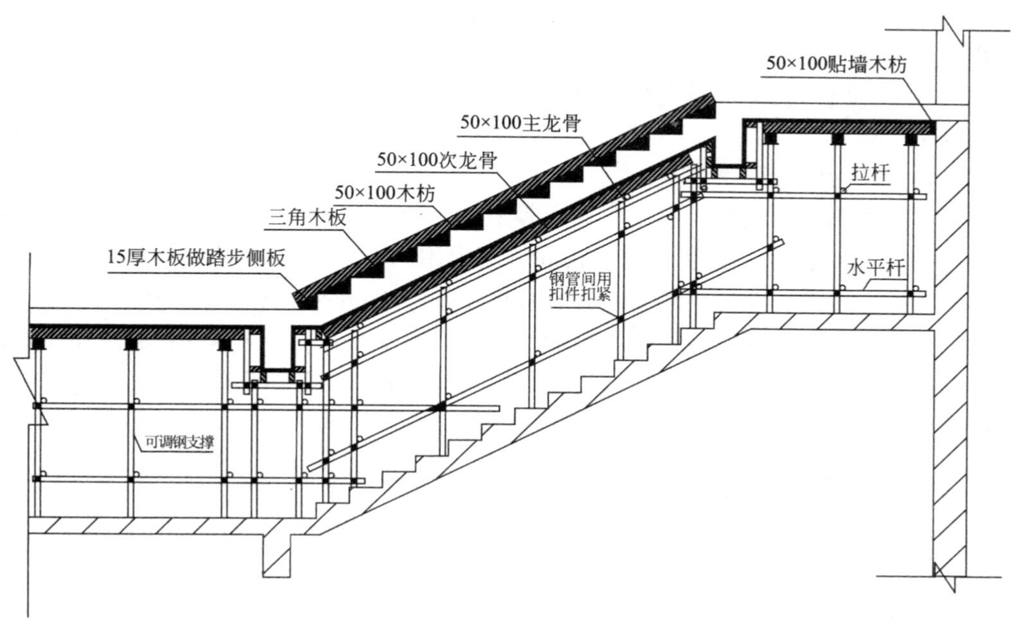

图 1–8–13　楼梯模板（单位：mm）

夹板。

3）施工要点

（1）楼梯踏步的板底模板采用多层板模板，主次龙骨均采用50mm×100mm方木；踏步板底支撑架采用ϕ48mm×3.5mm脚手钢管架；楼梯踏步模板采用现场加工定型的木模板。

（2）模架支撑在立杆顶端安装方木主龙骨，在主龙骨上安放50 mm×100mm间距不超过300mm方木次龙骨，次龙骨上钉12mm厚多层板。

（3）踏步侧板两端钉在梯段侧板木档上，靠墙的一端钉在反三角木上，踏步板龙骨采用50mm厚木方子。制作时在梯段侧板内画出踏步形状与尺寸，并在踏步高度线一侧留出踏步侧板厚度钉上木档。

（4）支设楼梯模板时注意第一个踏步与最后一个踏步预留出足够的建筑地面做法厚度。

（5）楼梯施工缝留在梯段向上3步踏步或平台板内距踏步600mm处。

（6）如果楼梯较宽，沿踏步中间的上面加一道或两道反扶梯基，如图1–8–14所示，反扶梯基上端与平台梁外侧板固定，下端与基础外侧板固定撑牢。

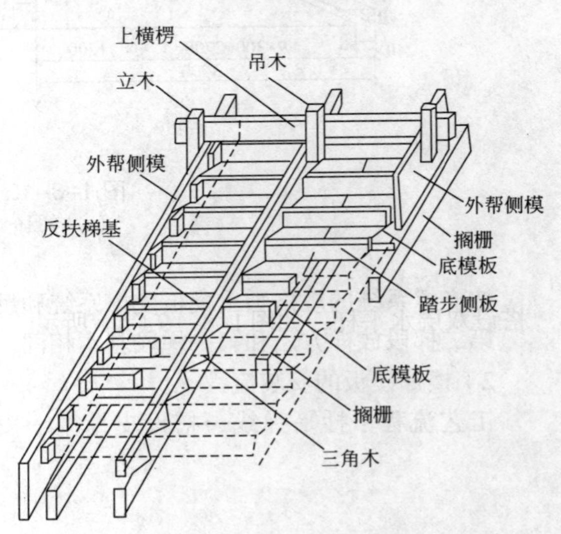

图1–8–14　反扶梯基

8．构造柱、过梁模板

1）构造柱模板

构造柱模板由正反两面面板、柱箍、支撑构成。构造做法为：面板采用木夹板，竖向背肋采用方木，柱箍采用对拉螺栓拉结，柱模上端设置浇筑混凝土用喇叭口（图1–8–15）。

2）门、窗过梁模板

门、窗过梁模板由底模、侧模、夹木等组成（图1–8–15）。底模通常用木夹板，其长度等于门、窗洞口长度，宽度和墙厚相同。侧模用木夹板，其高度为过梁高度加底板厚度，长度应当比过梁长400 ~ 500mm，木档通常选用50mm×100mm的木枋。

安装时，先将门、窗过梁底模按照设计标高搁置在支撑上，支撑立在洞口靠墙处，中间部分的间距通常为lm左右。然后装上侧模，侧模的两端紧靠砖墙，在侧模外侧钉上夹木与斜撑，将侧模固定。最后，在侧模上口钉搭头木，以确保过梁尺寸的正确。

8.1.2　钢模板的施工工艺

1．基础模板施工

1）条形基础

（1）安装顺序。安装前检查→安装底层两侧模板→侧模支撑→搭设钢管吊架→安装上部吊模板并固定→检查、校正。

图 1–8–15　构造柱、过梁模板

（2）安装方法。依据基础边线就地组拼模板。将基槽土壁修整后用短木枋将钢模板支撑在土壁上。然后在基槽两侧地坪上打入钢管锚固粧，搭钢管吊架，使吊架保持水平，用线坠将基础中心引测到水平杆上，按中心线安装模板，用钢管和扣件将模板固定在吊架上，用支撑拉紧模板，亦可采用工具式梁卡支模，如图 1–8–16（*a*）所示；若基础较深，可搭设双层水平杆，如图 1–8–16（*b*）所示。

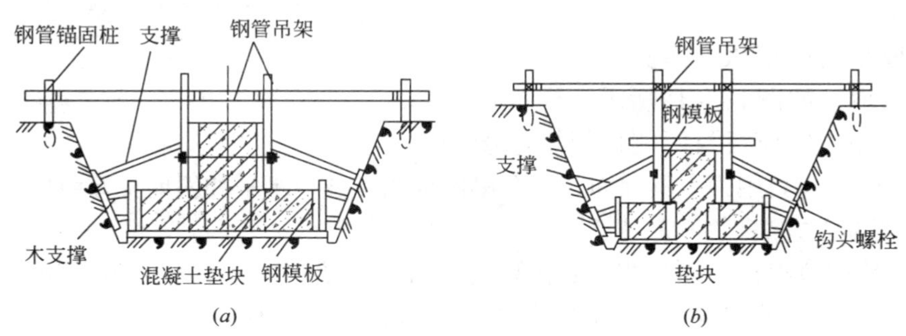

图 1–8–16　条形基础

(*a*) 工具式梁卡支模；(*b*) 双层水平杆

2）杯形基础

（1）安装顺序。安装前检查→安装底阶模板→安装支撑→安装第二阶模板→第二阶模板支撑→吊设杯形模、固定。

（2）安装方法。第一层台阶模板可用角模将四侧模板连成整体，四周用短木枋撑于土壁上；第二层台阶模板可直接放置在混凝土垫块（图 1–8–17）上，或用木枋型钢等相连接，也可以参照条形基础采用钢管支架吊设。四片模板连成整体后矫正模板位置，四边用支撑固定牢靠。接着用线坠将基础中心线引测至该模板上口，画好标记，根据中心线标记安装杯口模板。杯口模板可采用在杯口钢模板四角加设四根有一定锥度的木枋，或在四角阴角模与平模间嵌上一块楔形木条，使杯口模形成锥度。

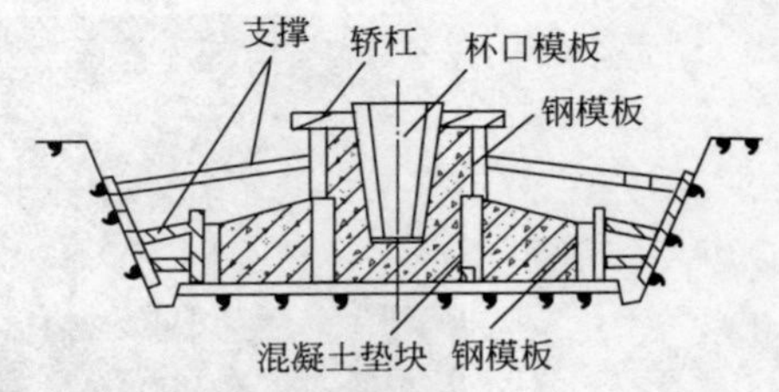

图 1–8–17　杯形基础模板

3）独立基础

（1）安装顺序。安装流程为：安装前检查→安装基础模板并用连接角模连成整体→设置模板支撑→搭设钢管井字架→逐块安装柱钢模→安装柱箍→安装柱顶固定支撑→校正柱模中心调整好固定→群体固定。

（2）安装方法。就地拼装各侧模板，或在基础旁边的平地上拼装成型后抬入基坑内，用连接角模、U形卡连接四块模板组装成整体按位置安装，接着安装四边支撑，并用支撑撑于土壁上。搭设柱模井字架，使立杆下端固定在基础模板外侧，用水平仪找平井字架水平杆后，先将第一块柱模用扣件固定在水平杆上，同时放置在混凝土垫块上。然后按单块柱模组拼方法组拼柱模，直至柱顶，如图1–8–18所示。

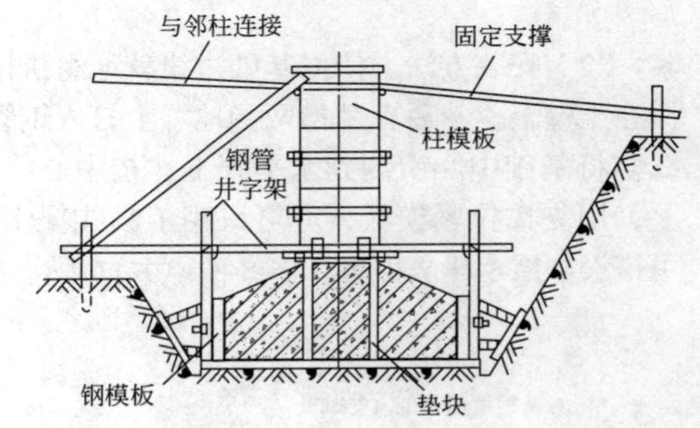

图 1–8–18　独立基础

2. 梁模板施工

1）梁模板施工的安装顺序为：弹线→支立柱→拉线、起拱、调整梁底横楞标高→安装梁底模板→绑扎钢筋→安装侧模板→预检。

梁模板是由底模板、两侧模板、梁卡具和支架组成，如图1–8–19所示。模板跨度大而宽度小，底模板与两侧模板用连接角模连接。两侧模板用梁卡具加固，整个梁模板用支柱、水平和斜向支撑组成支架支撑。

2）主要施工方法：

（1）单块就位组拼，在复核梁底标高校正轴线位置正确后，搭设和调平模板支架（包括安装水平拉杆和剪刀撑），固定钢楞或梁卡具，再在横楞上铺放梁底板，拉线找直，并用钩头螺栓和钢楞固定，拼接角模。在绑扎钢筋后，安装并固定两侧模板。按设计要求起拱（一般梁的跨度大于4m时，起拱高度为梁跨度的0.2% ~ 0.3%）。

（2）单片预组拼（图1–8–20），在检查预组拼的梁底模与两侧模板的尺寸、对角线、平整度及钢楞连接以后，先将梁底模吊装就位，同时与支架固定，再分别吊装两侧模板，与底模拼接后设斜撑固定，然后按设计要求起拱。

（3）整体预拼，是当采用支架支模时，在整体梁模板吊装就位并校正后，进行模板底部和支架的固定，侧面用斜撑固定；当采用桁架支模时，可将梁卡具、梁底桁架全部事先

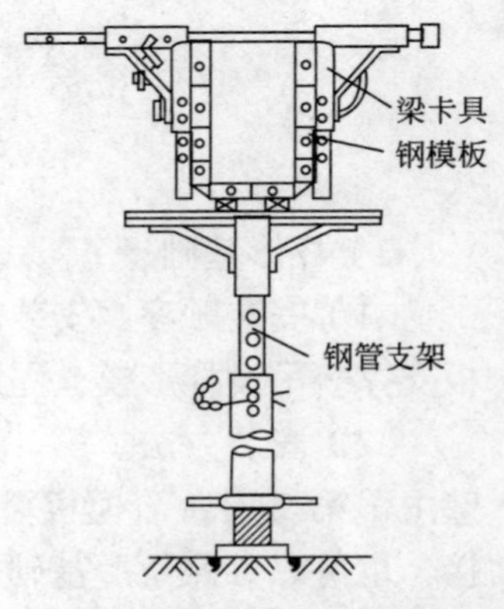

图 1–8–19　矩形梁模板

图 1-8-20　单片预组拼施工示意图

固定在梁模上。安装就位时，梁模两端准确安放在立柱上。

（4）梁模板安装分为如下六步。

①在柱、墙或大梁的模板上，用角模与不同规格的钢模板做嵌补模板拼出梁口，其配板长度为梁净跨减去嵌补模板的宽度。或在梁口处用木枋镶拼，使梁口处的板块边肋和柱混凝土不能接触，在柱身梁底位置设柱箍或槽钢，用以搁置梁模。

②梁模支柱的设置，通常情况下采用双支柱时，间距以600 ~ 1000mm为宜。

③模板支柱纵、横方向的水平拉杆、剪刀撑等，均需按设计要求布置；当设计无规定时，支柱间距通常不宜大于2m，纵横方向的水平拉杆的上下间距不宜大于1.5m，纵横方向的垂直剪刀撑的间距不宜大于6m。

④单片预组拼与整体组拼的梁模板，在吊装就位拉结支撑稳固后，方可脱钩。五级以上大风时应停止吊装。

⑤使用扣件钢管脚手作支架时，扣件要拧紧，要抽查扣件的扭力矩。横杆的步距要按设计要求设置。使用桁架支模时，要按事先设计的要求设置（图1-8-21），桁架的上下弦要设水平连接，拼接桁架的螺栓要拧紧，数量要满足要求。

由于空调等各种设备管道安装的要求，需要在模板上预留孔洞时，应尽量使穿梁管道孔分散，穿梁管道孔的位置应设置在梁中，如图1-8-22所示，避免削弱梁的截面，影响梁的承载能力。

3. 墙模板施工

1）按照位置线安装门洞口模板，下预埋件或木砖。

2）把预先拼装好的一面模板按位置线设置就位，如图1-8-23所示，然后安装拉杆或斜撑，安装支固套管及穿墙螺栓。穿墙螺栓的规格与间距，由模板设计规定。

3）清扫墙内杂物，安装另一侧模板，调整斜撑（或拉杆）使模板垂直，再拧紧穿墙螺栓。

4）墙模板安装注意事项。

（1）单块就位组拼时，应该从墙角模开始，向互相垂直的两个方向组拼。

（2）当完成第一步单块就位组拼模板后，可设置内钢楞，内钢楞和模板肋用螺栓紧固，其间距不大于600mm。当钢楞长度不够，需要接长时，接头处应增加同样数量的钢楞。

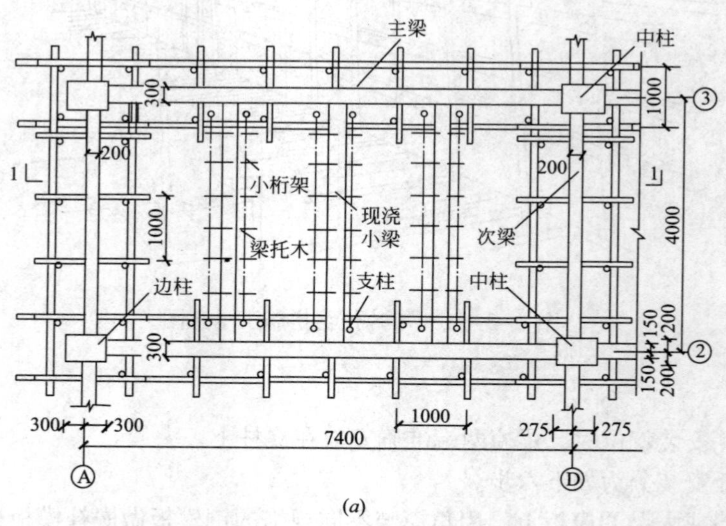

(a)

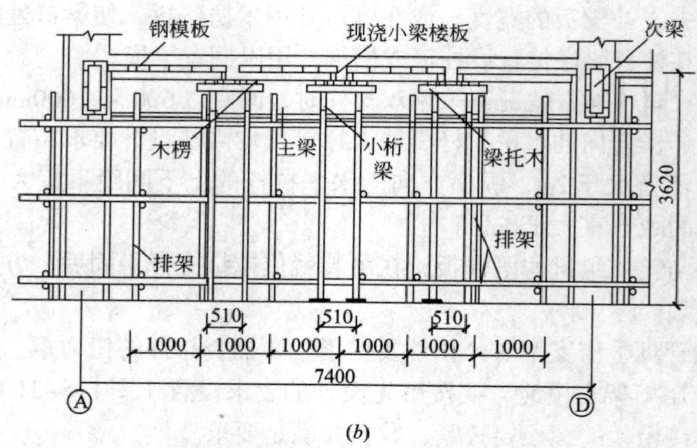

(b)

图 1-8-21　框架梁、柱模板采用钢管支撑架支设
(a) 钢管支撑架支设框架梁、柱模板；(b) 1-1 剖面

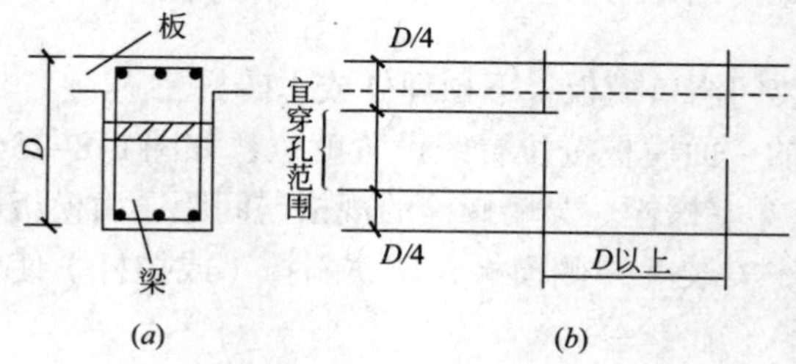

(a)　　(b)

图 1-8-22　穿梁管道孔设置的高度范围
(a) 穿梁管道孔设置；(b) 宜穿孔范围

图 1-8-23　墙模板的施工

（3）预组拼模板安装时，应边就位边校正，并立即安装各种连接件、支承件或加设临时支撑。必须等到模板支撑稳固后，才能脱钩。

（4）在组装模板时，要使两侧穿孔的模板对称布置，以使穿墙螺栓与墙模保持垂直。

（5）相邻模板边肋用U形卡连接的间距，不应大于300mm，预组拼模板接缝处宜填满。U形卡要反正交替安装。

（6）上下层墙模板接槎的处理，当采取单块就位组拼时，可在下层模板上端设一道穿墙螺栓，拆模时该层模板暂不拆除，在布置上层模板时，作为上层模板的支承面（图 1-8-24）。当采用预组拼模板时，可在下层混凝土墙上端往下200mm左右处，安装水平螺栓，紧固一道通长的角钢作为上层模板的支承（图 1-8-25）。

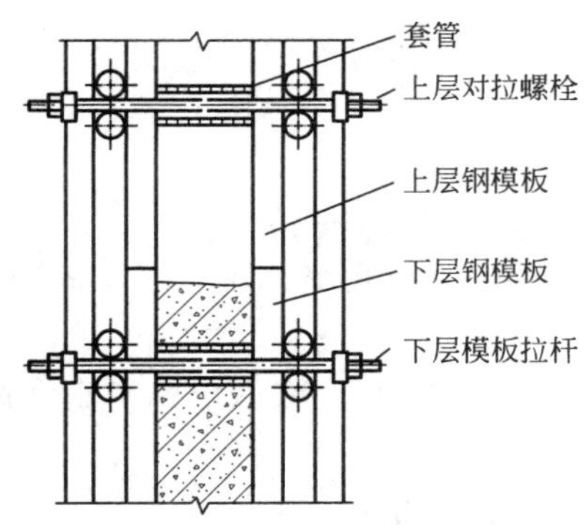

图 1-8-24　下层模板不拆作支承面

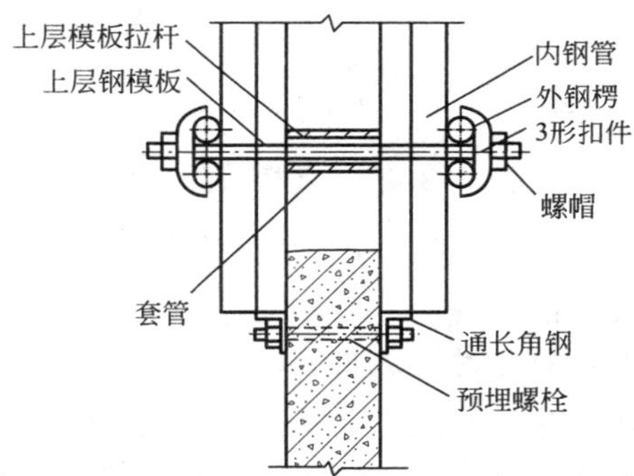

图 1-8-25　角钢支承

（7）预留门窗洞口的模板，应有锥度，安装需牢固，既不变形，又方便拆除。

（8）对拉螺栓的设置，应根据不同的对拉螺栓采取不同的做法。

（9）对于组合式对拉螺栓，应注意内部杆拧入的尼龙帽有 7 ~ 8个螺纹。

（10）对于通长螺栓，要套硬塑料管，以保证螺栓或拉杆回收使用。塑料管长度应比墙厚小2 ~ 3mm。

（11）墙模板上预留的小型设备孔洞，当遇到钢筋时，应设法保证钢筋位置正确，不得将钢筋移向一侧（图 1-8-26）。墙模板的组装，如图 1-8-27 所示。

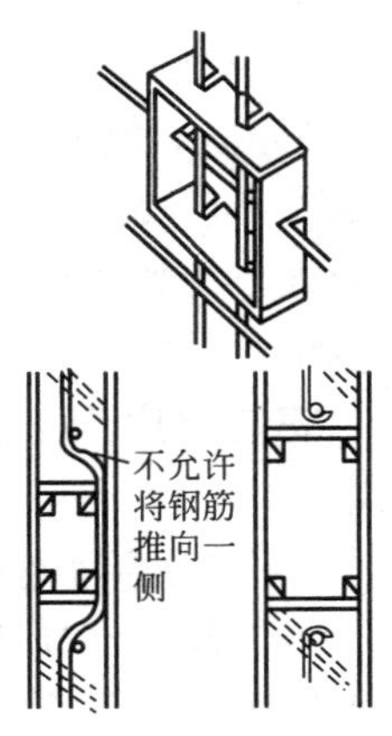

图 1-8-26　墙模板上设备孔洞模板做法

4. 柱模板施工

1）单块就位组拼的方法，是先将柱子第一节的四面模板就位，并用连接角组装好，角模宜高出平模，校正调好对角线，并用柱箍固定。然后以第一节模板上依附高出的角模连接件为基准，用同样方法组装第二节模板，直到柱全高。各节组拼时，要用U形卡正反交替连接水平接头和竖向接头，在安装到一定高度时，要进行支撑或拉结，防止倾倒，并用支撑或拉杆上的调节螺栓校正模板的垂直度。

安装顺序为：搭设安装架子→第一节钢模板安装就位→检查对角线、垂直度和位置→安装柱箍→第二、三等节模板及柱箍安装→安装有梁口的柱模板→全面检查校正（图1–8–28）→整体固定。

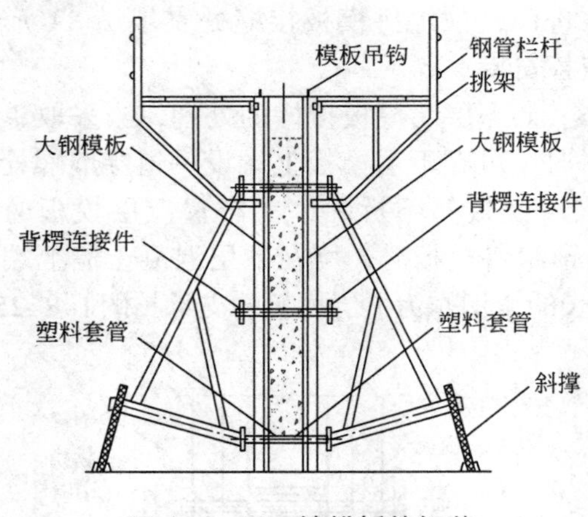

图 1–8–27　墙模板的组装

图 1–8–28　全面检查校正

2）单片预组拼的方法，是将事先预组拼的单片模板，经检查其对角线、板边平直度及外形尺寸合格后，吊装就位。

并做临时支撑，随即进行第二片模板吊装就位，用U形卡与第一片模板组合成L形，同时做好支撑。如此再完成第三、四片模板的吊装就位、组装。

模板就位组装后，随即检查其位移、垂直度、对角线的情况，经校正无误后，立即自下而上地安装柱箍。

全面检查合格后，与相邻柱群或四周支架临时拉结固定。安装顺序为：单片预组合模板组拼并检查→第一片安装就位并支撑→邻侧单片预组合模板安装就位→两片模板呈L形用角模连接并支撑→安装第三、四片预组合模板并支撑→检查模板位移、垂直度、对角线并校正→由下而上安装柱箍→全面检查安装质量→整体固定。

3）整体预组拼的方法，是在吊装前，先检查已经整体预组拼的模板上、下口对角线的偏差和连接件、柱箍等的牢固程度，并用铅丝将柱顶钢筋先绑扎在一起，以便柱模从顶部套入。待整体预组拼模板吊装就位后，立即用四根支撑或装有紧张器的缆风绳与柱顶四角拉结，并校正其中心线及偏斜，如图1–8–29所示，全面检查合格后，再整体固定。

安装顺序为：吊装前检查→吊装就位→安装支撑或缆风绳→全面质量检查→整体固定。

4）注意事项包括以下五项：

（1）确保柱模的长度符合模数，不符合部分放到节点部位处理；或以梁底标高为准，由上向下配模，不符合模数部分放到柱根部位处理；高度在4m及4m以上时，通常四面支撑；当柱高超过6m时，不宜单根柱支撑，宜几根柱同时支撑连成构架。

（2）柱模根部要用水泥砂浆堵严，避免跑浆；柱模的浇筑口和清扫口在配模时应一并

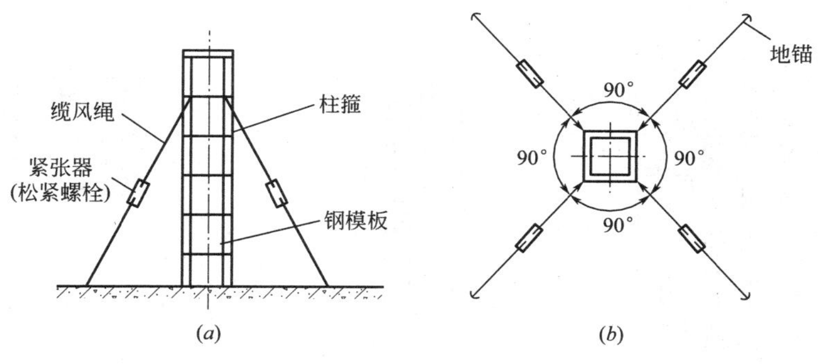

图 1-8-29　紧张器校正柱模板
(a) 立面图；(b) 平面图

留出。

（3）梁、柱模板分两次支设时，在柱子混凝土达到拆模强度时，最上一段柱模先保留不拆，方便与梁模板连接。

（4）按照现行混凝土结构工程施工及验收规范，浇筑混凝土的自由倾落高度不能超过2m，因此当柱模超过2m以上时，可以设浇筑孔盖板，如图1-8-30所示。

（5）柱模设置的拉杆每边两根，与地面成45°夹角，同时与预埋在楼板内的钢筋环拉结。钢筋环与柱距离为3/4柱高；柱模的清渣口应预留在柱脚一侧，如果柱子断面较大，为了便于清理，也可两面留设。清理完毕，立即封闭。

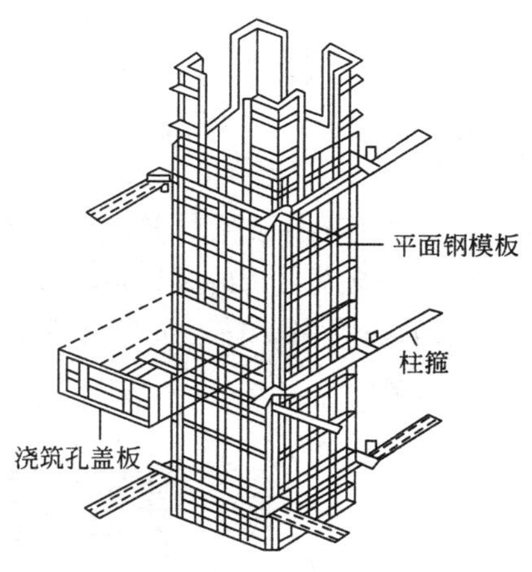

图 1-8-30　柱模混凝土浇筑孔

柱模的侧板可视情况采用如图1-8-31所示的支撑方法。

5. 楼板模板施工

1）采用立柱作支架时，从边跨一侧开始依次安装立柱，并同时安装外钢楞（大

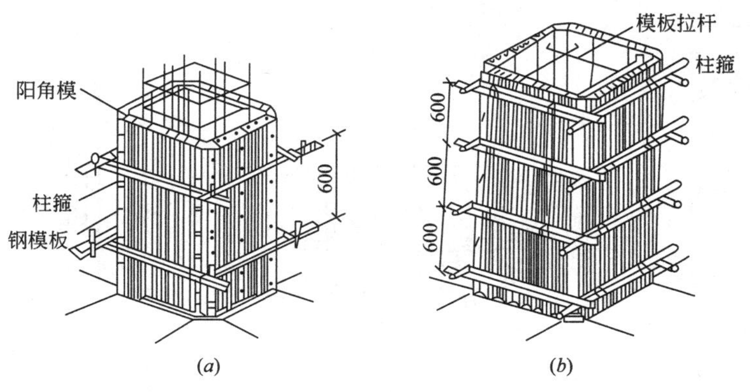

图 1-8-31　柱模支设方法示意图（一）
(a) 型钢柱箍；(b) 钢筋柱箍

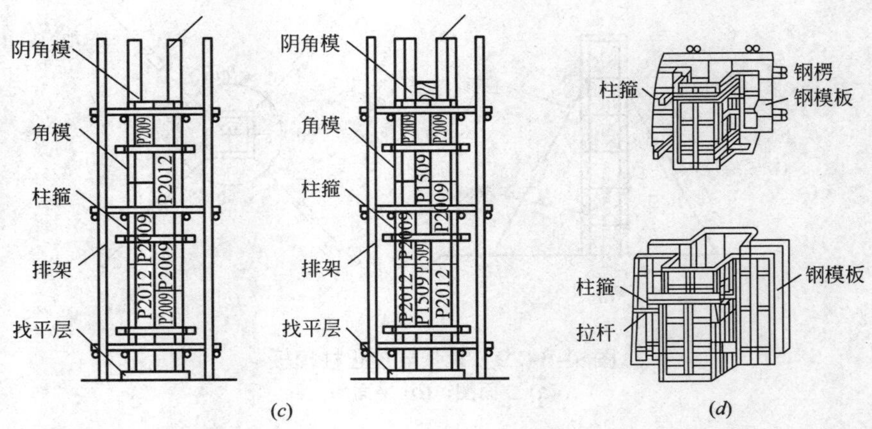

图 1-8-31　柱模支设方法示意图（二）
(*c*) 钢管支撑架支柱模；(*d*) 附壁柱模

龙骨）。

采用桁架作支承结构时，通常应预先支好梁、墙模板，然后将桁架按照模板设计要求支设在梁侧模通长的型钢或木枋上，调平固定后再铺设模板。

2）如果墙、柱已先行施工，可利用已施工的墙、柱作垂直支撑（图 1-8-32），采用悬挂支模。

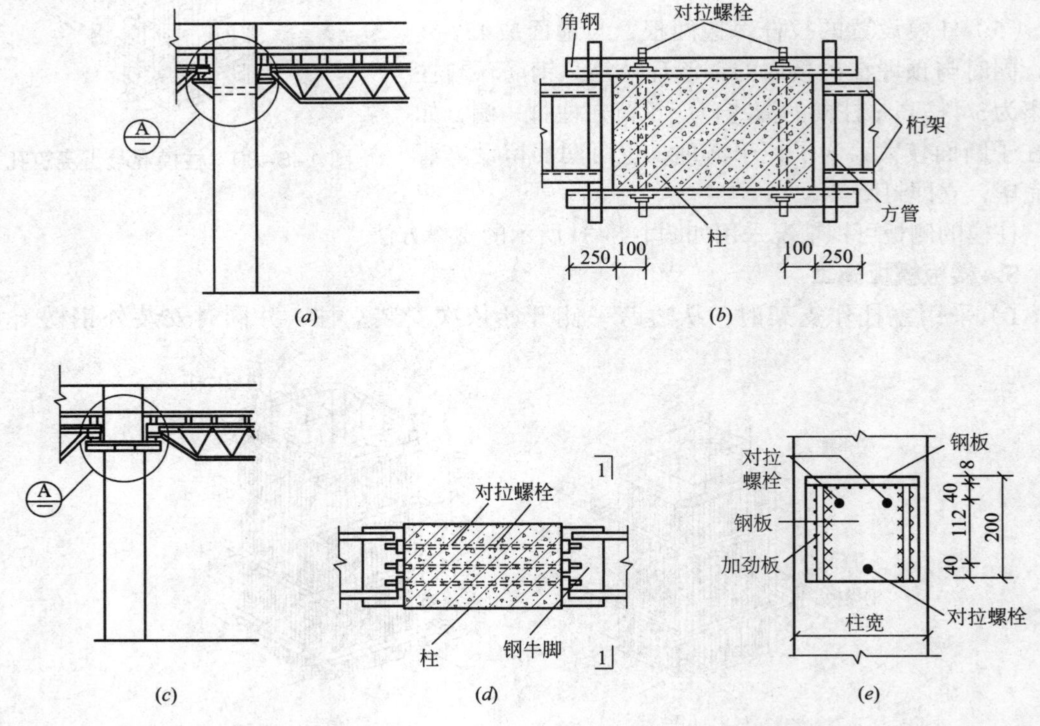

图 1-8-32　悬挂支模
(*a*) 悬挂支模示意图一；(*b*) 示意图一中节点 A 详图；(*c*) 悬挂支模示意图二；
(*d*) 示意图二中节点 A 详图；(*e*) 1—1 剖面图

当楼板模板采用单块就位组拼时，应每个节间从四周先用阴角模板与墙、梁模板连接，然后向中央铺设，如图1-8-33所示。

图 1-8-33　楼板模板的铺设

3）楼板模板施工注意事项。

（1）底层地面应夯实，并垫以通长脚手板，楼层地面立支柱（包括钢管支撑架作支撑）也应当垫通长脚手板。采用多层支架模板时，上下层支柱应在同一竖向中心线上。

（2）桁架支模时，要注意桁架和支点的连接，以免滑动，桁架应支承在通长的型钢上，使支点形成一条直线。

（3）预组拼模板块较大时，应加设钢楞再吊装，以增加板块的刚度。

（4）预组拼模板在吊运前需检查模板的尺寸、对角线、平整度以及预埋件和预留孔洞的位置。安装就位后，迅速用角模与梁、墙模板连接。

（5）采用钢管支撑架做支撑时，沿支柱高度方向每隔1.2 ~ 1.3m布置一道双向水平拉杆。

楼板模板支设方法如图1-8-34和图1-8-35所示。

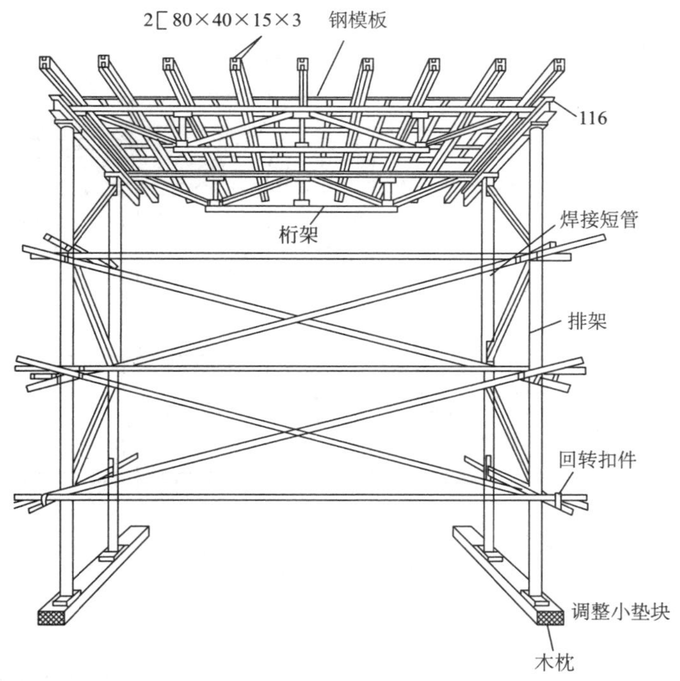

图 1-8-34　桁架支设楼板模板

6. 楼梯模板施工

楼梯模板与前几种模板相比，其构造相对比较复杂，常见的楼梯模板有板式和梁式两

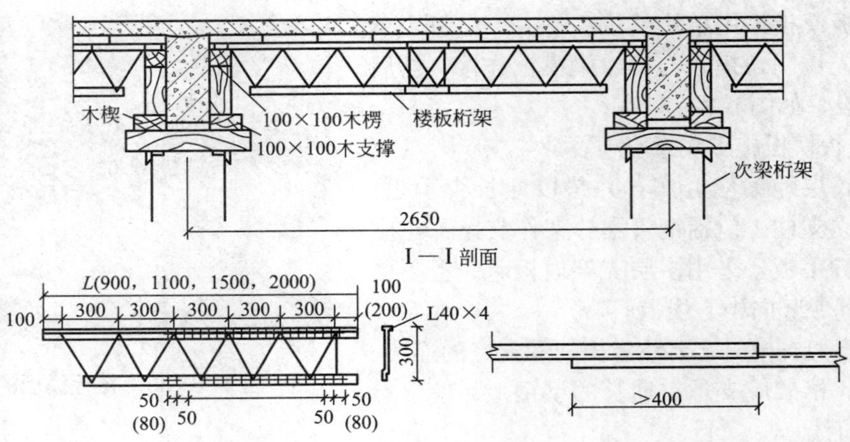

图 1-8-35　梁和楼板桁架支模（注：L—桁架长度）

种，它们的支模工艺基本相同。

在楼梯模板正式安装前，应根据施工图及实际层高进行放样，首先安装休息平台梁模板，再安装楼梯模板斜楞，然后铺设楼梯的底模，安装外侧模板与踏步模板。安装模板时要特别注意斜向支柱固定牢固，避免浇筑混凝土时模板产生移动。楼梯模板安装示意图如图1-8-36所示；楼梯模板施工图如图1-8-37所示。

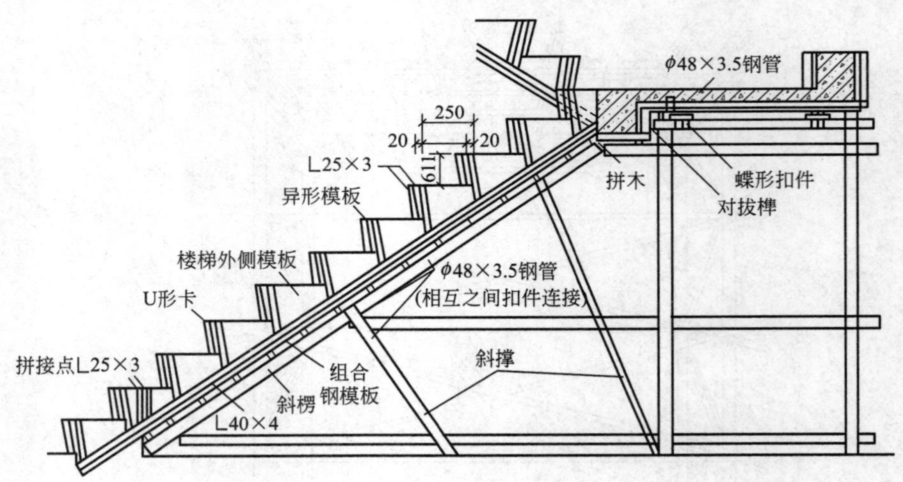

图 1-8-36　楼梯模板安装示意

7. 预埋件和预留孔洞的设置

1）预埋件的留置预埋件外露面应紧贴墙模板，锚脚和钢筋骨架焊接时不得咬伤钢筋，不准与预应力筋焊接。除此之外，也可以采取绑扎固定的方法。此时锚脚应长些，与钢筋的绑扎一定要牢固，避免预埋件在混凝土浇筑过程中移位。

梁顶面与板顶面预埋件的留设方法，如图1-8-38所示。其他与木模相同。

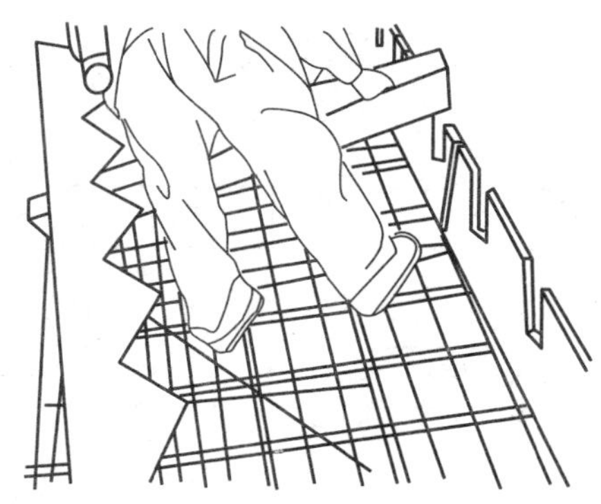

图 1-8-37　楼梯模板施工图

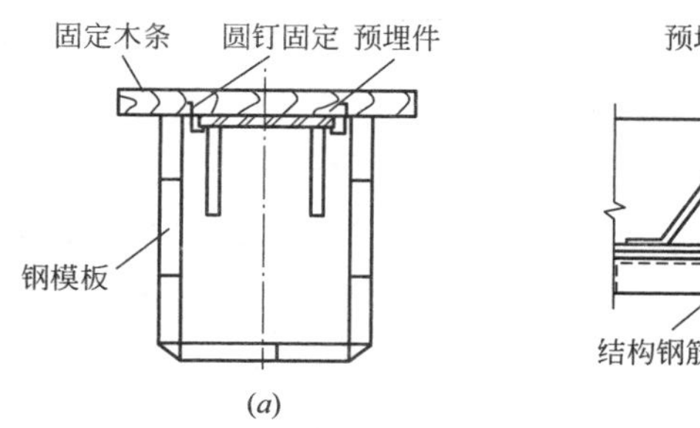

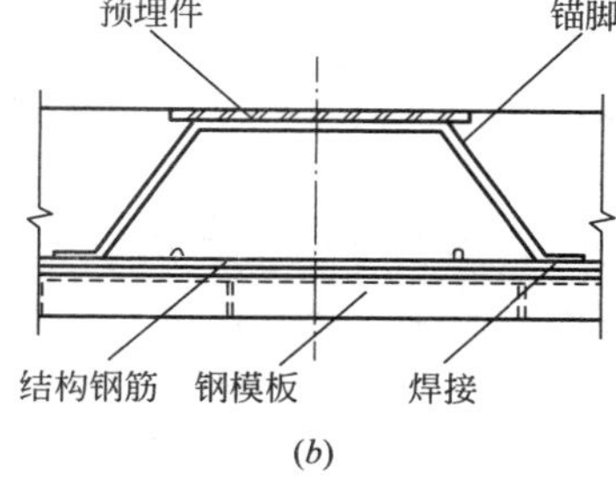

图 1-8-38　预埋件固定
(a) 梁顶面；(b) 板顶面

2）预留孔洞的留置

预留门窗洞口的模板，需有一定的锥度，安装牢固，既不变形，又便于拆除。可使用钢筋焊成的井字架卡住孔模，井字架与钢筋焊牢，如图 1-8-39 所示。

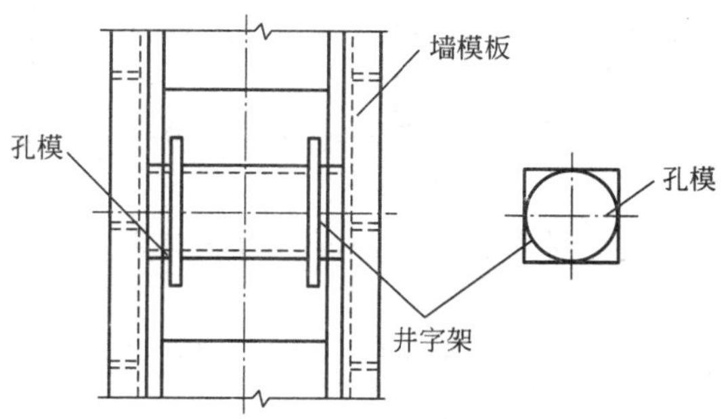

图 1-8-39　井字架同定孔模

8.1.3　铝模板的施工工艺

1. 施工工艺流程

流程如图 1-8-40 所示。

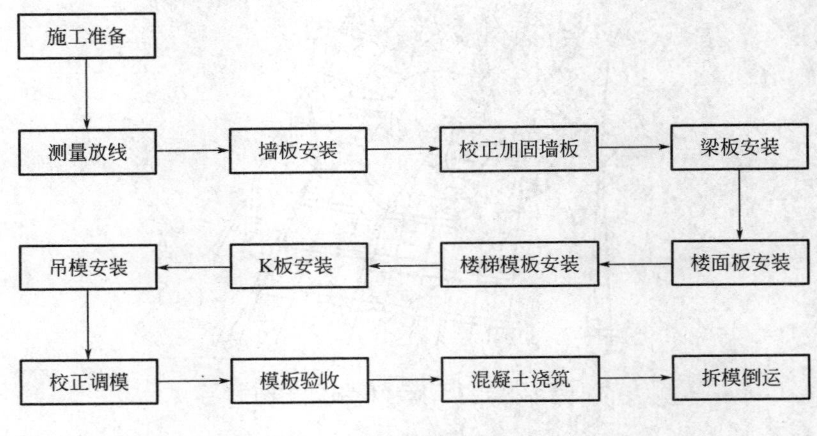

图 1-8-40　铝模板施工工艺流程图

2. 施工准备

1）技术准备

（1）铝模生产制作完成在工厂进行预拼装，期间项目部可组织施工管理人员及部分工人到厂家进行培训，熟悉铝模板体系、编号规则、安装拆卸方法、施工顺序、工序衔接操作要求等。

（2）预拼装完成后进行预拼装验收、模板编号，合格后拆模、打包、装车运至施工现场。

（3）按照模板施工方案及设计要求，向班组进行安全、技术交底。

2）材料准备

（1）模板验收：铝模板进场后，技术员和材料员应根据装箱单，检查进场模板及零配件的编号、规格、数量。

（2）模板堆放：根据模板编号和拼装图，有序堆放，做好标记便于施工人员操作。

（3）斜支撑调节丝杠、穿墙螺杆涂抹润滑油，入库保存，以防生锈。

（4）准备好隔离剂、PVC套管等附属材料。

（5）准备好水准仪、锤子、小撬棍、打眼电钻、活动扳手、切割机、电锤、线坠、登高梯凳、开模器等施工工具。

（6）现场物料仓库配备一定数量铝模板及配件以备急用。

3）现场准备

（1）使用铝模板的起始楼面混凝土浇筑完成后，投测主要控制线，所有柱边线全部在楼面上放出，楼层标高线引测在柱钢筋对角线上。

（2）引测楼层主要控制轴线及标高点。

（3）确认墙、柱钢筋绑扎完毕，水电管及预埋件安装完毕。

3. 测量放线

在楼层上弹好墙柱线、墙柱控制线、洞口线，其中墙柱控制线距墙边线300mm，以检验模板是否偏位和方正；在柱纵筋上标好楼层标高控制点，墙柱的四角及转角处均设置，以便检查楼板面标高。标高控制点一般为楼层1米线，精度控制在1mm以内，安装工人在安装墙柱模板前要进行验线。测量放线示意图如图1-8-41所示。

图 1-8-41　测量放线示意图

注：因铝模板属于定型模板，若个别部位偏移，就会造成整体偏移。

4．墙模板安装（图1-8-42）

1）将下层已拆并清理干净的模板按区域和顺序上传摆放稳当，若重叠推放，应板面朝上，方便逐块均匀涂刷隔离剂。

2）内墙模板安装时从阴角处（墙角）开始，按模板编号顺序向两边延伸，为防模板倾倒，须用斜撑（用木方、钢管等）临时固定。

3）墙板一般从下往上第一孔起，按每300mm安装1个销钉；横向拼接的模板两端销钉必须钉上，中间可间隔一个孔位，安装销钉时从上往下插入，防止振捣混凝土时震落。

4）外墙板安装必须两人配合作业，遵循拆一块、传一块、清一块、刷一块、安一块的原则，安装过程中保证一人双手紧握模板，待全部销钉销片紧固后方可松手。

5）安装另一侧墙模时，在对拉螺栓孔位置附近把与墙厚尺寸相符的水泥内撑垂直放置在剪力墙的钢筋上，检查对拉螺栓穿过时是否有钢筋挡住（特别是墙、柱下部），若挡住，更换位置重新开螺杆孔，保证PVC导管的顺畅通过，两侧模板对拉螺栓孔位必须正对。

6）每面墙模板在封闭前，一定要调整两侧模板，使其垂直竖立在控制线位上。

7）背楞安装：背楞安装采取从下往上安装；阳角部位背楞限位条靠紧模板内侧边缘；背楞先安装阴角部位，后安装阳角部位，阳角位置安装必须水平拉紧；每装一根对拉螺杆，必须安装垫片及六角螺母，背楞连接器垂直扣住背楞后紧固螺母，螺牙伸出螺母不短于50mm，对拉螺杆超出背楞两端的长度相同，墙端头位置上背楞必须安装对拉螺杆。

8）斜撑安装：柱、墙模板两侧安装斜撑用ϕ14的钢筋做成马凳提前预埋，作为斜撑底座支撑受力点，斜撑间距不大于1600mm；长度≥1600mm的墙体设置不少于两根斜撑，长度＜1600mm的墙体或剪力墙短肢边设置不少于一根斜撑，两边斜撑离墙头板间距不大于300mm；固定码离墙间距需满足斜撑长边角度为45°～55°，斜支撑短边角度为10°～15°；外墙只需内侧安装斜撑，斜撑同侧位置安装铁链拉紧，形成双向约束。

9）墙柱模板调校：用激光水平仪对齐1m标高控制线，观察激光线是否与墙面控制点重合，若有误差用千斤顶调校。观察墙体是否与墙体定位线重合，若有误差进行调校，直到符合质量标准。

图 1-8-42 墙模板安装示意图

5. 梁模板安装（图1-8-43）

1）在楼板面上把已清理干净的梁底板（B）、早拆头（BP）、阴角模（梁与墙连接的阴角模）按正确的位置用销钉安装好；支撑必须与下层的梁底支撑在同一垂直中心线上，以保证混凝土结构的安全，同时支撑应垂直，无松动。

2）装梁底板时须2人协同作业，若梁底过长，须三人协同作业，其中一人安装梁底支撑，避免梁底模板超重下沉，导致模板变形影响作业安全。

3）用支撑把梁底调平后，可安装梁侧模板。所有横向连接的模板，销钉必须由上而下插入，以免在浇混凝土捣振时销钉震落，造成爆模。

4）梁侧模板安装

将梁侧模板放置于梁底模板对应位置上，对上销钉孔，用销钉连接，梁侧模板按编号依序安装；梁侧模板与梁底模板相连时，每块侧模板两端必须安装销钉，销钉间距不超过300mm，销钉头朝上；相邻侧模板相连时，最上、下必须安装销钉，销钉间距不超过100mm。

5）外梁侧模安装

高度≥600mm的外梁，应在梁钢筋绑扎完毕后安装外侧模板。外侧模板均采用对拉螺杆加固，螺杆横向间距≤800mm。

图 1-8-43 梁模板安装示意图

6. **楼面模板安装（图1-8-44）**

1）安装完墙梁顶部的阴角模后，安装楼面龙骨，然后按预拼装编号图安装顶板，依次拼装模板，直至铝模全部拼装完成；楼面龙骨早拆头下的支撑杆应垂直，无松动。

2）每间房的顶板安装完成后，须调整支撑高度到适当位置，以使板面平整（跨度4m以上的顶板，其模板应按设计要求起拱，如无具体要求，起拱高度宜为跨度的1/1000 ~ 3/1000，铝模板起拱高度一般取下限1/1000）。

图 1-8-44　楼面模板安装示意图

7. **楼梯模板安装（图1-8-45）**

1）安装楼梯板梁侧、剪力墙模板，然后安装对拉螺杆，并将楼梯墙板调校平直；

2）安装斜板与墙板连接的C槽及踏步底板和支撑头，其中踏步底板及支撑头用单支撑顶起，调校到标高位置；

3）安装狗牙模板；

4）安装踏步盖板；

5）调校楼梯模板到标高位置；

6）安装楼梯背楞及螺杆。

图 1-8-45　楼梯模板安装示意图

8. **K板安装**

1）需要承接待浇筑层模板的外墙结构须安装K板，浇筑完混凝土后保留K板，作为下一层墙模的起始点。

2）K板与墙模板连接：确保K板上已开条形孔，浇筑前，将K板螺丝安装在紧靠槽中部位置，浇筑后，根据标高调节K板的水平高度。

9. **吊模安装**

吊模一般在降板的位置设置，分布在厕所、厨房和阳台。吊模安装示意图如图1-8-46所示。

10. **校正调模、加固（图1-8-47）**

1）墙模板的加固：墙模板安装完毕后，在模板上的预留孔穿上对拉螺杆，背楞及穿墙螺杆安装必须紧固牢靠。

2）墙柱实测实量的校正：背楞加固后，安装斜向支撑，对墙模板的水平标高及垂直度作初步调整；用激光水平仪检查墙柱的垂直度，并进行校正至可容许误差范围内。

3）顶板实测实量的校正：根据楼层标高，用激光水平仪先检查梁底是否水平，调节支撑杆至梁底水平；再用激光水平仪检查顶板的水平极差，调节顶板的每一根支撑杆，直至顶板水平极差符合要求。

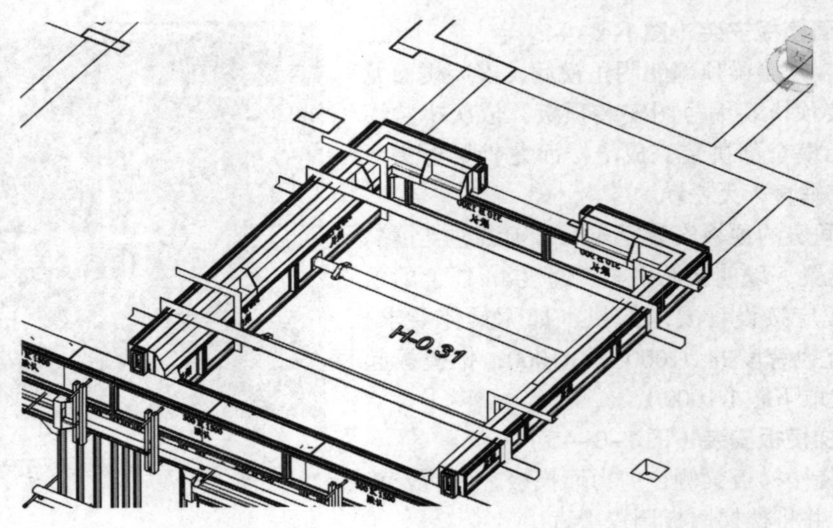

图 1-8-46　吊模安装示意图

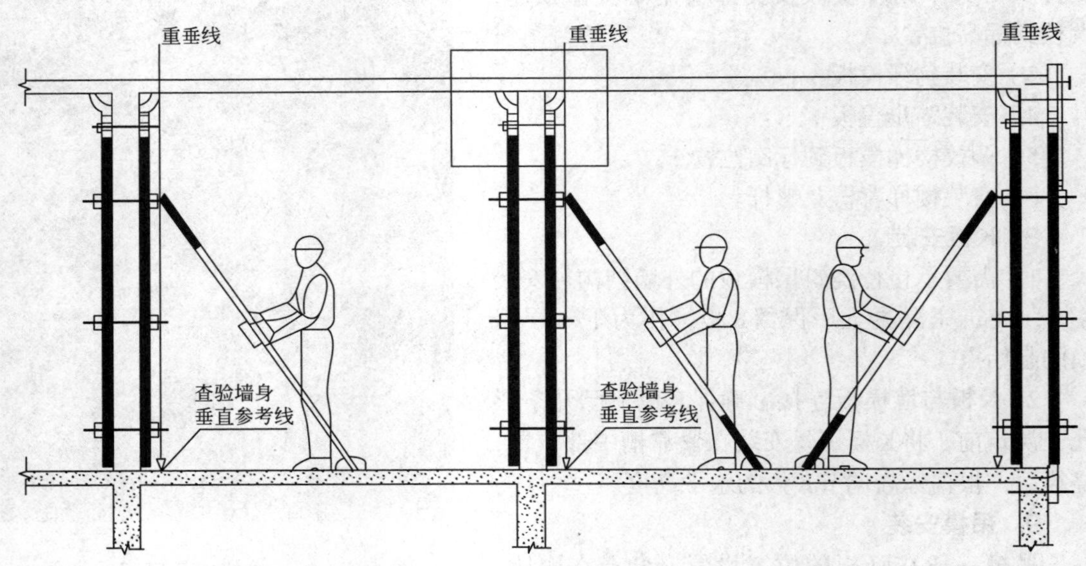

图 1-8-47　模板校正示意图

11. 铝模板安装质量检测

铝模板安装质量检测项目、方法及质量要求见表 1-8-1。

铝模板安装质量要求及检验方法　　表 1-8-1

项目名称	允许偏差（mm）	检验方法	量具
拼装模板长度	1/1000，最大 ±3	测量长度尺寸	钢卷尺
拼装模板宽度	1/1000，最大 ±3	测量宽度尺寸	钢卷尺
拼装模板对角线差值	≤3.0	测量对角线尺寸	钢卷尺

续表

项目名称	允许偏差（mm）	检验方法	量具
拼装模板板面平面度	≤ 2.0	测量任意部位	平尺、塞尺
相邻模板拼缝间隙	≤ 1.0	测量最大缝隙处	塞尺
相邻模板板面高低差	≤ 1.0	测量板面高低差最大处	平尺、塞尺

注：检查轴线位置时，应沿纵、横两个方向测，并取其中的较大值。

12. 模板拆除

1）模板拆除时间要求

（1）拆除侧模：当混凝土强度达到1.2MPa，即可拆除侧模，一般情况下混凝土浇筑完12小时后可以拆除墙柱侧模。

（2）拆除顶模：根据铝模的早拆体系，当混凝土浇筑完成后强度达到设计强度的50%后（36h ~ 48h）方可拆除顶模，注意所有的支撑均不得提前拆除。

（3）拆除支撑：支撑的拆除应符合《混凝土工程施工质量验收规范》GB 50204—2002关于底模拆除时的混凝土强度要求，根据留置的拆模试块来确定支撑的拆除时间，一般情况下，10天后拆除板底支撑，14天后拆除梁底支撑，28天后拆除悬臂底支撑。

2）吊模、飘窗、空调板等模板的拆除

（1）卫生间、厨房、阳台等下沉部位的吊模拆除后应立即清理干净，按区域位置用铁丝捆扎好以备下一层使用。

（2）楼板面清扫干净，多余杂物堆放在不影响作业的位置。

（3）飘窗、空调板等部位的盖板、内侧模板及阴角模板应趁早拆除，并清理好放在原位置。

3）墙柱模板拆除

（1）拆除背楞时应把表面水泥浆清理干净并堆放在本房间的中部，堆放距离至少离墙500mm以上，转角形的背楞应平放地上，尖角不能朝上，对拉螺杆规范放置，螺母、垫片放置在专用器具中。

（2）拆墙板时先把所拆墙面的销钉全部拆除，并放置在胶桶中，散落地面的销钉及时收拾干净。

（3）凹形墙面的凹槽内首块模板较难拆除，应用专用工具从墙中部拆除，后向两边延拆，严禁使用撬棍、铁锤狠撬猛砸损坏模板。

（4）每块模板拆除后应及时清理板面、背面，用钢刷清理模板的边框，按每面墙的区域摆放稳当，等待上传。

（5）外墙模板不能长时间放置在支撑架上，随拆随装。

4）梁板拆除

（1）墙板上传后，就可进行梁模板的拆除。拆梁底板时应两人协同作业，撬松时两人托住梁底板，轻放地上，不可让其自由落下使模板受损，梁底支撑不可松动或拆除。

（2）梁底拆除后清理干净放置在梁的下方，梁底阳角等小块模板如拆除或松动应及时连接牢固。

（3）拆梁侧模或墙头板时，工作凳不可放置在模板的正下方，应偏离200mm ~

300mm。撬动模板时，一只手抓住模板的中部，不使其落下损坏，拆下清理后放置在原位置的正下方，以免混杂。

5）顶板拆除

（1）顶板拆除前先将背楞、对拉螺栓、梁板等上传，地面杂物清理堆放在墙边，不影响工作凳的移动，先拆顶板面积较大的房间。

（2）拆顶板应从第一排的中部开始，先拆除与此块模板相连的龙骨组件，拆除销钉，使用顶板拆模器拆除，再向两边延拆，须两人协作，防止模板自由下落受损。

（3）拆顶板时严禁一次性拆除大面积模板的销钉，应做到边拆模板边松销钉。

（4）拆除阴角模板时，首先从易拆角模板开始，待易拆角模板拆除后，依次拆除其他模板。

（5）在施工中，一般配置3套支撑，满足支撑依次周转使用。未达到拆除条件，顶板和梁支撑严禁松动和拆除。

13. 铝模板施工中的其他注意事项

1）禁止板面朝下放置模板；

2）禁止用模板作为斜坡、过桥板或踏脚板；

3）在整面模板拼装好之后须销紧所有销钉；

4）安装销片时禁止大力锤击；

5）禁止使用没有进行清洁和涂刷隔离剂的构件；

6）楼板上所留用于传递模板的传料口在不使用时须做安全防护并警示提醒；

7）禁止将模板长时间堆放在支撑架上。

8.2 工具式模板的施工工艺

8.2.1 大模板的施工工艺

1. 大模板构造形式

该模板由板面、支撑系统、操作平台及连接件等部分组成，如图1-8-48所示。

1）板面结构

板面系统由面板、横肋和竖肋以及竖向（或横向）背楞（龙骨）所组成，面板通常采用材质Q235A，厚度为4 ~ 6mm的钢板，也可选用胶合板等材料。由于板面是直接承受浇筑混凝土的侧压力，因此要求具有一定的刚度、强度，板面必须平整，拼缝必须严密，与横、竖肋焊接（或钉接）必须牢固。

横肋与小肋承受面板传来的荷载。横肋一般采用［8槽钢，间距300 ~ 350mm。竖肋一般用6mm厚扁钢，间距400 ~ 500mm，以使板面能够双向受力。小肋、横肋与面板之间用断续焊缝焊接在一起，但焊缝间距不得大于20cm。

背楞骨（竖肋）通常采用［8槽钢成对放置，两槽钢之间留有一定的空隙，以便于穿墙螺栓通过，龙骨间距一般为1000 ~ 1400mm。背楞骨与横肋连接要求满焊，形成一个结构整体。

在模板的两端一般都焊接角钢边框（图1-8-49），以使板面结构形成一个封闭骨架，

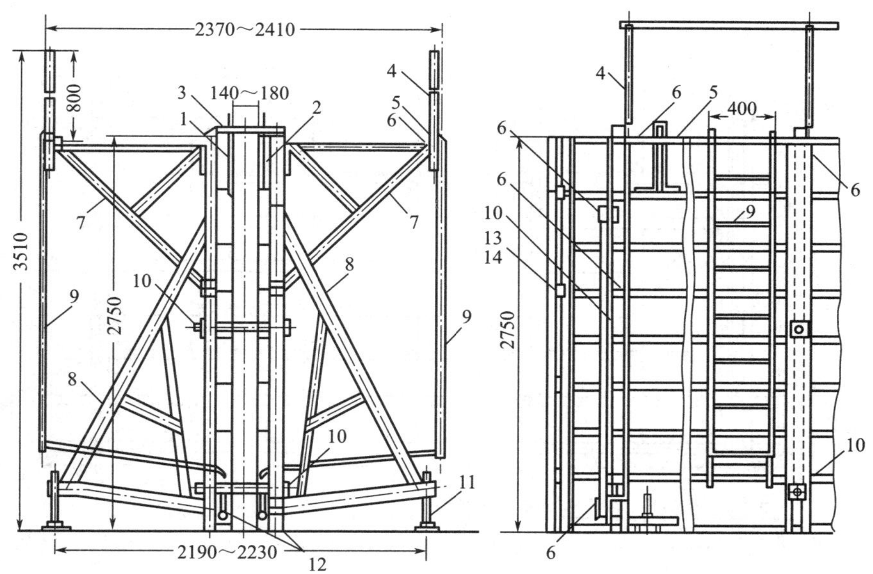

图 1-8-48　大模板构造

1—反向模板；2—正向模板；3—上口卡板：4—活动护身栏；5—爬梯横担；6—螺栓连接；7—操作平台斜撑；8—支撑架；9—爬梯；10—穿墙螺栓；11—地脚螺栓；12—地脚；13—反活动角模；14—正活动角模

加强整体性。从功能上也可以解决横墙模板与纵墙模板之间的搭接，以及横墙模板与预制外墙组合柱模板的搭接问题。

2）支撑系统

支撑系统的功能在于支持板面结构，保持大模板的竖向稳定，以及调节板面的垂直度。

支撑系统由三脚支架和地脚螺栓组成。三脚支架用角钢和槽钢焊接而成，如图 1-8-50 所示。一块大模板最少设置两个三脚支架，通过上、下两个螺栓与大模板的竖向龙骨连接。

三脚支架下端横向槽钢的端部设置一个地脚螺栓（图 1-8-51），用来调整模板的垂直度和保证模板的竖向稳定。

支撑系统一般用 Q235 型钢制作，地脚螺栓用 45 号钢制作。

3）操作平台

操作平台系统由操作平台、护身栏、铁爬梯等部分组成。

操作平台设置于模板上部，用三脚架插入竖向龙骨的套管内，三脚架上满铺脚手板。三脚架外端焊有 ϕ37.5 的钢管，用以插放护身栏的立杆。

铁爬梯供操作人员上下平台之用，附设于大模板上，用 ϕ20 钢筋焊接而成，随大模板一道起吊。

4）模板连接件

（1）穿墙螺栓与塑料套管。穿墙螺栓是承受混凝土侧压力、加强板面结构的刚度、控制模板间距（即墙体厚度）的重要配件，它把墙体两侧大模板连接为一体。

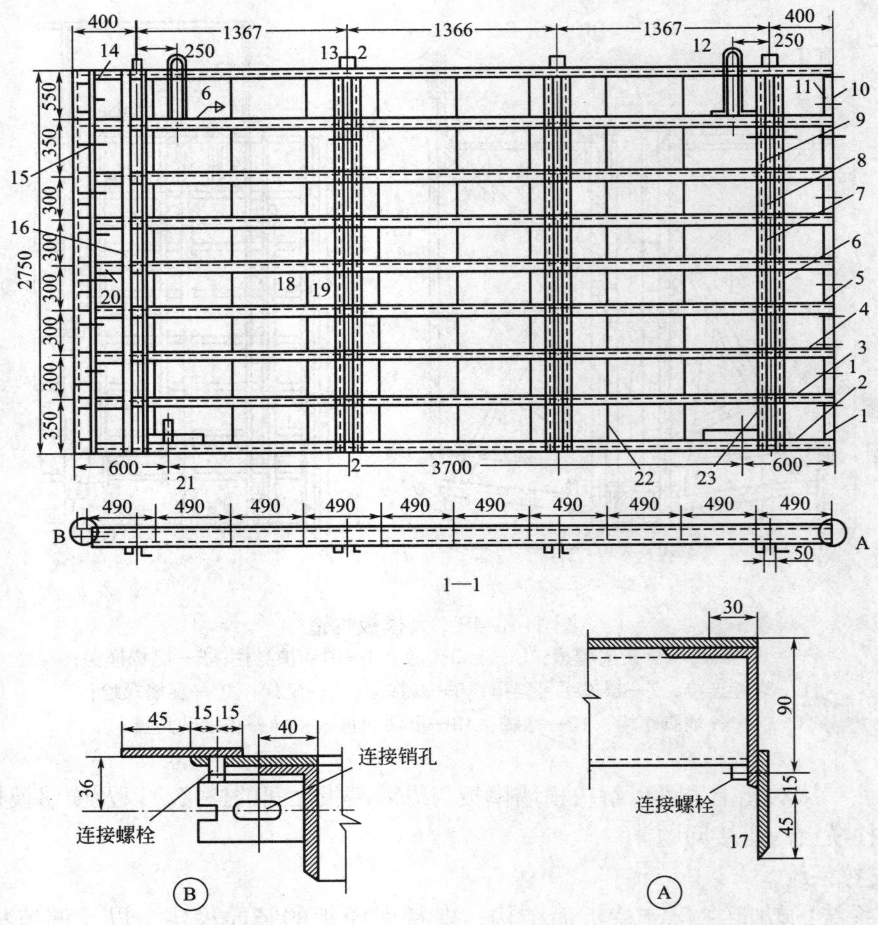

图 1-8-49　组合大模板板面系统构造

1—面板；2—底横肋（横龙骨）；3 ~ 5—横肋（横龙骨）；6、7—竖肋（竖龙骨）；8、9、22、23—小肋（扁钢竖肋）；10、17—拼缝扁钢；11、15—角龙骨；18—吊环；13—上卡板；14—顶横龙骨；16—撑板钢管；18—螺母；19—垫圈；20—沉头螺丝；21—地脚螺栓

为了防止墙体混凝土与穿墙螺栓黏结，在穿墙螺栓外部套一根硬质塑料管，其长度与墙厚相同，两端顶住墙模板，内径比穿墙螺栓直径大3 ~ 4mm。这样在拆模时，既保证了穿墙螺栓的顺利脱出，又可在拆模后将套管抽出，以便于重复使用，如图1-8-52所示。

穿墙螺栓用Q235A钢制作，一端为梯形螺纹，长约120mm，以适应不同墙体厚度（140 ~ 200mm）的施工。另一端在螺杆上车上销孔，支模时，用板销打入销孔内，以防止模外胀。板销厚6 ~ 8mm，做成大小头，以方便拆卸。

穿墙螺栓一般设置在模板的中部与下部，其间距、数量根据计算确定。为防止塑料管将面板顶凸，在面板与龙骨之间宜设加强管。

（2）上口卡子。上口卡子设置于模板顶端，与穿墙螺栓上下对直，其作用与穿墙螺栓相同。直径为$\phi30$，依据墙厚不同，在卡子的一端车上不同距离的凹槽，以便与卡子支座相连接，如图1-8-53（a）所示。

卡子支座用槽钢或钢板焊接而成，焊于模板顶端，如图1-8-53（b）所示，支完模板

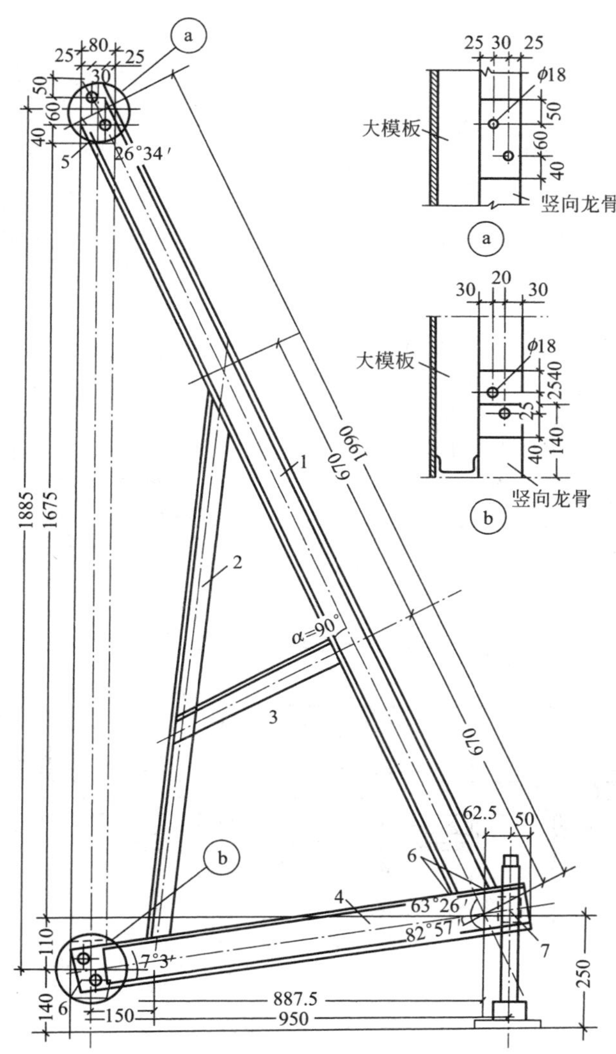

图 1-8-50　支撑架

1—槽钢；2、3—角钢；4—下部横杆槽钢；5—上加强板；6—下加强板；7—地脚螺栓

后将上口卡子放入支座内。

5）模数条及其连接方法

模数条模板基本尺寸为30cm、60cm两种，也可根据需要做成非模数条的模板条。模数条的结构与大模板基本一致。在模数条与大模板的连接处的横向龙骨上粘好连接螺孔，然后用角钢或槽钢将两者连接为一体，如图1-8-54（*a*）所示。

采用这种模数条，能使普通大模板的适应性提高，在内墙施工的“T”字墙处及大模板全现浇工程的内外墙交接处，都可采用这种办法解决模板的适应性问题。如图1-8-54（*b*）所示，为T字墙处的模板做法。

2. 施工工艺流程

施工工艺流程示意图，如图1-8-55所示。

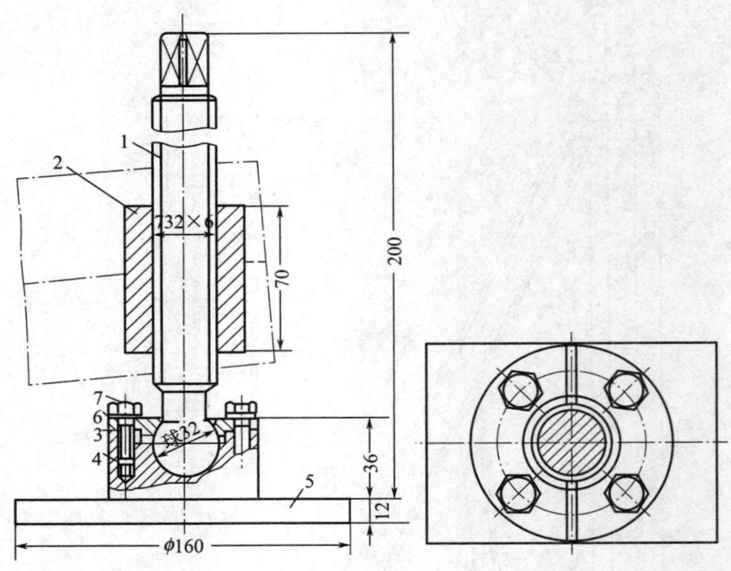

图 1-8-51　支撑架地脚螺栓

1—螺杆；2—螺母；3—盖板；4—底座；5—底盘；6—弹簧垫圈；7—螺钉

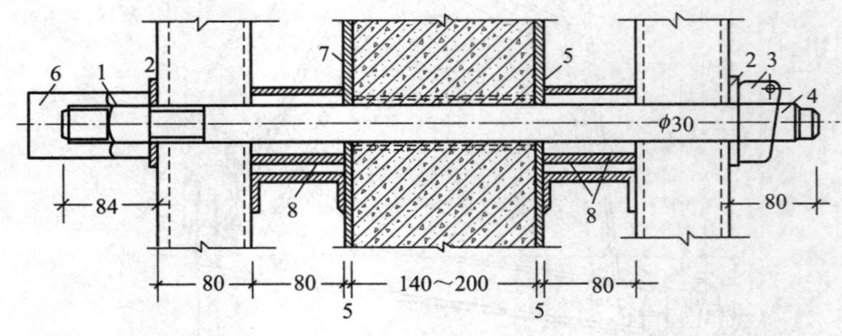

图 1-8-52　穿墙螺栓构造

1—螺母；2—垫板；3—板销；4—螺杆；5—塑料套管；6—丝扣保护套；7—模板；8—加强管

3. 内墙大模板的安装工艺

（1）在正式安装大模板之前，内墙中所配置的钢筋必须绑扎完毕，水电、管线等预埋管件必须安装就位，并且经过检查全部合格。内浇外砌的墙体在安装大模板之前，外墙砌筑、内墙绑扎钢筋及水电预埋管件的埋设等工序也必须完成，经过检查全部合格。

（2）在正式安装大模板之前，必须做好模板安装部位的找平和放线工作，并且在大模板下部抹好找平层砂浆，依据放线位置进行大模板的安装就位。

（3）在安装大模板时，必须按照施工组织设计中规定的顺序，使模板对号入座吊装就位。通常先从第二个房间开始，安装一侧内墙（横墙）模板并调整垂直，并放入穿墙螺栓及塑料套管后，再安装另一侧内墙（横墙）模板，经调整垂直和确定墙宽后，即可旋紧穿墙螺栓。横向墙的大模板安装完毕后，再安装纵向墙的大模板，并做到安装一间，固定一间。

（4）在安装大模板过程中，关键是要做好各节点部位的处理，主要包含外（山）墙节

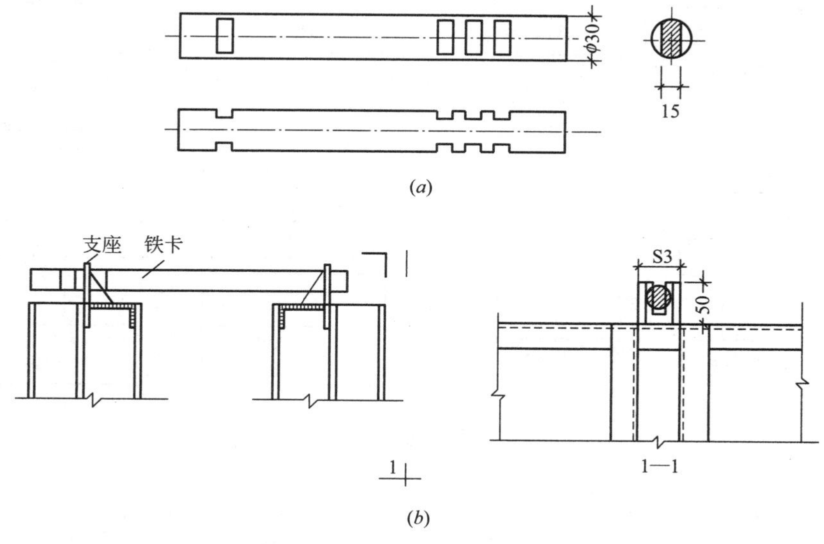

图 1-8-53　上口卡子
(a) 铁卡子大样；(b) 支座大样

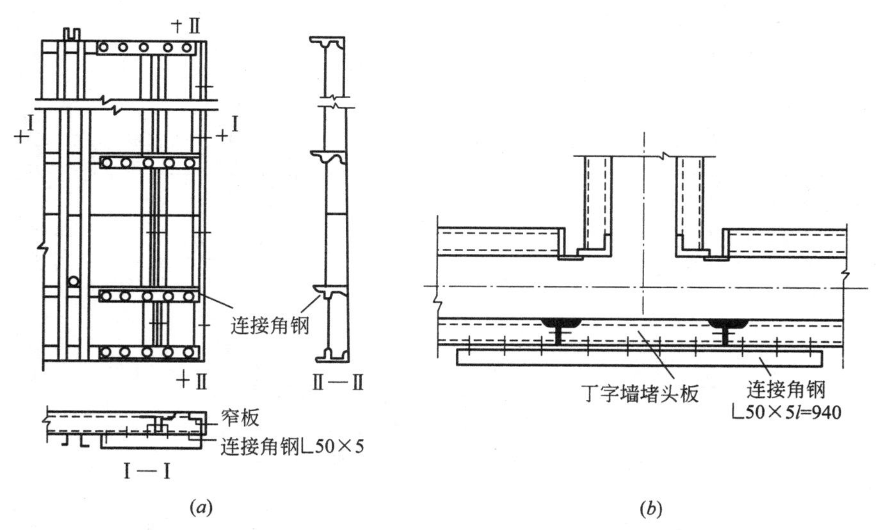

图 1-8-54　组合式大模板模数条的拼接
(a) 平面模板拼接；(b) 丁字墙节点模板拼接

点的处理、十字形内墙节点的处理、错位墙处节点的处理和流水段分段处的处理等。

①外（山）墙节点的处理。外墙节点的处理，可采用活动式角模板；山墙节点的处理，可使用85mm×100mm木枋解决组合柱的支模问题。外（山）墙节点模板安装如图1-8-56所示。

②十字形内墙节点的处理。十字形内墙节点的处理比较容易，可将纵向墙体与横向墙体大模板直接连接成为一体。十字形内墙节点模板的安装如图1-8-57所示。

③错位墙处节点的处理。错位墙处节点的模板安装比较复杂，既要使穿墙螺栓顺利固

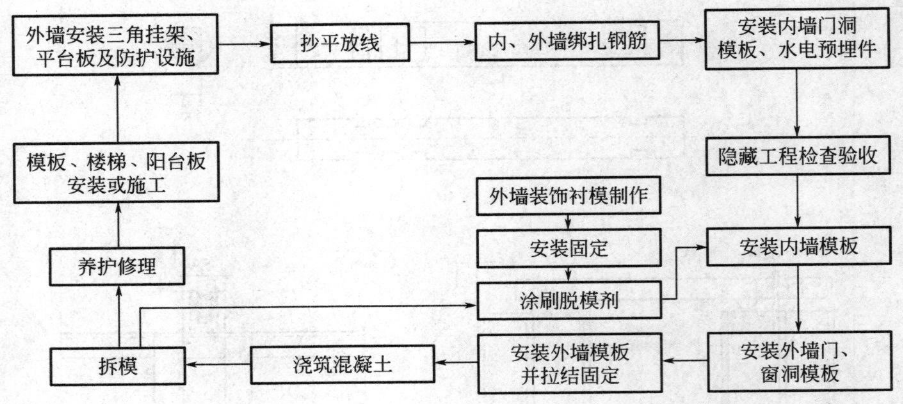

图 1-8-55　大模板施工工艺流程示意

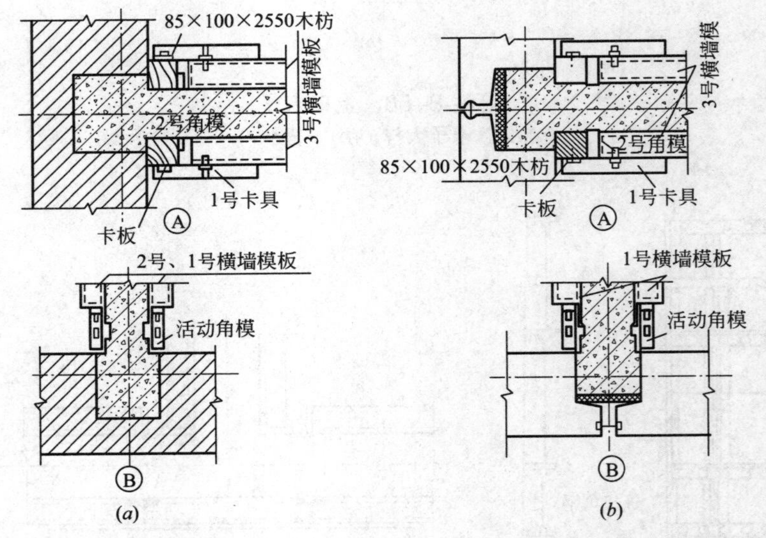

图 1-8-56　外（山）墙节点模板安装示意

A—山墙节点；B—外墙节点

(a) 内浇外砌结构；(b) 内浇外挂结构

定，又要使模板的连接处缝隙严密，在浇筑混凝土时不会在此处出现漏浆。错位墙处节点模板的安装如图 1-8-58 所示。

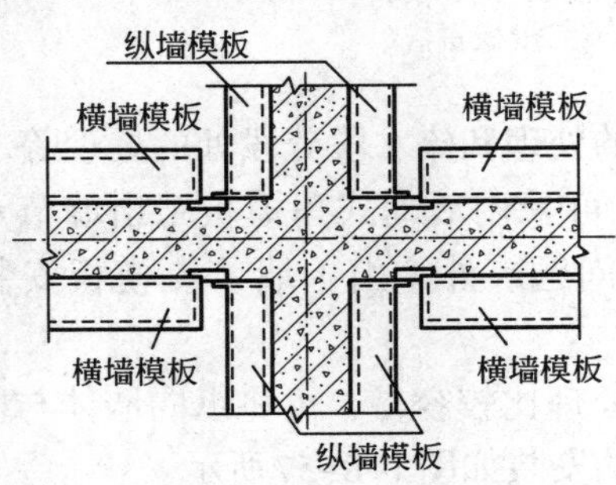

图 1-8-57　十字形内墙节点模板的安装图

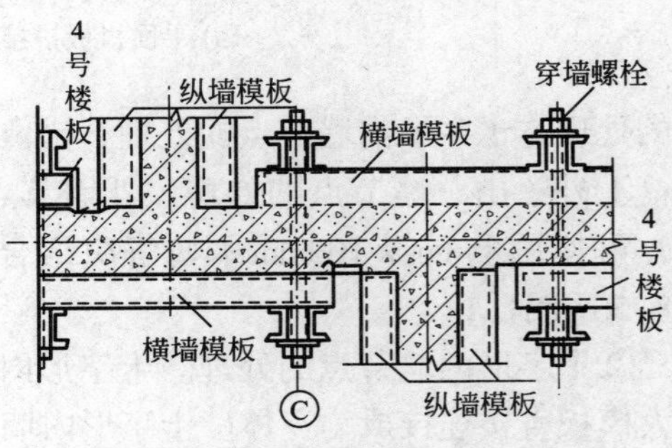

图 1-8-58　错位墙处节点模板的安装

④流水段分段处的处理。前一流水段在纵向墙体的外端使用木枋作为堵头模板，可在后一流水段纵向墙体安装模板时用木枋作为补模。流水段分段处模板的安装如图1-8-59所示。

（5）拼装式组合大模板。在安装前要认真检查各个连接螺栓是否齐全、拧紧，确保模板的整体性和刚度，使模板变形不超过允许值。

（6）大模板的安装必须保证位置准确、立面垂直。安装好的大模板可用双十字靠尺在模板背面检验其垂直度（图1-8-60）。当发现模板不垂直时，通过支架下的地脚螺栓进行调节。模板的横向应水平一致，当发现模板不平时，也可通过支架下的地脚螺栓进行调节。

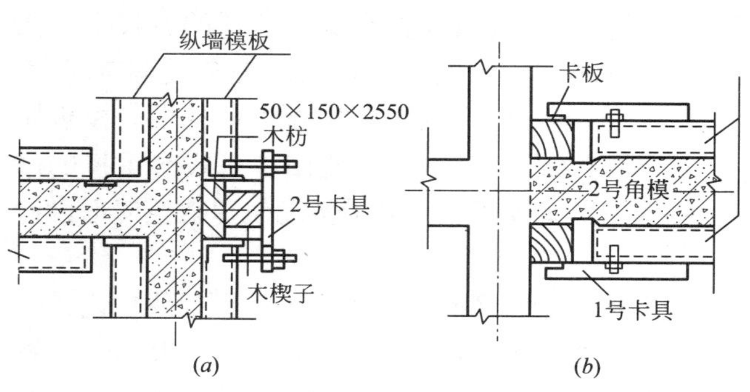

图 1-8-59　流水段分段处模板的安装
(a) 前流水段；(b) 后流水段

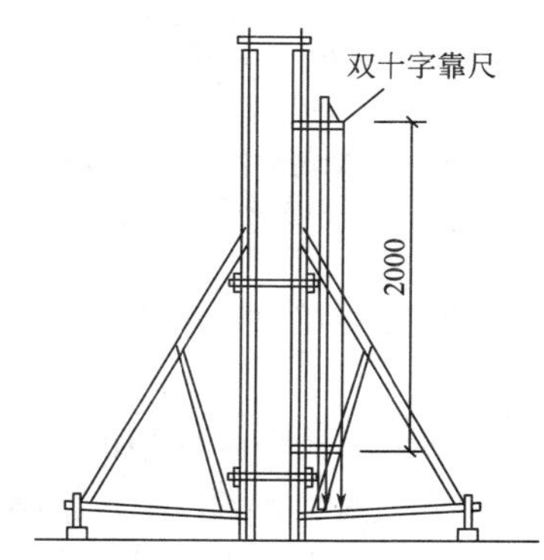

图 1-8-60　双十字靠尺

（7）大模板安装后接缝部位必须严密，避免出现漏浆。当底部有空隙时，应用聚氨酯泡沫条、纸袋或木条塞严。但要注意不能将纸袋与木条塞入墙体内，以免影响墙体的断面尺寸。

（8）每面墙体的大模板就位后，要对模板进行拉线调直，再进行连接固定。

4. 外墙大模板的安装工艺

内外墙现浇混凝土工程的施工，其内墙部分与内浇外板工程相同，但现浇外墙部分，其工艺有所不同，特别是采用装饰混凝土时，必须保证外墙表面光洁平整、图案新颖、花纹清晰、线条协调、棱角整齐。

（1）在安装外墙大模板之前，必须安装三角挂架和平台板。首先利用外墙上的穿墙螺栓孔，插入L形连接螺栓，在外墙内侧放好垫板、旋紧螺母，再将三角挂架钩挂在L形连接螺栓上，然后在三角挂架上安装平台板；也可以将三角挂架和平台板组装成一体，采取整体组装、整体拆除的方法。当L形连接螺栓需要从门窗洞口上侧穿过时，应避免碰坏新浇筑的混凝土，外墙大模板的施工如图1-8-61所示。

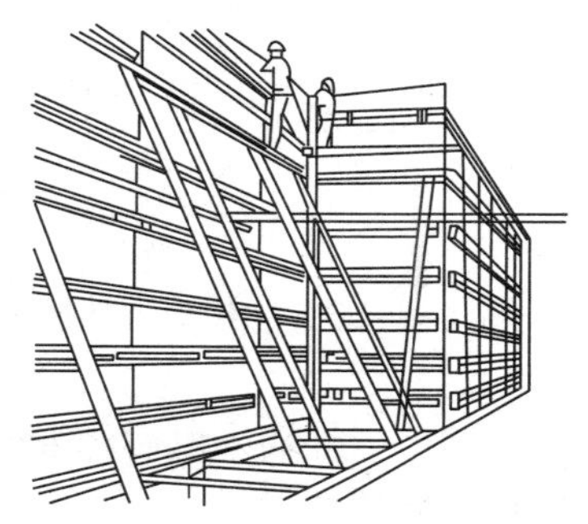

图 1-8-61　外墙大模板的施工示意

（2）在安装外墙大模板之前，要放好模板的位置线，保证外墙大模板就位准确。如果外墙面为装饰混凝土，应把下层竖向装饰线条的中线，引至外侧模板的下口，作为

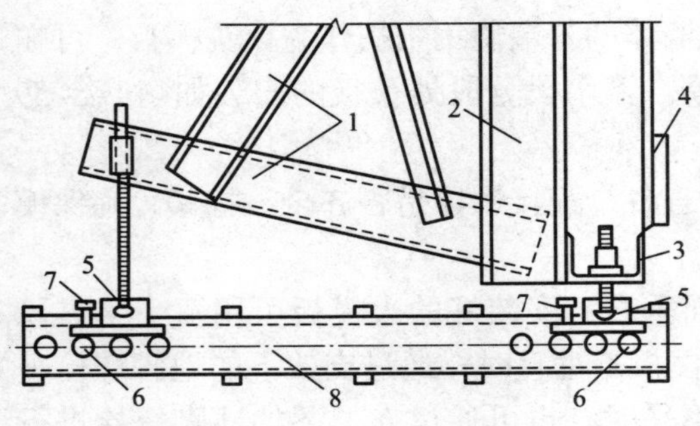

图 1-8-62　外墙外侧大模板与滑动轨道安装示意

1—三角支撑架；2—大模板竖龙骨；3—大模板横龙骨；4—大模板下端横向腰线衬模板；5—大模板前后地脚；6—滑动轨道辊轴；7—固定地脚盘螺栓；8—轨道

安装该层竖向的衬模板的基准线，以确保该层竖向线条的顺直。

（3）在外侧大模板底面10cm处的外墙上，弹出楼层的水平线，作为内外墙体模板安装和楼梯、阳台、楼板等预制构件安装的依据。防止因楼板、阳台板出现较大的竖向偏差，导致内外侧大模板难以组合，也防止阳台处外墙水平装饰线条发生错台和门窗洞口出现错位等现象。

（4）当安装外侧大模板时，应先使大模板的滑动轨道放置在支撑挂架的轨枕上（图1-8-62），并先用木楔将滑动轨道和前后轨枕定牢，在后轨枕上放入防止模板向模板倾覆的横向栓，这样才能摘除塔式起重机的吊钩。然后松开固定地脚盘的螺栓，用撬棍轻轻地拨动模板，使其沿滑动轨道滑至墙面设计位置。

（5）待调整好模板的高程与位置后，使模板下端的横向衬模板进入墙面的线槽内（安装方法，图1-8-63），并紧贴下层的外墙面，避免出现漏浆。待大模板的横向及水平位置均调整好以后，方可拧紧滑动轨道上的固定螺钉，对大模板加以固定。

（6）外侧大模板经过校正固定（图1-8-64）后，以外侧大模板位置为准，再安装内侧大模板。为了避免大模板产生位移，必须与内墙大模板进行拉结固定。其拉结点应设置在穿墙螺栓位置处，使作用力通过穿墙螺栓传递到外侧大模板，要格外注意防止拉结点位置不当而造成模板产生位移。

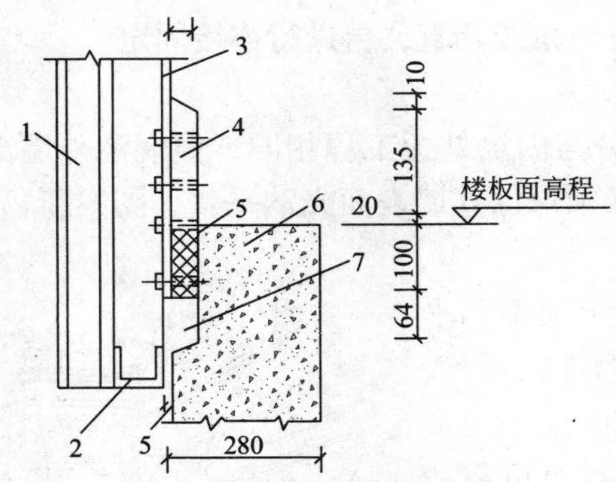

图 1-8-63　大模板下端横向衬模板安装示意图

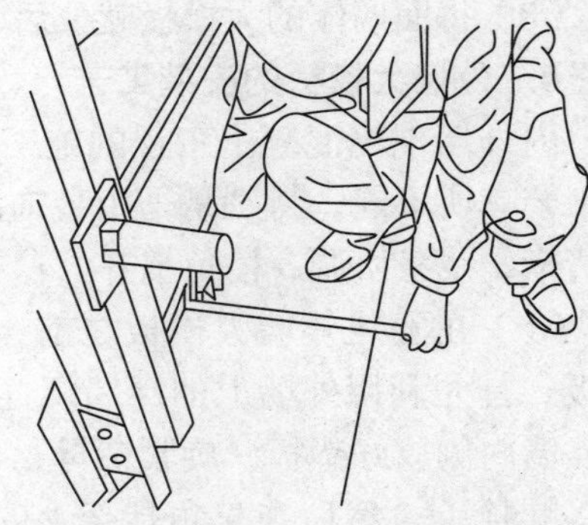

图 1-8-64　外侧大模板定位

（7）当外墙采取后浇混凝土时，需在内墙的外端按设计要求预留连接钢筋，用堵头模板将内墙端部封严。

（8）外墙大模板上的门窗洞口模板，是外墙大模板安装处理的重点，必须严格按照设计图纸进行操作，做到安装牢固、垂直方正。

（9）装饰混凝土衬模板要安装牢固，在大模板正式安装前要进行认真检查，发现松动应及时进行修理，防止在施工中发生位移及变形，也防止在拆除大模板时将衬模拔出。

（10）大模板内镶有装饰混凝土衬模板时，宜选用水乳性隔离剂，不得选用油性隔离剂，以免污染墙面，影响墙面的装饰效果。

5. 门窗洞口模板安装

墙体门窗洞口有两种做法。

（1）一种做法是先立口，即将门窗框在支模时预先留置在墙体的钢筋上，在浇筑混凝土时浇筑在墙内。做法是用木枋或型钢制成带有斜度（1 ~ 2cm）的门框套模，夹住安装就位的门框，然后用大模板将套模夹紧，用螺栓固定牢靠。门框的横向用水平横撑加固，以免浇捣混凝土时发生变形、位移。若采用标准设计，门窗洞口位置不变时，可以设计成定型门窗框模板，固定在大模板上，这样既便于施工，也有利于确保门窗框安装位置的质量。

（2）另一种做法是后立口，即用门窗洞口模板和大模板将门窗洞口预留好，然后再安装门窗框。随着钻孔机械及黏结材料的发展，现在采用后立口的做法比较普遍，门窗洞口模板施工如图1–8–65所示。

图 1–8–65　后立口施工示意图

6. 大模板安装的基本要求

根据工程实践经验，对于大模板的安装，需要符合以下几个方面的基本要求。

（1）大模板安装必须符合施工规范的要求，做到板面垂直、角部模板方正、位置十分精准、标高确定正确、两端确保水平、固定确保牢靠。

（2）在大模板安装前及安装后，必须按设计要求涂刷隔离剂，并要做到涂刷均匀、到位，不可出现漏刷的现象。

（3）模板之间的拼缝和模板与结构之间的接缝必须严密，不得出现漏浆等现象。

（4）装饰性的里衬模板和门窗洞口模板的安装必须牢固，在外力的作用下不产生变形，对于双边大于1m的门窗洞口，在拆除模板后应加强支护，以免发生变形。

（5）门窗洞口必须尺寸正确、位置准确、垂直方正。采取“先立口”的做法，门窗框需要固定牢固，连接紧密，在浇筑混凝土时禁止产生变形和位移；采用“后立口”的做法，其位置需要准确，模板框架要牢固，便于模板的拆除。

（6）全现浇外墙和楼梯间墙、电梯井筒在支模时，必须保证上下层接槎顺直，不产生错台质量缺陷和漏浆。

7. 大模板的拆除

大模板的拆除时间，以能保证其表面不因拆模而受到损坏为原则。一般情况下，当混凝土强度达到1.0MPa以上时，可以拆除大模板。但在冬期施工时，应视其施工方法和混凝土强度的增长情况决定拆模时间。

门窗洞口底模、阳台底模等拆除，必须依据同条件养护的试块强度和国家规范执行。模板拆除后混凝土强度尚未达到设计要求时，底部应加临时支撑支护。

拆完模板后，要注意控制施工荷载，不要集中堆放模板和材料，防止造成结构受损。

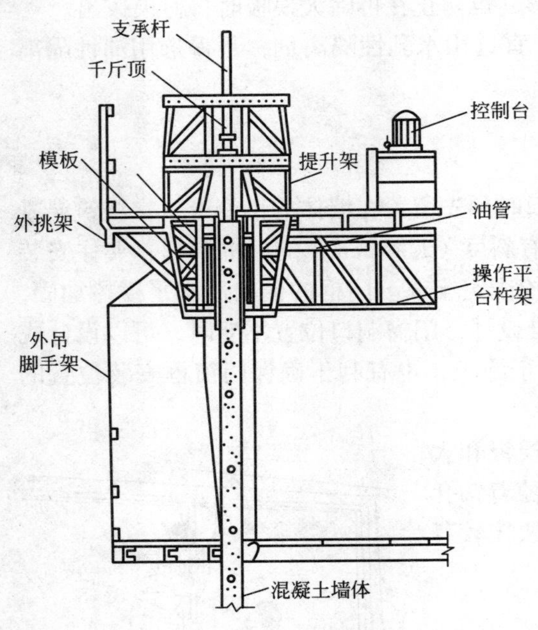

图 1-8-66　滑升模板装置组成示意图

8.2.2　滑模的施工工艺

1. 滑模装置系统

高层建筑滑模装置由下列系统组成。如图1-8-66所示。

1）模板系统

模板系统包括模板、围圈、提升架、模板截面及倾斜度调节装置等。

2）操作平台系统

操作平台系统包括固定平台、活动平台、挑平台、吊支撑架、料台、随升垂直运输设施的支承结构等。

3）液压提升系统

液压提升系统包括液压控制台、油管、千斤顶、阀门、支承杆等。

4）施工精度控制系统

施工精度控制系统包括千斤顶同步、建筑物轴线和垂直度等的观测与控制设施等。

5）水电系统

水电系统包括动力、照明、信号、广播、通信、电视监控以及水泵管路设施等。

2. 滑模装置的安装与拆除

1）组装前的准备工作

（1）组织加工的滑模构件进入施工现场，分规格、型号堆放、清点、验收。

（2）组织滑模组装人员入场，对进场人员进行安全技术交底，让主要工种的施工人员熟悉图纸和安装方法，掌握组装的质量要求和各工种交叉组装顺序。参加组装的人员应是参加施工的木工、液压工、电焊工等，并从组装开始划分责任区段，以加强责任心，确保组装质量。

（3）组织与组装有关的机械、设备、架料、材料、安全网、紧固件等进场。

（4）按模板及滑模装置平面布置图进行一道墙的试拼装，通过试拼，检验设计和加工质量，明确各种构件相互之间的关系，调试提升架、插板等活动部位的公差配合和灵敏度，修正误差或差错，为工程正式拼装打下良好基础。

（5）清理起滑层楼面，在楼面上弹出墙的轴线、截面边线、模板边线、提升架中心线、立柱位置线、门窗洞口线等，在地面上写出构件规格型号。

（6）在墙和提升架柱腿位置找平，绘出实际标高平面图，超高部分应予以剔除。起滑标高（模板安装底标高）可同楼面标高持平。若楼面高差较大或普遍超高，可将起滑标高上调20 ~ 30mm，一旦标高确定，即做好抹灰带，以使安装的模板底标高一致。

（7）整理钢筋，对超出墙边线的预埋钢筋进行校正，绑扎模板高度内的钢筋（绑到面标高上900mm处），并由质检人员进行隐检。

（8）搭设临时支撑架和上人斜道。

（9）提前安装提升架的夹板槽钢、可调支腿及伸缩调节丝杠，并进行调试。

2）滑模的组装程序

（1）安装大模板和角模。由于从起滑层地面或楼面开始组装，外模板下口与内模板持平，上口高于内模300mm，待滑到二层时，外墙及电梯井外模即下降300mm，此时外模上口与内模持平，下口作为楼板边模。

（2）安装提升架，支腿用槽钢卡铁同模板的水平槽钢连接。装完一个房间或一段，即用支腿丝杠调整模板截面和锥度。要求提升架横梁中心与模板截面中心一致，横梁保持水平，提升架立柱在平面内、外均保持垂直。立柱下端用木楔调平并楔紧。

（3）安装围檩及围檩水平斜撑，安装桁架及桁架立杆、斜杆，安装活动平台边框，必要连接处进行现场焊接。

（4）安装提升架上部的支架及水平钢管、纵横通长钢管，使上部连成一个整体。安装环梁连接板，安装环梁，环梁同连接板现场焊接。

（5）安装千斤顶及液压油路系统。

（6）铺设固定平台及活动平台。

（7）安装外挑架、钢管水平桁架、栏杆立管、水平管等。铺设外挑平台板、踢脚板及安全网。

（8）安装门窗洞口模板及控制洞口尺寸的卡具，当采用插板做法时，安装过梁连梁板、连接角钢。

（9）安装电气系统的动力、照明线路及配电箱、照明灯具、信号装置。

（10）液压系统进行加压调试，检查油路渗漏情况，千斤顶、油管逐个进行排油排气。插入支承杆，首次插入的支承杆按4种不同高度插入各1/4。首次插入高度低于千斤顶高度的，即用标准支承杆接高。

（11）激光测量、观测装置安装。激光扫描观测台的设置。

（12）施工用水进行水平管、立管、阀门及胶管安装，灭火器设置。

（13）当滑模施工到一定高度后，进行外墙及电梯井筒内吊支撑架及安全网安装，外墙及电梯井纠偏装置。

（14）分区标牌、安全标志、宣传标语等设置。

（15）会同质量、安全、技术等部门进行全面技术安全检查，对检查出的问题应及时整改完成。

3）滑模的组装要点

模板组装质量是后期滑模施工成功和工程质量优良的首要关键，为了确保组装一次完成，特别注重以下要点。

（1）模板锥度与截面尺寸

滑升模板组装后必须形成上口小、下口大的锥度，模板单面倾斜度为0.3%，900mm高的模板截面，下口与结构截面等宽，上口小5mm；1200mm高的模板截面，下口以上300mm处与结构截面等宽，上口同样小5mm。

模板锥度及截面尺寸应在组装阶段边组装边调整，不可最后一起调整。

（2）模板表面处理

模板必须在组装前进行表面处理，要求除锈、去污、擦净、涂刷油性隔离剂，有利于滑升脱模。

（3）组装误差的消除

模板组装要确保墙模组装成一条线，剪力墙的外形尺寸及每个房间对角线准确、电梯井净空尺寸准确。每个房间的组装误差在两轴线间消除，墙梁截面误差控制在规范允许范围内。

（4）控制门窗洞口模板

要控制好门窗洞口尺寸、水平位置和标高，做好门窗洞口模板定位、加固工作，经常检查洞口模板宽度，防止木模板遇水胀模。

（5）活动部件的松紧度和公差配合

对于插板、支腿、丝杠、螺母、提升架等互相配合的活动部件，安装过程中注意调试其松紧度，检查公差配合情况，确保使用灵敏可靠。

（6）紧固件的检查及保养

所有紧固件安装后应予检查，做到不遗漏、不松动、不滑丝、不别劲。螺栓丝扣及丝杠丝扣涂抹黄油，用塑料膜包好，以利于调节和拆除。

（7）支承杆保持垂直

支承杆要求垂直插入千斤顶，就位后应逐根检查和调整垂直度，支承杆底部要垫平。

4）滑模装置的拆除

（1）拆除前由技术负责人及有关工长对参加拆除的人员进行技术、安全交底，按规定顺序拆除。

（2）拆除内外纠偏用钢丝绳、接长支腿及纠偏装置、测量系统装置。

（3）拆除电气系统配电箱、电线及照明灯具。

（4）拆除高压油管、针形阀、液压控制台。

（5）拆除固定平台及外平台、上操作平台的平台铺板，拆除的材料堆放在活动平台上吊运。

（6）拆除活动平台及边框。

（7）拆除连接模板的阴阳角模。

（8）模板提升架和吊架采用分段整体拆除方法，以轴线之间一道墙为一段，先拆除模板段与段之间的连接螺栓，然后将钢丝绳拴在提升架上，由塔吊吊住，用气焊割断支承杆后，整体吊运到地面，高空不作拆除。

（9）进行拆除后的清理、运输、入库。

3. 液压滑升

1）初滑升

当第二个浇筑层的混凝土（600mm高）交圈或从开始浇筑达4h，先滑升一个行程；以后每隔15 ~ 30min滑升一次，每次1 ~ 2个行程。

2）正常滑升

当900mm高模板内全部浇满混凝土后，进入正常滑升；每次连续滑升共300mm，为下一个浇筑层创造工作面；当两次正常滑升的时间间隔超过0.1h，应增加中间滑升，每次1 ~ 2个行程。

3）滑模过程中的工作

（1）每次滑升前，应注意观测出模强度的变化，以采取相应的滑升措施（减慢或加快）每次滑升前应检查，并排除滑升障碍。

（2）提升时应保证充分给油和回油，没有得到全部回油完成的反馈信号时，要了解原因，不得轻易送油，千斤顶回油不够，则滑升有效高度相应降低。

（3）送油过程中要随时检查有无漏油、渗油现象。

（4）随时检查平台的水平、垂直偏差情况及支承杆的工作状况，如发现异常应及时找出原因，采取调平、纠偏、加固、清洁支承杆等相应处理措施。

（5）每层楼强制进行10%的千斤顶更换、清理、保养，保证上部结构顺利滑升。

4）空滑

当墙及过梁的混凝土浇筑到楼板底标高，即进行空滑，使模板下口到达楼板顶标高位置，在空滑期间，钢筋绑扎、钢筋接高、模板清理等工作同时进行。空滑时间为4h，平均每小时滑升250mm。空滑时应注意：

（1）随时检查标高，并限位调平，保证空滑完成时标高准确、平台水平。

（2）注意观察支承杆的变化情况，及时采取加固措施，防止支承杆失稳。

5）停滑

当滑模完成或在异常情况下，必须停滑时，应采取停滑措施：即每30min滑升一次，每次1 ~ 2个行程，总计提升高度300mm，共提升4h以上。在恢复施工前，还应再提升2个行程，使模板同局部黏结的混凝土脱开。因停电造成的停滑，应及时接通柴油发电机电源，或汽油发电机装置，以满足停滑措施的暂时滑升要求。

4. 滑模中的木作施工

1）按测量反映在支承杆上的整米标高或半米标高（权威标高：黄色），引出各门窗洞口、预留洞口、预埋件、梁底标高及墙顶标高等细部标高（木作标高：红色）。

2）安放门窗洞口模板，洞口两侧模板之间用木方对撑和斜撑。

3）当采用插板作门窗洞口侧模时，需在门窗洞口底模上部两侧主筋上焊接钢筋头，安放底模板，防止滑模拖带上提。对于1200mm以上宽度的门窗洞，中间另加木撑。

4）安放预留洞木盒，墙中的木盒要用短钢筋同立筋焊接压住。

5）预埋件要同相邻钢筋点焊焊接牢固。

5. 模板清理与润滑

1）模板清理的办法是：①在模板面上喷涂除垢剂，用清水冲洗，在该层混凝土达到终凝时进行；②用小钢管或ϕ10钢筋焊一斜口钢板，进行铲除，清除的渣屑要及时除掉。

2）刷隔离剂采用特别长刷：①梁的模板在脱空时喷涂隔离剂；②墙的模板用0.75mm厚白铁皮及地毯边角料，做成长1200mm、宽120mm，上口有一拉手的长刷，让光面对钢筋，毛面对模板。涂刷前平放注入隔离剂，然后上下搓动，涂刷时注意不要污染钢筋。

6. 变截面壁厚处理

1）平移提升架立柱法，是在提升架的立柱和横梁之间装设一个顶进丝杠，变截面时，先将模板提空，拆除平台板及围圈桁架的活接头。然后拧紧顶进丝杠，将提升架立柱带着围圈与模板向壁厚方向顶进至要求的位置后，补齐模板，铺好平台，改模工作即可完成，如图1-8-67所示。顶进丝杠可在提升架上下横梁上反方向各设置一个，以增加其刚度，如图1-8-68所示。

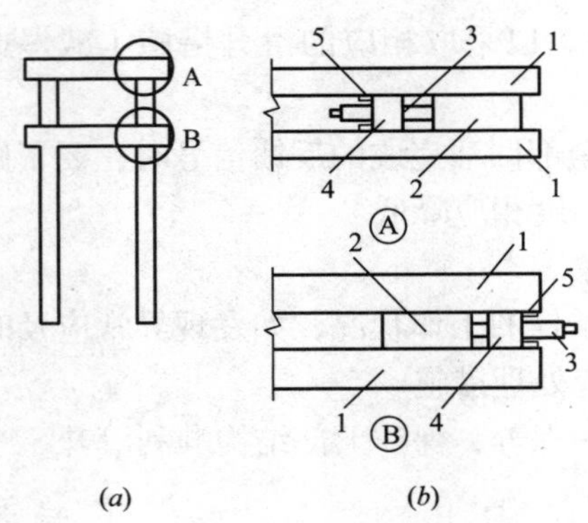

图 1-8-67　平移提升架立柱法
(a) 开型提升架示意；(b) 内部构造
A—上横梁；B—下横梁；1—提升架横梁；2—提升架立柱；3—顶进丝杠；4—顶丝座；5—挡块

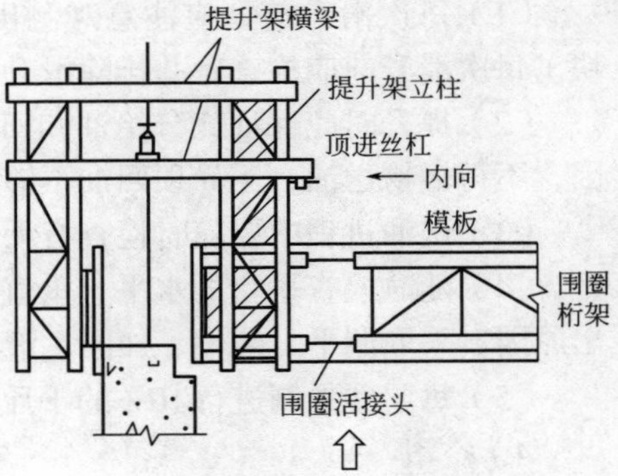

提升架横梁
提升架立柱
顶进丝杠
内向
模板
围圈桁架
围圈活接头

图 1-8-68　提升架横梁调整装置

2）调整围圈法

在提升架立柱上设置调整围圈与模板位置的丝杠（螺栓）和托梁，当模板滑升至变截面的高程，只要调整丝杆移动围圈就能将模板调整至变截面要求的位置，如图 1-8-69 所示。

3）衬模板法

按变截面结构宽度制备好衬模，待滑升至变截面部位时，将衬模固定于滑升模板的内

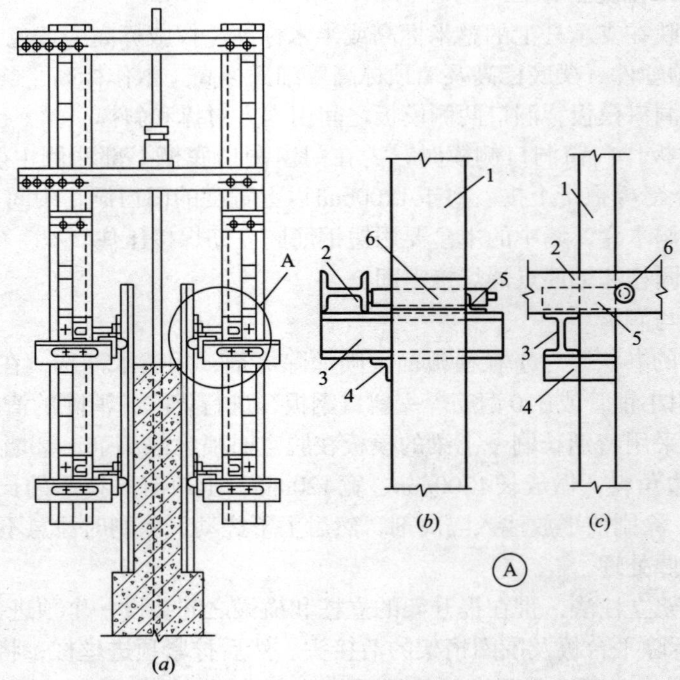

图 1-8-69　调整围圈法
1—提升架立柱；2—围圈；3—围圈托梁；4、5—围圈托梁卡件（滑道）；6—丝杠
(a) 调整围圈；(b) 正面图；(c) 侧面图

侧，随模板一起滑升，如图1-8-70所示。这种方法构造比较简单，缺点是需要另外制作衬垫模板。

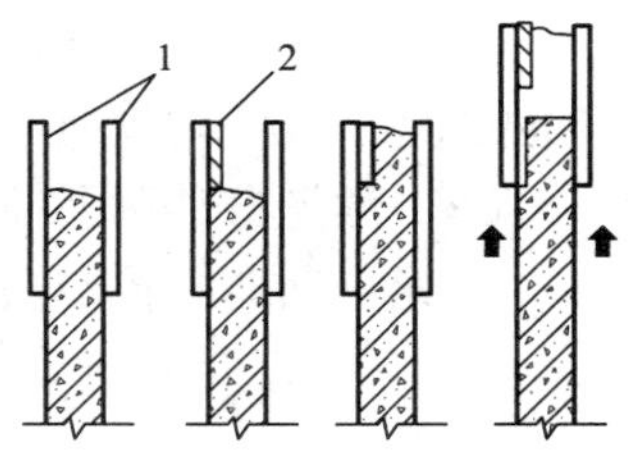

图 1-8-70　衬模板示意
1—滑升模板；2—衬模板

7. 滑模施工的精度控制

1）滑模施工水平精度控制

在模板滑升过程中，整个模板系统保持水平上升，是确保滑模施工质量的关键，也是直接影响建筑物垂直度的一个主要因素。由于各千斤顶不可能绝对同步，虽然每个行程可能差距不大，但累计起来就会使模板系统产生较大升差，若不及时加以控制，不仅建筑物垂直度难以保证，也会使模板结构产生变形，影响工程质量。目前，对千斤顶升差（即模板水平度）的控制，主要有以下几种方法。

（1）限位调平器控制法。限位调平器是在GYD型或QYD型液压千斤顶上改制增加的一种调平装置。如图1-8-71所示，为筒形限位调平器，主要由筒形套与限位挡体两个部分组成，筒形套的内筒伸入千斤顶内直接与活塞上端接触，外筒与千斤顶缸盖的行程调节帽螺纹连接。

限位调平器工作时，先将限位挡按调平要求的高程固定在支承杆上，限位调平器随千斤顶滑升过程中，每当千斤顶全部升到限位挡体处一次，模板系统即可自动限位调平一次。这种方法简便易行，投资少，是确保滑模提升系统同步工作的有效措施。

（2）限位阀控制法。限位阀是在液压千斤顶的进油嘴处增加的一个控制供油的顶压截止阀，如图1-8-72所示。限位阀体上有两个油嘴：一个连接油路；另一个通过高压胶管和千斤顶的进油嘴连接。

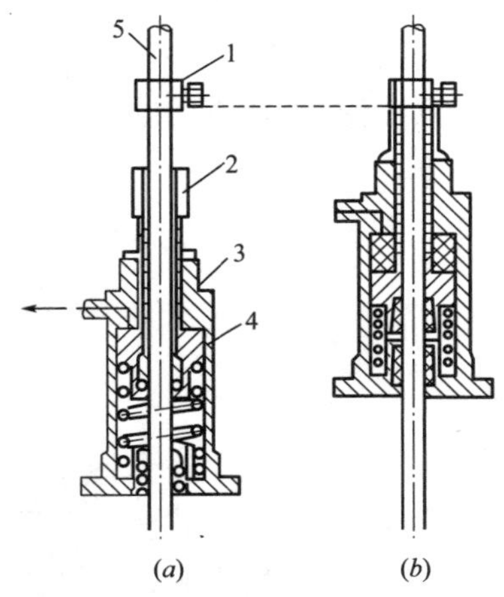

图 1-8-71　限位调平器
1—限位挡体；2—筒形套；3—千斤顶；4—活塞；5—支撑杆
(a) 示意图一；(b) 示意图二

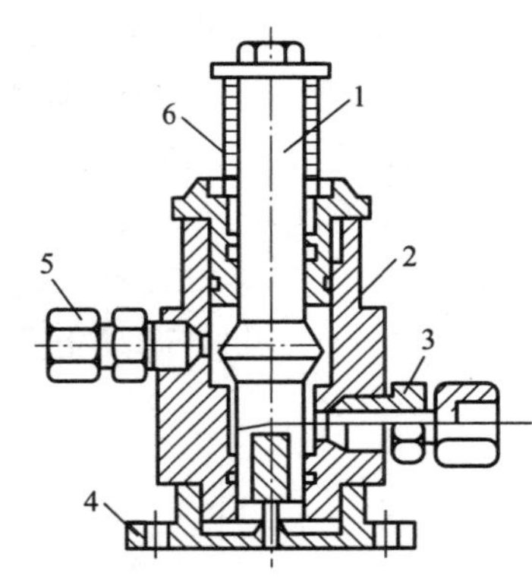

图 1-8-72　限位阀
1—阀芯；8—阀体；3—出油嘴；4—底座；
5—进油嘴；6—弹簧

使用时，将限位阀安装在千斤顶上，随千斤顶向上爬升，当限位阀的阀芯被装在支承杆上的挡体顶住时，油路中断，千斤顶停止爬升。所有千斤顶的限位阀均被限位挡体顶住后，模板即可实现自动调平。

限位阀的限位挡体与限位调平器的限位挡体的基本构造相同，其安装方法也相同。所不同的是：限位阀是通过控制供油；限位调平器是控制排油来达到自动调平的目的。

（3）激光自动调平控制法

激光自动调平控制法是利用激光平面仪与光电元件供电磁阀启动和关闭来控制千斤顶的油路，达到自动调平的目的。

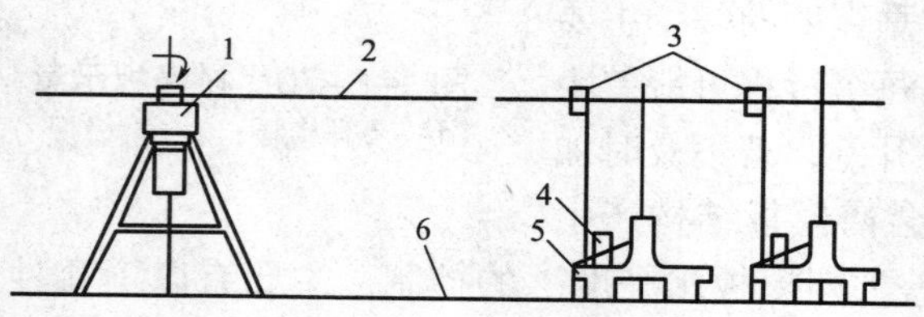

图 1-8-73　激光平面仪控制千斤顶爬升示意
1—激光平面仪；2—激光束；3—光电信号装置；4—电磁阀；5—千斤顶及提升架；6—施工操作平台

如图1-8-73所示，是一种比较简单的激光自动控制方法。激光平面仪安装在施工操作平台的恰当位置，水准激光束的高度为2m左右。每个千斤顶都配备一个光电信号接收装置。它收到的脉冲信号经放大以后，使控制千斤顶进油口处的电磁阀开启或关闭。

如图1-8-74所示，为激光控制千斤顶爬升原理。当千斤顶无升差时，继电器K1动作，绿色信号灯发光，常开式电磁阀不关闭，千斤顶正常爬升。当千斤顶偏高时，激光束射在下一块硅光电池上，继电器K2动作，接通电磁阀的电路，使千斤顶停止爬升。

在排油的时候，必须使电磁阀断电，保证千斤顶里的油液可以排出。当某个光电信号装置受到干扰，或因遮挡影响无激光信号输入，继电器K1和K2会停止工作，表示不正常的红色信号灯发光。操作人员可根据激光平面所在高度进行调整，使光电信号装置重新工作。这种控制系统通常可使千斤顶的升差保持在10mm范围内，但应注意防止日光的影响导致控制失灵。

（4）滑模施工水平度截止阀控制法

截止阀通常安装在千斤顶的油嘴与油管之间的油路上，如图1-8-75所示。施工中，通过手动旋紧或旋松截止阀芯，来关闭或打开油路。其工作原理与限位阀相似。

2）滑模施工垂直度的观测

在滑模施工中，影响建筑物垂直度的因素有许多，如千斤顶不同步引起的升差、滑模

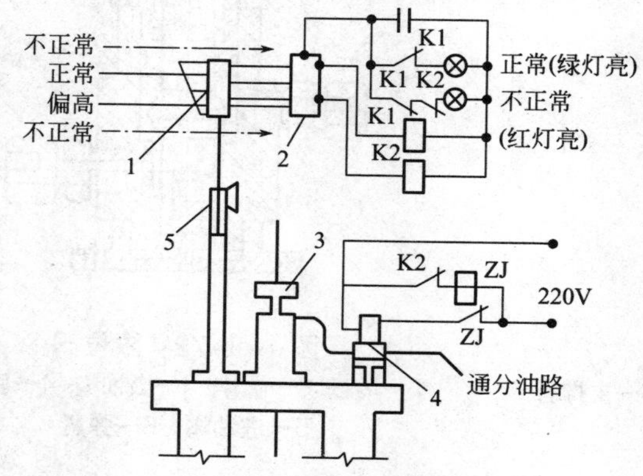

图 1-8-74　激光束控制千斤顶爬升原理
1—光电信号装置；2—信号放大装置；3—千斤顶；4—电磁阀；5—高度调节螺阀

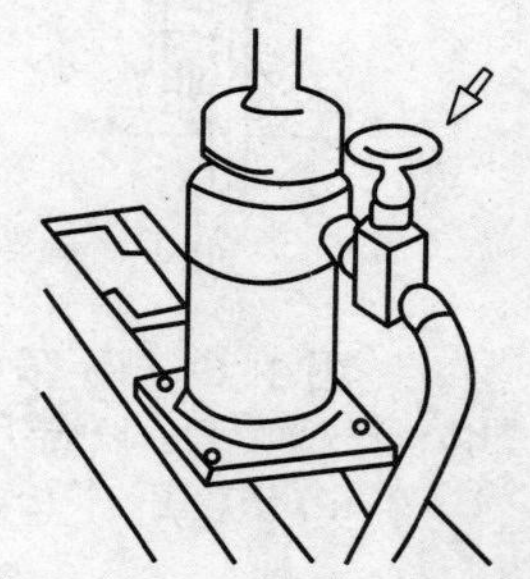

图 1-8-75　截止阀安装示意

装置刚度不够出现变形、操作平台荷载不均匀、混凝土的浇筑方向不变和风力、日照的影响等。为了消除以上因素的影响，除采取一些有针对性的预防措施外，在施工中还需加强观测，并及时采取纠偏、纠扭措施，以使建筑物的垂直度始终得到控制。观测建筑物垂直度的方法繁多，除一般常用的线坠法、经纬仪法之外，近年来，许多单位采用激光导线法、激光导向法和导电线坠法等方法进行观测，收效较好。

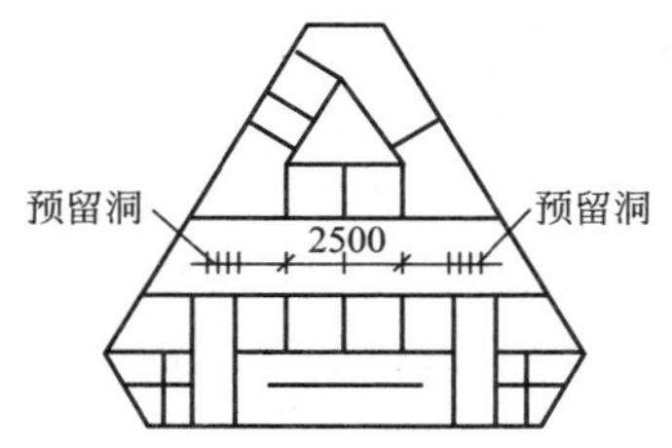

图 1-8-76　激光导线法

（1）激光导线法。激光导线法主要用于观测电梯井的垂直偏差情况，同时和外筒大角激光导向观测结果相互验证，并可考虑平台刚度对内筒垂直度的影响。

在底层预先测设垂直相交的基准导线，如图1-8-76所示，用激光经纬仪通过楼板预留洞。施工中，随模板滑升将此控制导线逐渐引测至正在施工的楼层。据此量出电梯井壁的实际位置，与基准位置对比，即可得出电梯井的偏扭结果。如再与外筒观测数据对比，则可检验平台变形情况。

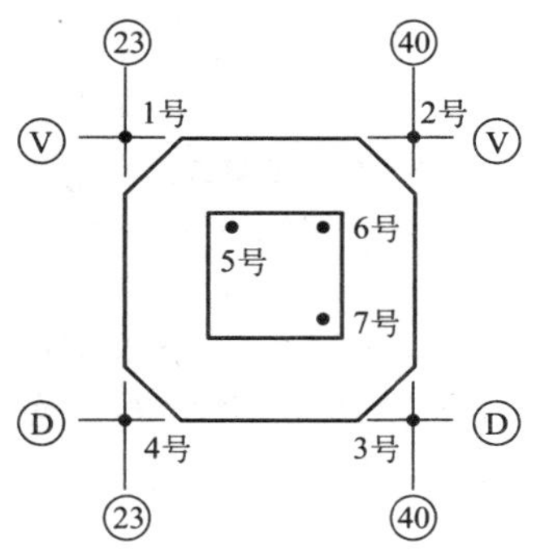

图 1-8-77　测平面布置

（2）激光导向法。激光导向法可在建筑物外侧转角处，分别设置固定的测点，如图1-8-77所示。模板滑升前，在操作平台对应地面测点的部位安装激光接收靶，接收靶由毛玻璃、坐标纸和靶筒等组成。接收靶的原点位置与激光经纬仪的垂直光斑重合，如图1-8-78所示。施工中每个结构层至少观测一次。

在测点水平钢板上安放激光经纬仪，直接和钢板上的十字线所表示的测点对中，仪器调平校正并转动一周，消除仪器本身的误差。然后，以仪器射出的铅直激光束打在接收靶上的光斑中心为原点的位置，记录在观测平面图上。施工中，只要将检测光斑与接收靶原点位置进行对比，就能够得知该测点的位移。

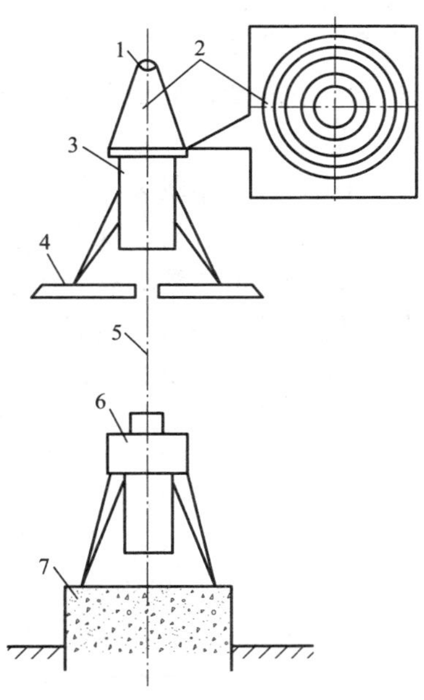

图 1-8-78　激光靶示意
1—观测口；2—激光靶；3—遮光筒；4—操作平台；5—轴线；6—激光铅直仪；7—混凝土底座

（3）导电线坠法。导电线坠是一个质量较大的钢铁圆锥体，重20kg左右。线插的尖端有一根导电的紫铜棒触针。使用时，靠一根直径为2.5mm的细钢丝悬挂在吊挂机构上。导电线坠的工作电压为12V或24V。通过线坠上的触针和设在地面上的方位触点相碰，可以从液压控制台上的信号灯光得知垂的垂直偏差。导电线坠工作原理如图1-8-79所示。

导电线坠的上部为自动放上挂装置，如图1-8-80所示。其主要由吊线卷筒、摩擦盘、吊架等组成。吊线卷筒分为两段，分别缠绕两根钢丝绳，一根为吊线，另一根为拉线，可分别绕卷筒转动。为了使线不会因质量太大而自

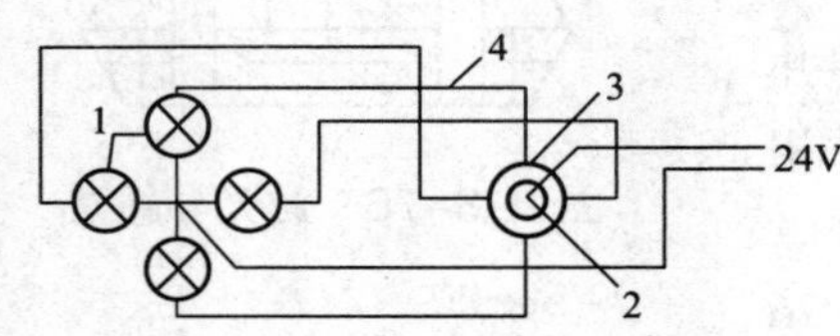

图 1-8-79　导电线坠工作原理

1—液压控制台信号灯；2—线坠上的触针；
3—触点；4—信号线路

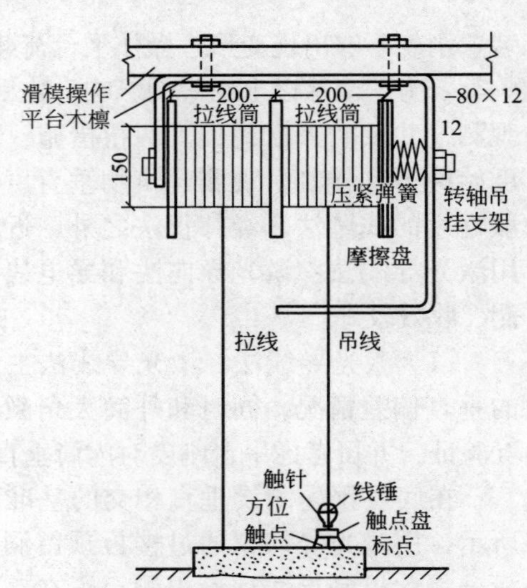

图 1-8-80　导电线坠吊挂装置

由下落，在卷筒一侧设置摩擦盘，并在轴向安设一个弹簧，来增加摩擦阻力。当吊挂装置随模板提升时，固定在地面上的拉线即可使卷筒转动将吊线同步自动放长。

3）垂直度的控制

（1）平台倾斜法

平台倾斜法又称调整高差控制法。其原理是：当建筑物出现向某侧位移的垂直偏差时，操作平台的同侧通常会出现负水平偏差。据此，可以在建筑物向某侧倾斜时，将该侧的千斤顶升高，使该侧的操作平台高于其他部位，产生正水平偏差，然后将整个操作平台滑升一段高度，其垂直的偏差即可随之得到校正。对于千斤顶需要的高差，可预先在支承杆上做出标志（可通过抄平拉斜线，最好采用限位调平器对千斤顶的高差进行控制）。

（2）双千斤顶法

双千斤顶法又称双千斤顶纠扭法。其原理是：当建筑物平面为圆形结构时，沿圆周等间距地间隔布置数对双千斤顶，将两个千斤顶置于槽钢挑梁上，挑梁和提升架横梁垂直连接，使提升架由双千斤顶承担，通过调节两个千斤顶的提长高度，来纠正滑模装置的扭转。双千斤顶如图 1-8-81 所示。

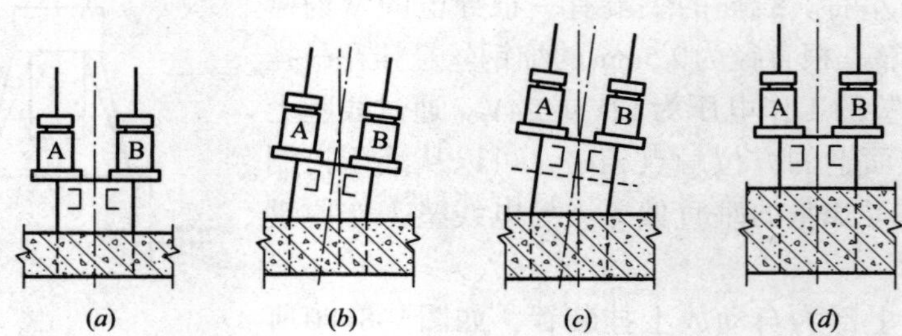

图 1-8-81　双千斤顶

(*a*) 模板扭转、支承杆必须歪斜；(*b*) 适当提高千斤顶 A 的高程；
(*c*) 提升几个行程，扭转即可纠正；(*d*) 使两台千斤顶恢复水平

（3）外力法

当建筑物出现扭转偏差时，可沿扭转的反方向施加外力，使平台在滑升过程中逐渐向回扭转，直至达到要求为止。具体做法是：采用手扳葫芦或倒链（3 ~ 5t）作为施加外力的工具，一端固定在已有一定强度的下一层结构上，另一端和提升架立柱相连。当扳动手扳葫芦与倒链时，相对结构形心，可以得到一个较大的反向扭矩。

（4）变位纠偏器纠正法

变位纠偏器纠正法是在滑模施工中，通过变动千斤顶的位置，推动支承杆产生水平移动，达到纠正滑模偏差的一种纠扭、纠偏方法。

变位纠偏器实际是千斤顶和提升架的一种可移动的安装方式，其构造与安装如图1-8-82所示。

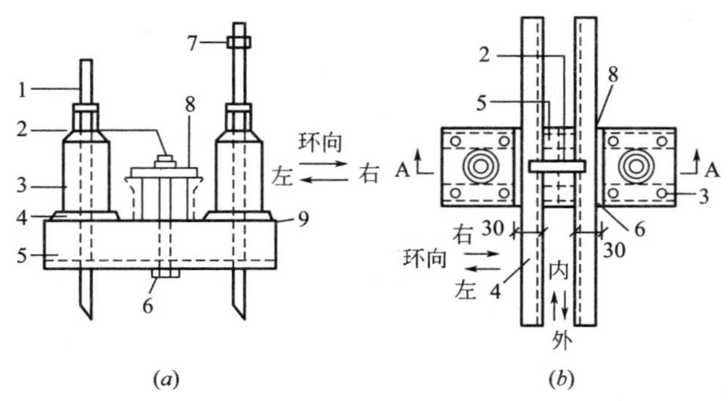

图 1-8-82　变位纠偏器

(a) A—A 剖面图；(b) 径向图

1—#25 支承杆；2—变位螺钉 M16；3—千斤顶；4—井字架下横梁；5—千斤顶扁担梁；6—变位螺钉下担板；7—限位调平卡；8—变位螺钉上担板；9—千斤顶垫板

当纠正偏、扭时，只需将变位螺钉稍微松开，即可按要求的方向推动千斤顶使支承杆移动后，再将变位螺钉拧紧。通过改变支承S杆的方向，达到纠偏、纠扭的目的。

（5）顶轮纠偏控制法

顶轮纠偏方法是利用已滑出模板下口并具有一定强度的混凝土作为支点，通过改变顶轮纠偏装置的几何尺寸而产生一个外力，在滑升过程中，逐步顶移模板或平台，以达到纠偏的目的。纠偏撑杆可铰接于平台桁架上，如图1-8-83（*a*）所示；也可铰接于提升架上，如图1-8-83（*b*）所示。

顶轮纠偏装置由撑杆顶轮与花篮螺钉（或倒链）组成。撑杆的一端与平台桁架或提升架铰接。另一端安装一个轮子，并顶在混凝土墙面上。花篮螺丝（或倒链）一头挂在平台桁架的下弦上，另一头挂在顶轮的撑杆上。当收紧花篮螺丝（或倒链）时，撑杆的水平投影距离增加，使顶轮紧紧顶住混凝土墙面，在混凝土墙面的反力作用下，围圈桁架（包括操作平台、模板等）向相反方向移动。

（6）导向纠偏控制法

当发现操作平台的外墙中部联系较弱的部位产生圆弧状的外胀变形时，可通过限位调平器将整个平台调成锅底状，按照图1-8-84所示的方法进行校正。调整操作平台产生一

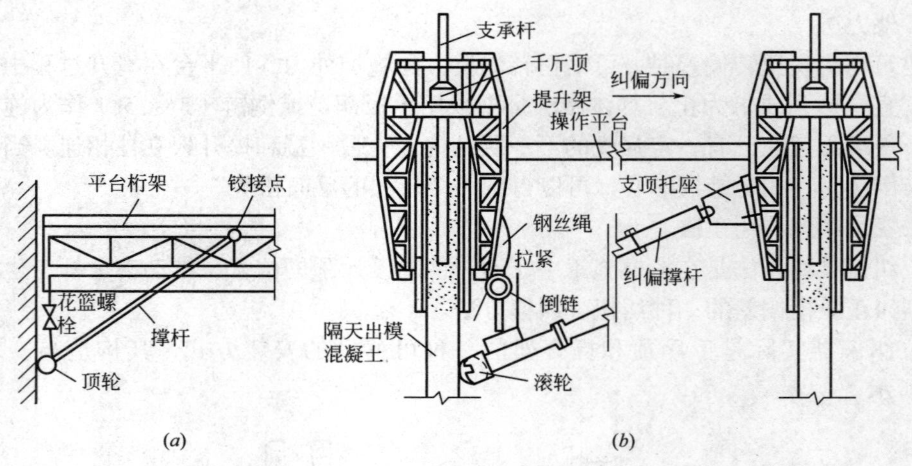

图 1-8-83 顶轮纠偏控制法

(a) 顶轮铰接于平台上；(b) 顶轮铰接于提升架上

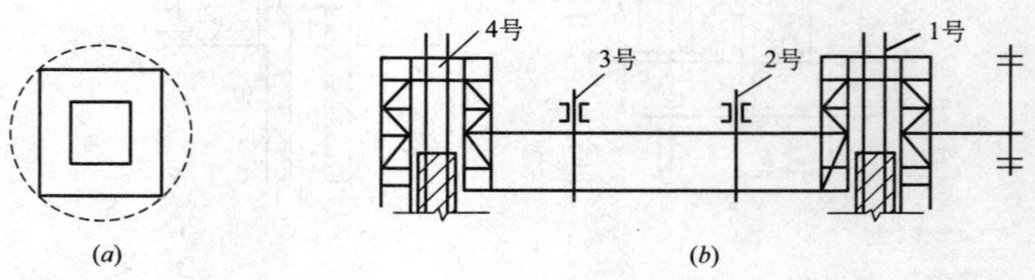

图 1-8-84 导向纠偏控制法

(a) 外墙中部外胀变形；(b) 将平台调成锅底状

个向内倾斜的趋势，使原来因构件变形而伸长的模板投影水平距离稍有缩短。同时，千斤顶的位置高差，使外筒的提升架（图中4号）也产生一定的倾斜，改变了原有的模板倾斜度，这样，利用模板的导向作用及平台自重产生的水平分力促使外胀的模板向内移位。同样，对局部偏移较大的部位，也可使用这种方法来改变模板倾斜度，使偏移得到纠正和控制。

8.2.3 爬模的施工工艺

它是以建筑物的钢筋混凝土墙体为支承主体，通过附着于已完成的钢筋混凝土墙体上的爬升支架或大模板，利用连接爬升支架与大模板的爬升设备，使一方固定，另一方做相对运动，交替向上爬升，以完成模板的爬升、下降、就位和校正等工作。该技术是最早采用并应用较广泛的一种爬模工艺。

1. 爬模的构造和主要部件

1）构造

爬升模板由大模板、爬升支架和爬升设备三部分组成（图1-8-85）。

2）模板

（1）与一般大模板相同，由面板、横肋、竖向大肋、对销螺栓等组成。面板一般用薄钢板，也可用木（竹）胶合板。横肋用［6.3槽钢。竖向大肋用［8或［10槽钢。横、竖肋

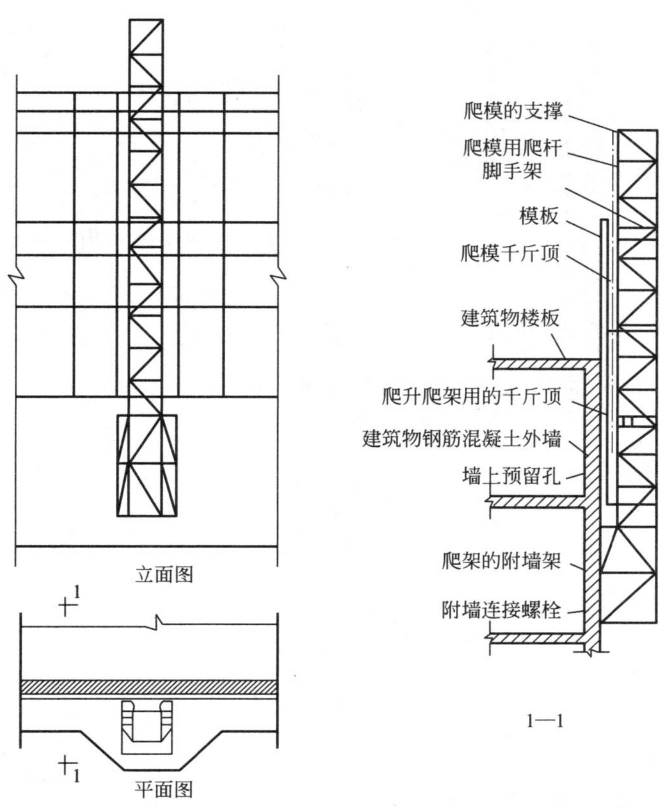

图 1-8-85　爬升模板构造

的间距按计算确定。

（2）模板的高度一般为建筑标准层高加 100 ~ 300mm（属于模板与下层已浇筑墙体的搭接高度，用于模板下端的定位和固定）。模板下端需增加橡胶衬垫，以防止漏浆。

（3）模板的宽度可根据一片墙的宽度和施工段的划分确定，可以是一个开间、一片墙或一个施工段的宽度。其分块要与爬升设备能力相适应。

（4）模板的吊点，根据爬升模板的工艺要求，应设置两套吊点，一套吊点（一般为两个吊环）用于分块制作和吊运时用，在制作时焊在横肋或竖肋上；另一套吊点是用于模板爬升，设在每个爬架位置，要求与爬架吊点位置相对应，一般在模板拼装时进行安装和焊接。

（5）模板附有以下装置。

①爬升装置。模板上的爬升装置是用于安装和固定爬升设备的。常用的爬升设备为倒链和单作用液压千斤顶。采用倒链时，模板上的爬升装置为吊环，其中用于模板爬升的吊环，设在模板中部的重心附近，为向上的吊环；用于爬架爬升的吊环设在模板上端，由支架挑出，位置与爬架重心相符，为向下的吊环。采用单作用液压千斤顶时，模板爬升装置分别为千斤顶座（用于模板爬升）和爬杆支座架（用于爬架爬升），如图 1-8-86 所示。模板背面安装千斤顶的装置尺寸应与千斤顶底座尺寸相对应。模板爬升装置为安装千斤顶的铁板，位置在模板的重心附近。用于爬架爬升的装置是爬杆的固定支架，安装在模板的顶

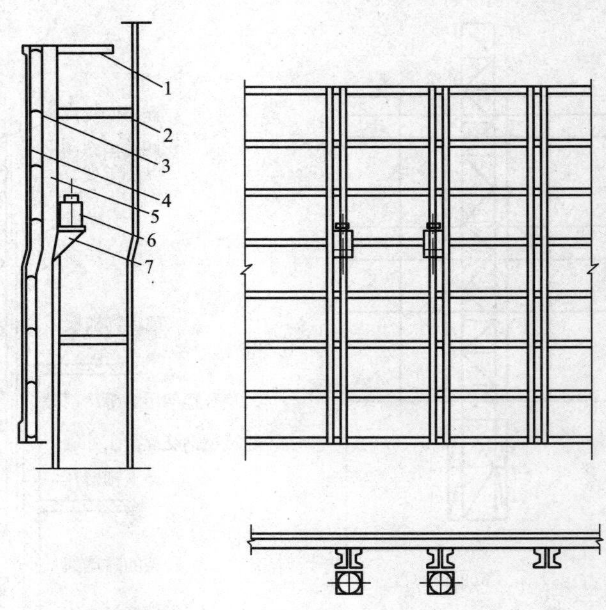

图 1-8-86　模板构造图

1—爬架千斤顶爬杆的支承架；2—脚手（立面和平面图未注）；3—横肋；4—面板；5—竖向大肋；6—爬模用千斤顶；7—千斤顶底座

端。因此，要注意模板的爬升装置与爬架爬升设备的装置要处在同一条竖直线上。

②外附脚手和悬挂脚手。外附支撑架和悬挂脚手设在模板外侧，供模板的拆模、爬升、安装就位、校正固定、穿墙螺栓安装与拆除、墙面清理和嵌塞穿墙螺栓等操作使用。脚手的宽度为600 ~ 900mm，每步高度为1800mm。

支撑架上下要有垂直登高设施，并应配备存放小型工具和螺栓的工具箱。在大模板固定后，要用连接杆件将大模板与支撑架连成整体。

（6）大模板如采用多块模板拼接，由于在模板爬升时，模板拼接处会产生弯曲和剪切应力，所以在拼接节点处应比一般大模板加强，可采用规格相同的短型钢跨越拼接缝，以保证竖向和水平方向传递内力的连续性。

3）爬升支架

爬升支架由立柱和底座组成。立柱用作悬挂和提升模板，结构必须牢靠，一般由角钢焊成方形桁架标准节，节与节用法兰螺栓连接。最低一节底端与底座也用法兰螺栓连接。底座承受整个爬升模板荷载，通过穿墙螺栓传送给下层已达到规定强度的混凝土墙体上（图1-8-87）。

爬升支架是承重结构，主要依靠底座固定在下层已有一定强度的钢筋混凝土墙体上，并随着施工层的上升而升高。其下部有水平起模支承横梁，中部有千斤顶座，上有挑梁和吊模扁担，主要起到悬挂模板、爬升模板和固定模板的作用。因此，要具有一定的强度、刚度和稳定性。

爬升支架的构造，应满足以下要求。

（1）爬升支架顶端高度，一般要超出上一层楼层高度0.8 ~ 1.0m，以保证模板能爬升

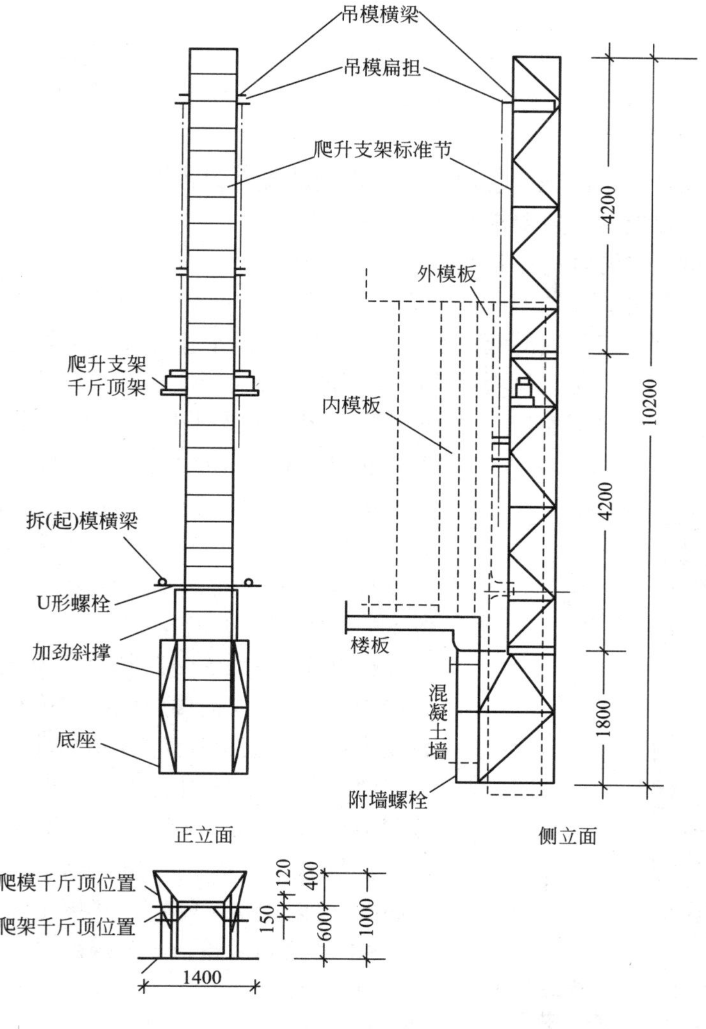

图 1-8-87　液压爬升模板构造及组装图

到待施工层位置的高度。

（2）爬升支架的总高度（包括附墙架），一般应为3 ~ 3.5个楼层高度，如层高为2.8m时，爬升支架的总高度为9.3 ~ 10m，其中附墙架应设置在待拆模板层的下一层。

（3）为了便于运输和装拆，爬升支架具有通用性和互换性，宜采取分段（标准节）组合用法兰盘连接为宜。为了便于操作人员在支承架内上下，支承架的尺寸不应小于650mm × 650mm，底座底部应设有操作平台，周围应设置防护设施，防止工具、螺栓等物件坠落。

（4）底座应采用不少于4只连接螺栓与墙体连接，螺栓的间距和位置尽可能与模板的穿墙螺栓孔相符，以便用该孔作为底座的固定连接孔。

底座的位置如果在窗口处，亦可利用窗台作支承。但底座的位置安装必须准确，防止模板安装时产生偏差。

（5）为了确保模板紧贴墙面，爬升支架的支架部分要离墙面0.4 ~ 0.5m，使模板在拆模、爬升和安装时，有一定的活动余地。

（6）吊模扁担、千斤顶架（或吊环）的位置，要与模板上的相应装置处在同一竖线上，以提高模板的安装精度，使模板或爬升支架能竖直向上爬升。

4）爬升动力设备

爬升的动力设备可以因地制宜地选用。常用的爬升设备有电动葫芦、倒链、单作用液压千斤顶等，其起重能力一般要求为计算值的2倍以上。

（1）倒链。倒链又称环链手拉葫芦。选用倒链时，除了起重能力应比设计计算值大一倍以外，还要使其起升高度比实际需要起升高度大0.5 ~ 1m，以便于模板或爬升支架爬升到就位高度时，尚有一定长度的起重倒链可以摆动，便于就位和校正固定。

（2）千斤顶和爬杆。可采用滑动模板采用的穿心式千斤顶。千斤顶的底盘与模板或爬升支架的连接底座，用4只M14 ~ M16螺栓固定。插入千斤顶的爬杆上端用螺栓挑架固定，安装后的千斤顶和爬杆应呈垂直状态。

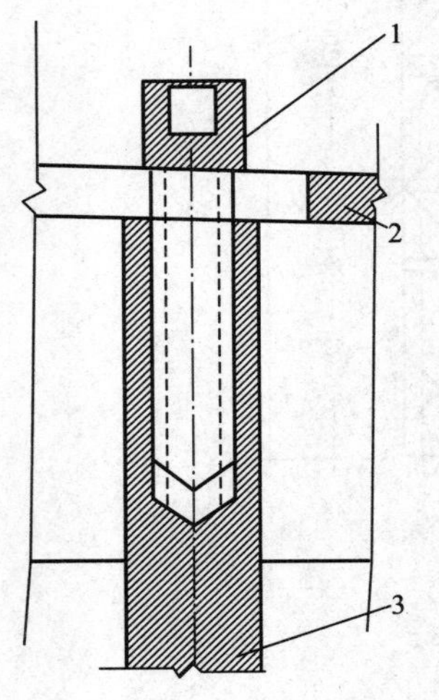

图1-8-88　千斤顶爬杆顶端连接图
1—M16 × 60 螺钉；2—有垫板的挑架；
3—顶端有 M16 × 60 螺孔的 ϕ25mm 爬杆

爬升模板用的千斤顶连接底座安装在模板背面的竖向大肋上，爬杆上端与爬升支架上挑架固定，当模板爬升就位时，从千斤顶顶部到爬杆上端固定位置的间距不应小于1m。

爬杆采用Q235钢，其直径为ϕ25（按千斤顶规格选用），长度根据楼层层高或模板一次要求升高的高度决定，一般爬升模板用的爬杆长度为4 ~ 5m。

由于采用单作用液压千斤顶，因此每爬升一个楼层或施工层后，需将爬杆向下全部抽掉，再重新从上部插入，这样爬杆顶端固定节点的直径应小于25mm，可采用M16螺钉加垫板（图1-8-88）。

5）油路和电路

（1）油路

爬模爬升一个楼层高度需要千斤顶进行100多个冲程，且是连续进行，因此要求油泵车的速度较快，要按照爬升模板的特点设计制造。如图1-8-89所示，是油泵车和千斤顶连接油路图。

当f11电磁线圈通电时，向右吸动阀体杆，打通阀的进油嘴的通路，工作油进入千斤顶，即可发动向上爬升。当f12电磁线圈通电时，向左吸动阀体杆，打通阀排油嘴的通路，千斤顶排油；在中位时，进、排油嘴形成通路，油直接回油箱。

（2）电路

由于爬升一个层高的高度，千斤顶需进、排油100多次，为了减少千斤顶的升差，使进、回油时间最短，使每个千斤顶（特别是负荷最大、线路最远处的千斤顶）进油时的冲程和排油的回程都充分，为此在爬模所用电路中，需要装置一套自动控制线路（图1-8-90）。

当第一次由手工启动K2，千斤顶负载爬升，冲程终了时油压再次上升，B触点接通启动排油，Js进入计时（检查最远处千斤顶回程是否终了，予以调整），进入千斤顶自动进油、排油程序。当需要中止或停止时，断开K3，回复手控程序。

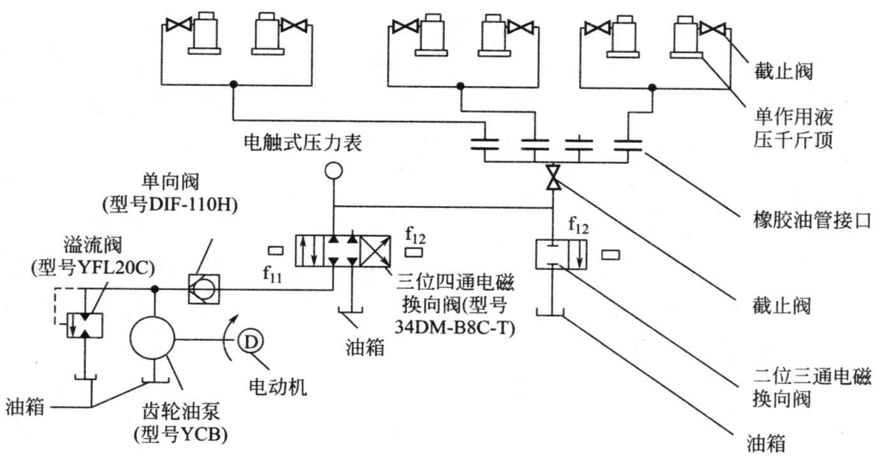

图 1-8-89　单作用液压千斤顶油泵车油路图

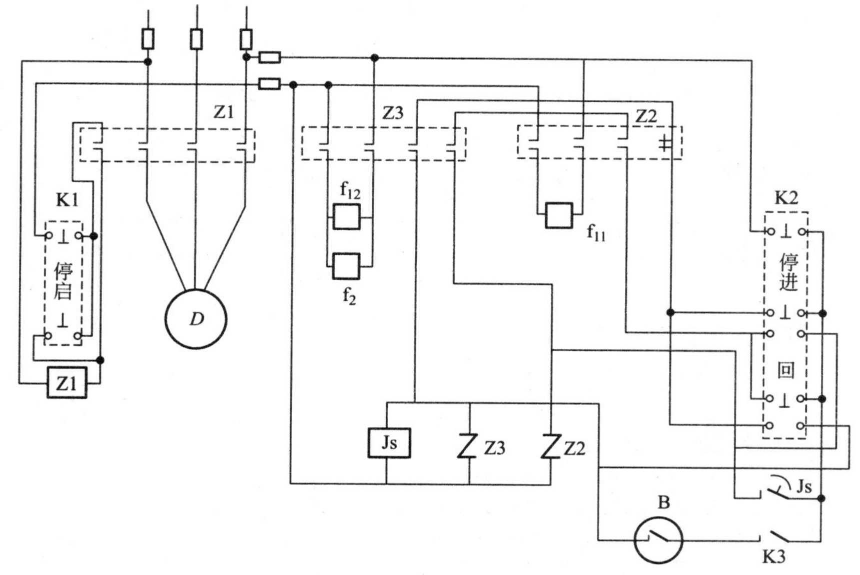

图 1-8-90　单作用液压千斤顶自控线路图

K1—油泵电动机启停开关；K2—电磁换向阀控制开关；K3—自动线路断开接通开关；
Z1—油泵电动机接触器；Z2—电磁阀进油接触器；Z3—电磁阀回油接触器；
Js—时间继电器；B—电触式压力表

2. 爬升模板的配置

1）模板配置原则

（1）根据制作、运输和吊装的条件，尽量做到内、外墙均做成每间一整块大模板，以便于一次安装、脱模、爬升。

（2）内墙大模板可按建筑物施工流水段用量配置，外墙内、外侧模板应配足一层的全部用量。

（3）外墙外侧模板的穿墙螺栓孔和爬升支架的附墙连接螺栓孔应与外墙内侧模板的螺

栓孔对齐。

（4）爬升模板施工一般从标准层开始。如果首层（或地下室）墙体尺寸与标准层相同，则首层（或地下室）先按一般大模板施工方法施工，待墙体混凝土达到要求强度后，再安装爬升支架，从二层（或首层）开始进行爬升模板施工。

2）爬升支架配置原则

（1）爬升支架的设置间距要根据其承载能力和模板重量而定，一般一块大模板设置2个或1个。每个爬升支架装有2只液压千斤顶（或2只倒链），每个爬升设备的起重能力为10 ~ 15kN，故每个爬升支架的承载能力为20 ~ 30kN。而模板连同悬挂脚手的重力为3.5 ~ 4.5kN/m，所以爬升支架间距为4 ~ 5m。

（2）爬升支架的附墙架宜避开窗口固定在无洞口的墙体上。如必须设在窗口位置，最好在附墙架上安装活动牛腿搁在窗台上，由窗台承受从爬升支架传来的垂直荷载，再用螺栓连接以承受水平荷载。

（3）附墙架螺栓孔应尽量利用模板穿墙螺栓孔。

（4）爬升支架附墙架的安装，应在首层（或地下室）墙体混凝土达到一定强度（10N/mm^{2}以上）并拆模后进行，但墙体需预留安装附墙架的螺栓孔，且其位置要与上面各层的附墙架螺栓孔位置处于同一垂直线上。爬升支架安装后的垂直偏差应控制在h/1000以内。

3. 施工工艺

爬架施工工艺流程如图1-8-91所示。

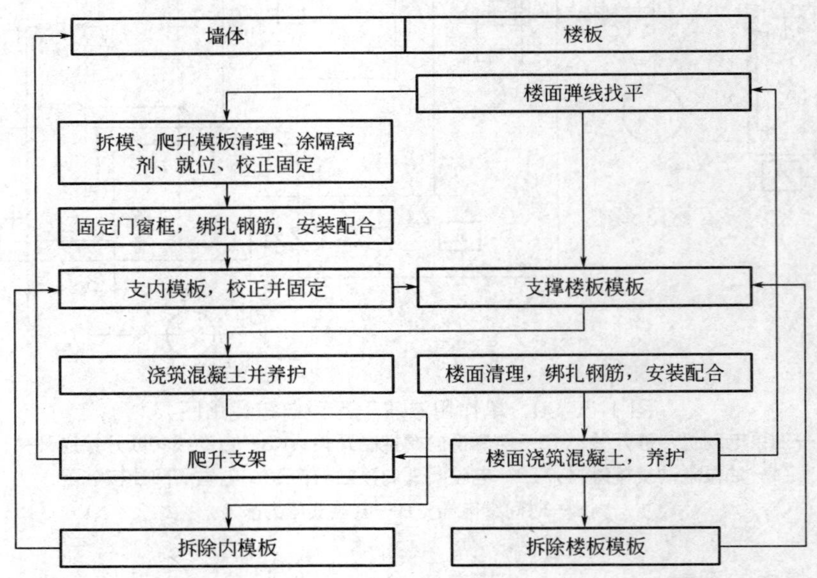

图1-8-91 爬架施工工艺流程

1）爬升模板安装

（1）进入现场的爬升模板系列（大模板、爬升支架、爬升设备、支撑架及附件等），应按施工组织设计及有关图纸验收，合格后方可使用。

（2）检查工程结构上预埋螺栓孔的直径和位置是否符合图纸要求。有偏差时应在纠正后可安装爬升模板。

（3）爬升模板的安装顺序是：底座、立柱、爬升设备、大模板。

（4）底座安装时，先临时固定部分穿墙螺栓，待校正标高后，方可固定全部穿墙螺栓。

（5）立柱宜采取在地面组装成整体，在校正垂直度后再固定全部与底座相连接的螺栓。

（6）模板安装时，先加以临时固定，待就位校正后，方可正式固定。

（7）安装模板的起重设备，可使用工程施工的起重设备。

（8）模板安装完毕后，应对所有连接螺栓和穿墙螺栓进行紧固检查，并经试爬升验收合格后，方可投入使用。

（9）所有穿墙螺栓均应由外向内穿入，在内侧紧固。

2）爬升

（1）爬升前，首先要仔细检查爬升设备的位置、牢固程度、吊钩及连接杆件等项，在确认符合要求后方可正式爬升。

（2）正式爬升前，应先拆除与相邻大模板及支撑架间的连接杆件，使各个爬升模板单元系统分开。

（3）爬升时应先收紧千斤钢丝绳，然后拆卸穿墙螺栓。在爬升大模板时拆卸大模板的穿墙螺栓，在爬升支架时拆卸底座的穿墙螺栓。同时还要检查卡环和安全钩。调整好大模板或爬升支架的重心，使其能够保持垂直，防止晃动与扭转。

（4）爬升时操作人员站立的位置一定要安全，不准站在爬升件上，而应站在固定件上。

（5）爬升时要稳起、稳落和平稳地就位，防止大幅度摆动和碰撞。要注意不要使爬升模板被其他构件卡住，若发现此现象，应立即停止爬升，待故障排除后，方可继续爬升。

（6）每个单元的爬升，应在一个工作台班内完成，不宜中途交接班，更不允许隔夜再爬升。爬升完毕应及时固定。

（7）遇六级以上大风，一般应停止作业。

（8）爬升完毕后，应将小型机具和螺栓收拾干净，不可遗留在操作架上。

3）拆除

（1）拆除爬升模板，要有拆除方案，并应由技术负责人签署意见，并向有关人员交底后方可实施。

（2）拆除时要设置警戒区。要有专人统一指挥、专人监护，严禁交叉作业。拆下的物件，要及时清理运走。

（3）拆除时要先清除支撑架上的垃圾杂物，拆除连接杆件，经检查安全可靠后，方可大面积拆除。

（4）拆除爬升模板的顺序是：爬升设备→大模板→爬升支架。

（5）拆除爬升模板的设备，可利用施工用的起重机，也可在屋面上装设人字形拔杆或台灵架，进行拆除。

（6）拆下的爬升模板要及时清理、整修和保养，以便重复利用。

4）其他

（1）组合并安装好的爬升模板、金属件要涂刷防锈漆，板面要涂刷隔离剂。以后每爬升一次，均要同样清理一次，并要检查下端防止漏浆的橡皮压条是否完好。

（2）所有穿墙螺栓孔都应安装螺栓。如因特殊情况个别螺栓无法安装时，必须采取有效地处理措施。所有螺栓都必须以40 ~ 50N・m的扭矩紧固。

（3）绑扎钢筋时，要注意穿墙螺栓的位置及其固定要求。

（4）内模安装就位并拧紧穿墙螺栓后，要及时调整内、外模的垂直度，使其符合要求。

（5）每层大模板的安装，均应严格按弹线位置就位，并注意标高，层层调整。

（6）爬升时，要求穿墙螺栓受力处的混凝土强度达$10N/mm^2$。

5）安全要求

（1）爬模施工中所有的设备必须按照施工组织设计的要求配置。施工中要统一指挥，并要设置警戒区与通信设施，要做好原始记录。

（2）穿墙螺栓与建筑结构的紧固，是保证爬升模板安全的重要条件。一般每爬升一次应全数检查一次，用扭力扳手测其扭矩，保证符合40 ~ 50N・m。

（3）爬模的特点是：爬升时分块进行，爬升完毕固定后又连成整体。因此，在爬升前必须拆掉相互间的连接件，使爬升时各单元能独立爬升。爬升完毕应及时安装好连接件，保证爬升模板固定后的整体性。

（4）大模板爬升或支架爬升时，拆除穿墙螺栓都是在支撑架上或爬架上进行的，因此必须设置围护设施。拆下的穿墙螺栓要及时放入专用箱，严禁随手乱放。

（5）爬升中吊点的位置和固定爬升设备的位置不得随意更动。固定的方式和方法也必须安全可靠，操作方便。

（6）在安装、爬升和拆除过程中，不得进行交叉作业，且每一单元不得任意中断作业。不允许爬升模板在不安全的状态下过夜。

（7）作业中出现障碍时，应立即查清原因，在排除障碍后方可继续作业。

（8）支撑架上不应堆放材料，支撑架上的垃圾要及时清除。如临时堆放少量材料或机具，必须及时取走，且不得超过设计荷载的规定。

（9）倒链的链轮盘、倒卡和链条等，如有扭曲或变形，应停止使用。操作时不准站在倒链正下方。如重物需要在空间停留较长时间时，要将小链拴在大链上，以免滑移。

（10）不同组合和不同功能的爬升模板，其安全要求也不相同，因此应分别制定安全措施。

8.3 清水混凝土模板的施工工艺

8.3.1 清水混凝土模板施工工艺流程

清水混凝土模板施工工艺流程如图1-8-92所示。

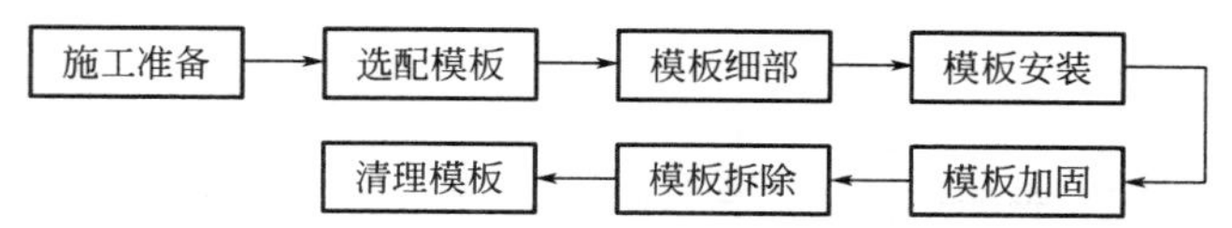

图 1-8-92　清水混凝土模板施工工艺流程图

8.3.2　主要施工方法

1. 施工准备

1）在模板配板前，应对施工图纸梁柱板的构件尺寸进行统计，绘制配模图；以使配板过程中，模板的种类和块数以最少的节约材料，方便施工。

2）配板前，首先了解施工组织设计对施工区段的划分、施工工期和流水段的安排，并明确需要配制模板的层段数量。模板的组装方法可以根据工程情况和现场施工条件而定。

3）明确支撑系统的布置、连接和固定方法。

4）进行夹箍和支撑件等的设计计算和选配工作。

5）确定预埋件的固定方法、管线埋设方法以及特殊部位的处理方法。

6）根据所需模板、连接件、支撑及架设工具等列出统计表，以便备料。

2. 选配模板

1）面板宜竖向布置，也可横向布置，但不得双向布置。当整块胶合板排列后，若尺寸不足时，宜采用大于600mm宽胶合板补充，设于中心位置或对称位置。当采用整张排列后出现较小余数时，应调整胶合板规格或分割尺寸。

2）以钢板为面板的模板，其面板分割缝宜竖向布置，一般不设横缝，当钢板需竖向接高时，其模板横缝应在同一高度。在一块大模板上的面板分割缝应做到均匀对称。

3）在非标准层，当标准层模板高度不足时，应拼接同标准层模板等宽的接高模板，不得错缝排列。

4）建筑物的明缝和蝉缝必须水平交圈，竖缝垂直。

5）圆柱模板的两道竖缝应设于轴线位置，竖缝方向群柱一致。

6）方柱或矩形柱模板一般不设竖缝，当柱宽较大时，其竖缝宜设于柱宽中心位置。

7）柱模板横缝应从楼面标高至梁柱节点位置作均匀布置，余数宜放在柱顶。

8）阴角模与大模板面板之间形成的蝉缝，要求脱模后效果同其他蝉缝。

9）水平结构模板宜采用木胶合板作面板，应按均匀、对称、横平竖直的原则做排列设计；对于弧形平面，宜沿径向辐射布置（图1-8-93）。

3. 模板制作节点处理

1）胶合板模板阴阳角

（1）胶合板模板在阴角部位宜设置角模。角模与平模的面板接缝处为蝉缝，边框之间可留有一定间隙，以利脱模。

（2）角模棱角边的连接方式有两种：一种是角模棱角处面板平口连接，其中外露端刨光并涂上防水涂料，连接端刨平并涂防水胶粘结，如图1-8-94（*a*）所示。另外一种角模棱角处面板的两个边端都为略小于45°的斜口连接，斜口处涂防水胶粘结，如图1-8-94

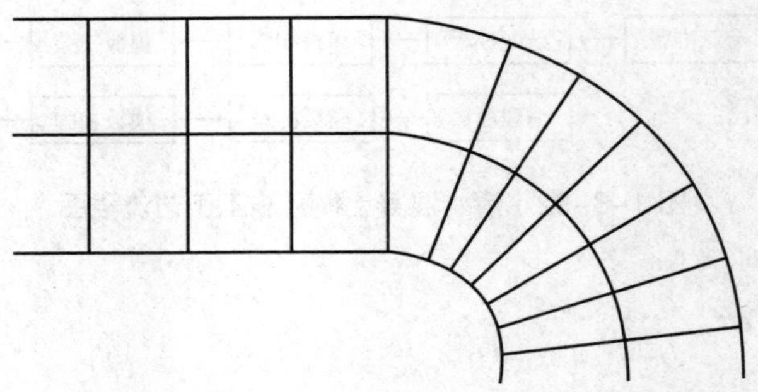

图 1-8-93　水平模板排列图

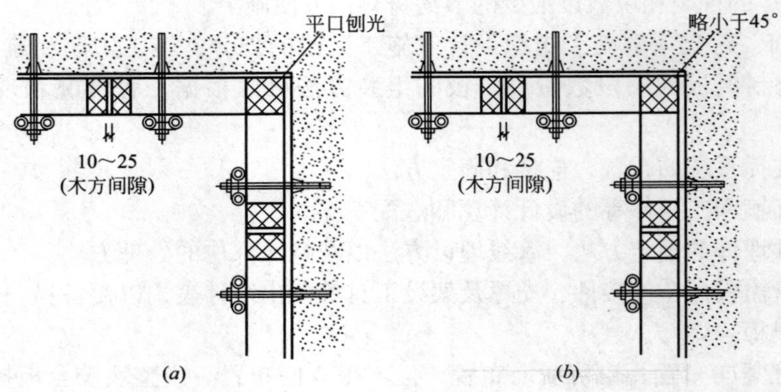

图 1-8-94　阴角部位设角模做法
(a) 平口连接；(b) 斜口连接

(b) 所示。

（3）当选用轻型钢木模时，阴角模宜设计为柔性角模。

（4）胶合板模板在阴角部位可不设阴角模，采取棱角处面板的两个边端略小于45° 的斜口连接，斜门处涂防水胶粘结。

（5）在阳角部分不设阳角模，采取一边平模包住另一边平模厚度的做法，连接处加海绵条防止漏浆。

2）模板细部处理

（1）胶合板面板竖缝设在竖肋位置，面板边口刨平后，先固定一块，在接缝处满涂透明胶，后一块紧贴前一块连接。根据竖肋材料的不同，其剖面形式也不同，如图1-8-95所示。

（2）胶合板面板水平缝拼缝宽度不大于1.5mm，拼缝位置一般无横肋（木框模板可加短木方），为防止面板拼缝位置漏浆，模板接缝处背面切85° 坡口，并注满胶，然后用密封条沿缝贴好，贴上胶带纸封严，模板拼缝做法如图1-8-96所示。

（3）钢框胶合板模板可在制作钢骨架时，在胶合板水平缝位置增加横向扁钢，面板边口之间及面板与扁钢之间涂胶粘结（图1-8-97）。

（4）全钢大模板在面板水平缝位置，加焊扁钢，并在扁钢与面板的缝隙处刮铁腻子，待铁腻子干硬后模板背面再涂漆。

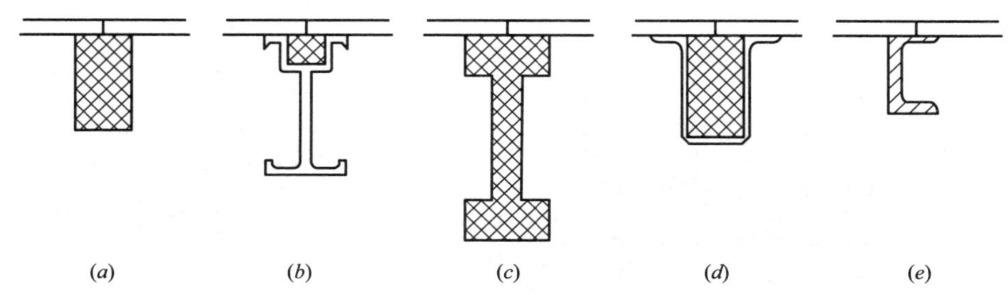

图 1-8-95　模板拼缝做法
(a) 木方；(b) 铝梁；(c) 木梁；(d) 钢木肋；(e) 钢模板梢钢肋

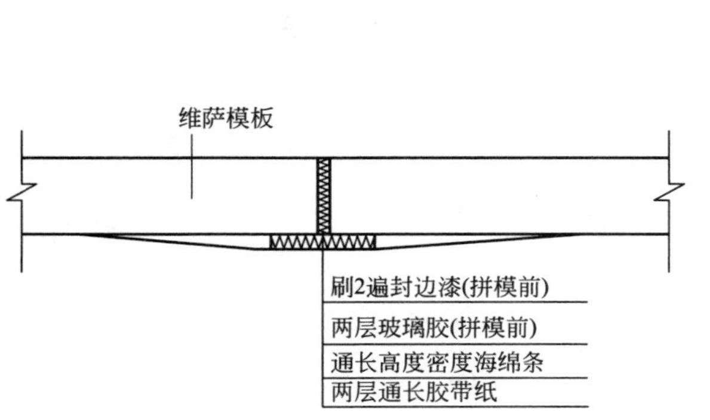

图 1-8-96　模板拼缝做法

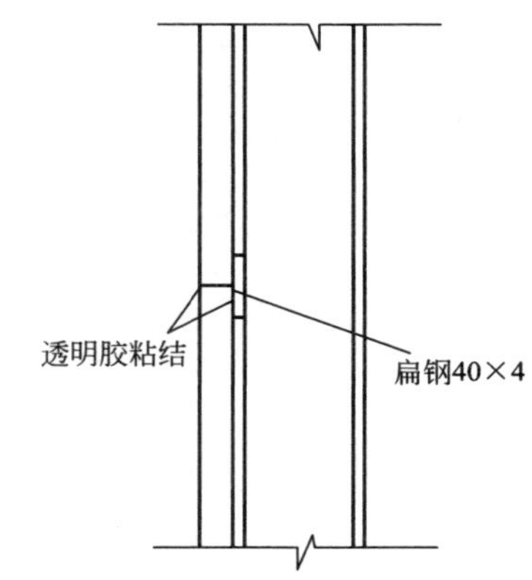

图 1-8-97　钢框胶合板水平蝉缝

3）钉眼的处理

（1）龙骨与胶合板面板的连接，宜采用木螺钉从背面固定，保证进入面板一定的有效深度，螺钉间距宜控制在150mm×300mm以内。

（2）圆弧形等异形模板，如从反面钉钉难以保证面板与龙骨的有效连接时，面板与龙骨可采用沉头螺栓、抽芯拉铆钉正钉连接，为减少外露印迹，钉头下沉1 ~ 2mm，表面刮铁腻子，待腻子表面平整后，在钉眼位置喷清漆，以免在混凝土表面留下明显痕迹。龙骨与面板连接如图1-8-98、图1-8-99所示。

4）对拉螺栓

对拉螺栓可采用直通型穿墙螺栓，或者采用锥接头和三节式螺栓。

（1）对拉螺栓的排列。对于设计明确规定蝉缝、明缝和孔眼位置的工程，模板设计和对拉螺栓孔位置均以工程图纸为准。木胶合板采用900mm×1800mm或1200mm×2400mm规格，孔眼间距一般为450mm、600mm、900mm，边孔至板边间距一般为150mm、225mm、300mm，孔眼的密度比其他模板高。对于无孔眼位置要求的工程，其孔距按大模板设置，一般为900 ~ 1200mm。

（2）穿墙螺栓采用由2个锥形接头连接的三节式螺栓，螺栓宜选用T16×6 ~ T20×6冷挤压螺栓，中间一节螺栓留在混凝土内，两端的锥形接头拆除后用水泥砂浆封堵，并用专用的封孔模具修饰，使修补的孔眼直径和孔眼深度一致。

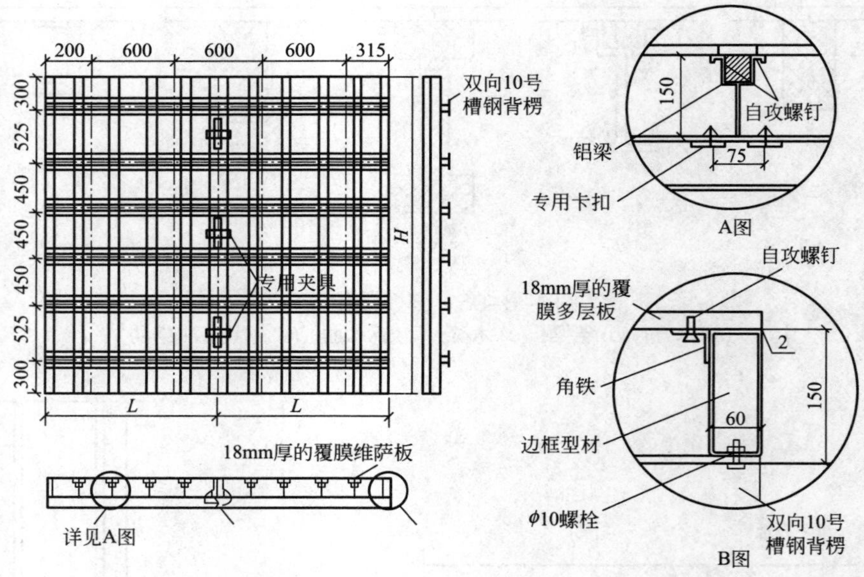

图 1-8-98　龙骨与面板连接示意图

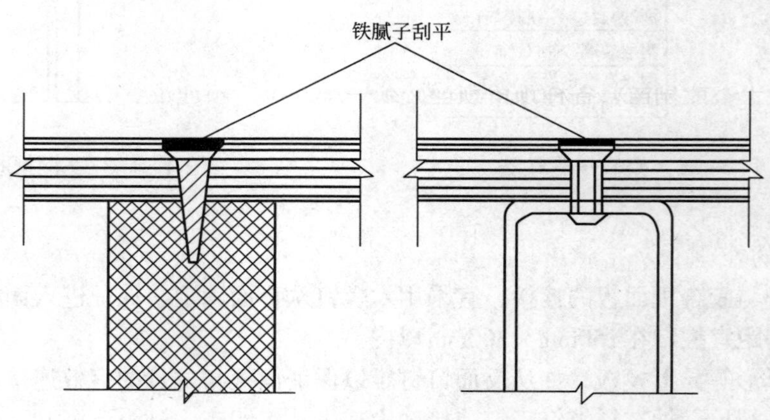

图 1-8-99　面板钉眼处理示意图

(*a*) 木蛛钉；(*b*) 袖芯拉铆钉

这种做法有利于外墙防水，但要求锥形接头之间尺寸控制准确，面板与锥截面紧贴，防止接头处因封堵不严产生漏浆现象。

（3）穿墙螺栓采用可周转的对拉螺栓，在截面范围内螺栓采用塑料套管，两端为锥形堵头和胶粘海绵垫。拆模后，孔眼封堵砂浆前，应在孔中放入遇水膨胀防水胶条，砂浆用专用模具封堵修饰。

（4）内墙采用大模板时，锥形螺栓所形成的孔眼采用砂浆封堵平整，不留凹槽作装饰。

（5）当防水没有要求，或其他防水措施有保障时，可采用直通型对拉螺栓。拆模后，孔眼用专用模具砂浆封堵修饰。其组合图如图 1-8-100所示。

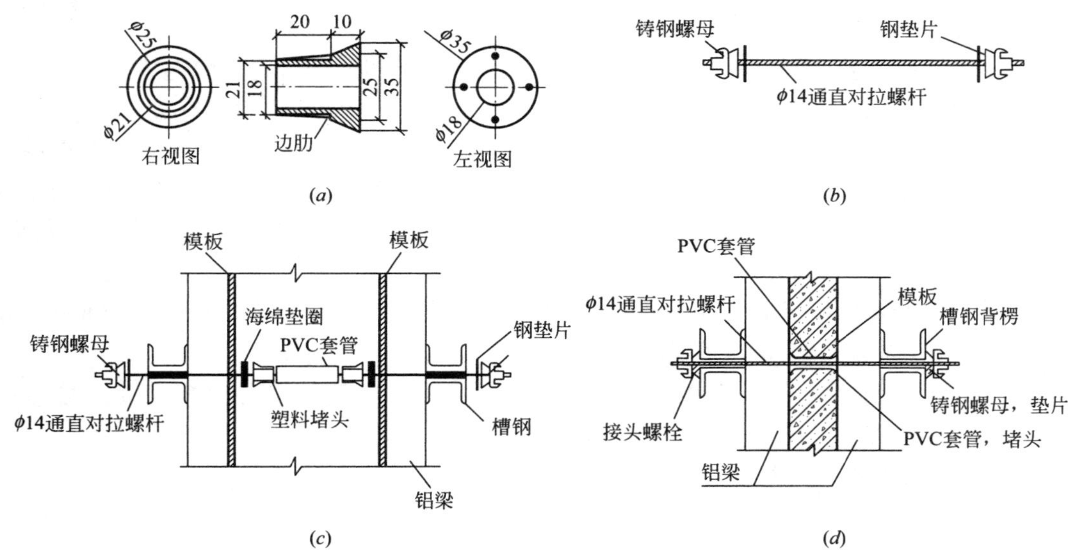

图 1–8–100　直通型对拉螺栓组合图

(*a*) 塑料堵头剖面；(*b*) 对拉螺杆配件图；(*c*) 对拉螺栓组装示意图；(*d*) 对拉螺栓安装成品示意图

5）预埋件的处理

清水混凝土不能剔凿，各种预留预埋必须一次到位，预埋位置、质量符合要求，在混凝土浇筑前对预埋件的数量、部位、固定情况进行仔细检查，确认无误后，方可浇筑混凝土。

6）假眼做法

清水混凝土的螺栓孔布设必须按设计的效果图，对于部分墙、梁、柱节点等由于钢筋密集，或者由于相互两个方向的对拉螺栓在同一标高上，无法保证两个方向的螺栓同时安装，但为了满足设计需要，需要设置假眼，假眼采用同直径的堵头、同直径的螺杆固定。

4. 模板的安装

1）根据预拼编号进行模板安装，保证明缝、蝉缝的垂直交圈，吊装时，注意对钢筋及塑料卡环的保护。

2）套穿墙螺栓时，必须调整好位置后轻轻入位，保证每个孔位都加塑料垫圈，避免螺栓损伤穿墙孔眼。模板紧固前，保证面板对齐，拧紧对拉螺栓。加固时，用力要均匀，避免模板产生不均匀变形。严禁在面板校正前加固。

3）模板水平之间的连接：

（1）木梁胶合板模板之间可采取加连接角钢的做法，相互之间加海绵条，用螺栓连接；也可采用背楞加芯带的做法，面板边口刨光，木梁缩进5 ~ 10mm，相互之间连接靠芯带、钢楔紧固。

（2）以木方作边框的胶合板模板，采用企口方式连接，一块模板的边口缩进25mm，另一块模板边口伸出35 ~ 45mm，连接后两木方之间留有10 ~ 20mm拆模间隙，模板背面以多48mm × 3.5mm钢管作背楞。

（3）铝梁胶合板模板及钢木胶合板模板，设专用空腹边框型材，同空腹钢框胶合板一样采用专用卡具连接。

（4）实腹钢框胶合板模板和全钢大模板，均采用螺栓进行模板之间的连接。

4）模板上下之间的连接：

（1）混凝土浇筑施工缝的留设宜同建筑装饰的明缝相结合，即将施工缝设在明缝的凹槽内。清水混凝土模板接缝深化设计时，应将明缝装饰条同模板结合在一起。当模板上口的装饰线形成N层墙体上口的凹槽，即作为N+1层模板下口装饰线的卡座，为防止漏浆，在结合处贴密封条和海绵条。

（2）木胶合板面板上的装饰条宜选用铝合金、塑料或硬木等制作，宽20 ~ 30mm，厚20mm左右，并做成梯形，以利脱模。

（3）钢模板面板上的装饰线条用钢板制作，可用螺栓连接也可塞焊连接，宽30 ~ 60mm，厚5 ~ 10mm，内边门刨成45° 。

5）明缝与楼层施工缝：

明缝处主要控制线条的顺直和明缝条处下部与上部墙体的错台问题，利用施工缝作为明缝，明缝条采用二次安装的方法施工。

外墙模板的支设是利用下层已浇混凝土墙体的最上一排穿墙孔眼，通过螺栓连接槽钢来支撑上层模板。安装墙体模板时，通过螺栓连接，将模板与已浇混凝土墙体贴紧，利用固定于模板板面的装饰条（明缝条），杜绝模板下边沿错台、漏浆，贴紧前将墙面清理干净，以防墙面与模板面之间夹渣，产生漏浆现象，明缝与楼层施工缝具体做法如图1-8-101所示。

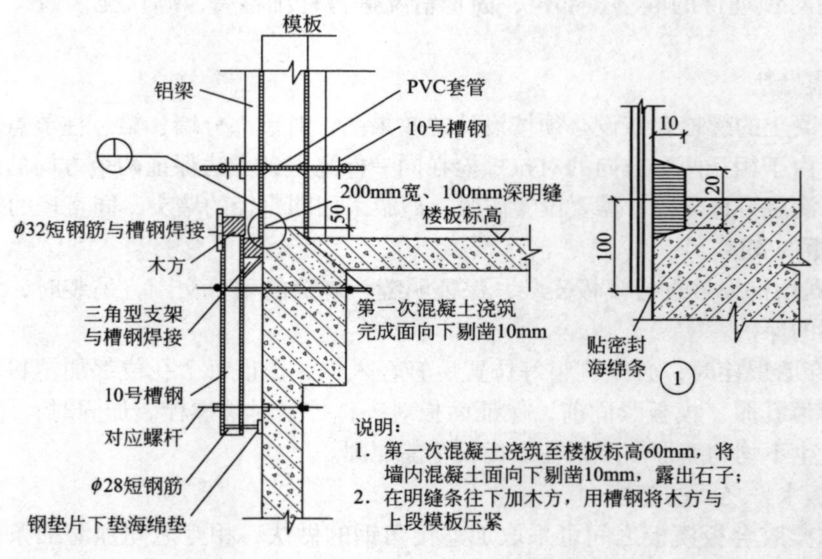

图 1-8-101　明缝与楼层施工节点做法图

6）木制大模板穿墙螺栓安装处理：

（1）锥体与模板面接触面积较大，中间加海绵垫圈保证不漏浆。五节锥体、丝杆均为定尺带限位机构，拧紧即可保证墙体厚度，此处不用加顶棍（图1-8-102）。

（2）锥体对拉螺栓刚度较大，而胶合板面刚度较小，在锥体螺栓部位易产生变形，故在锥体对拉螺栓两侧加设竖龙骨，其他竖龙骨进行微调，控制龙骨间距不超过设计要求，从而保证板面平整。模板背面处理如图 1-8-103 所示。

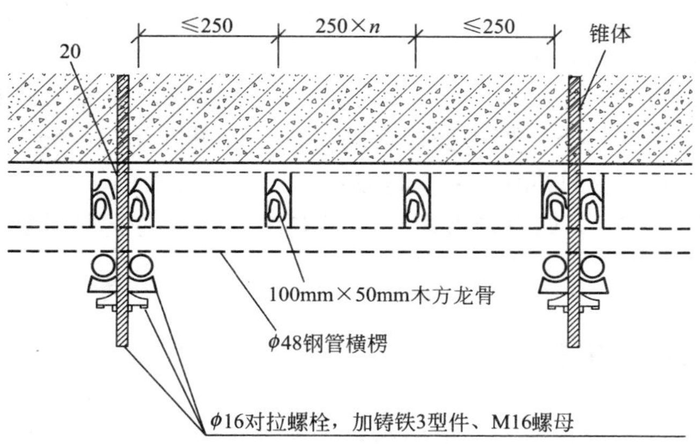

图 1-8-102　模板穿对拉螺栓图

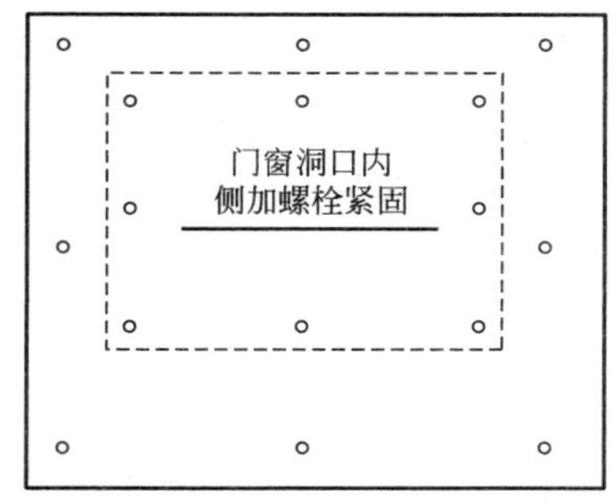

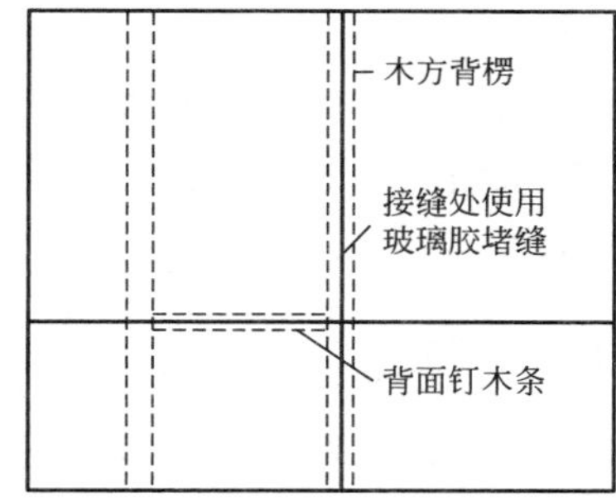

图 1-8-103　模板背面处理图

（3）为保证门窗洞口模板与墙模接触紧密，又不破坏对拉螺栓孔眼的排布，在门窗洞口四周加密墙体对拉螺栓，从而保证门窗洞口处不漏浆。

（4）穿墙螺栓孔弹线确定位置，双侧模板螺栓孔位置对应，保证穿墙螺栓孔美观无偏移，模板拉接紧密。

5. 模板拆除

1）模板拆除的顺序和方法，应按照配板设计的规定进行，遵循先支后拆，先非承重部位，后承重部位以及自上而下的原则。拆模时，严禁用大锤和撬棍硬砸、硬撬。

2）拆模时，工作人员应站在安全处，以免发生事故，待该段模板全部拆除后，方准将模板、配件、支架等运出堆放。

3）拆下的模板、配件等，严禁抛扔，要有人接应传递，按指定地点堆放，并做到及时清理、维修和涂刷好隔离剂，以备待用。

4）拆除竖直面模板，应自上而下进行；拆除跨度较大的梁下支柱时，应先从跨中开始，分别拆向两端。

5）拆除柱、墙模板以及梁的侧模时，应先分块或分段拆除其支撑、卡具及连接件，然后拆除模板。如模板与混凝土粘结较紧，可用木槌敲击模板使之松动，然后拉下，不得乱砸。

6）拆除梁、楼板底模时，应先松动木模或降低支架，然后逐块或分块拆除，拆除的模板用绳吊至地面，不得从高空扔下。

7）多层楼板支柱的拆除应按下列要求进行：上层楼板正在浇筑混凝土时，下一层楼板的模板支柱不得拆除，再下一层楼板模板的支柱，仅可拆除一部分；跨度为4m或4m以上的梁下均应保留支柱，支柱间距不得大于3m。

8）在拆除模板过程中，如发现混凝土有影响结构安全的质量问题，应暂停拆除，经过处理后，方可继续拆除。

8.4 曲面模板的施工工艺

随着建筑设计师们对建筑形态、视觉效果完美的不断追求，过去呆板的立面设计已经被越来越多灵活多变的异形设计代替，椭圆形、圆形、弧形等结构形式广泛应用于各类建筑当中，各种形式的弧形梁的不断涌现，为其施工带来了一定的难度。包括弧形梁在截面上的变化、整体外观形式上的变化、表面清水效果的要求，及模板加固形式的独特要求，均会给钢筋、模板的加工和安装增加难度。为了保证工程质量、观感效果及工期要求，墙体模板的施工成为关键，只有严格控制墙模板的支设和几何尺寸，才能保证施工完成后形成完美的圆弧曲线。

8.4.1 施工工艺流程

曲面模板施工工艺流程详如图1-8-104所示。

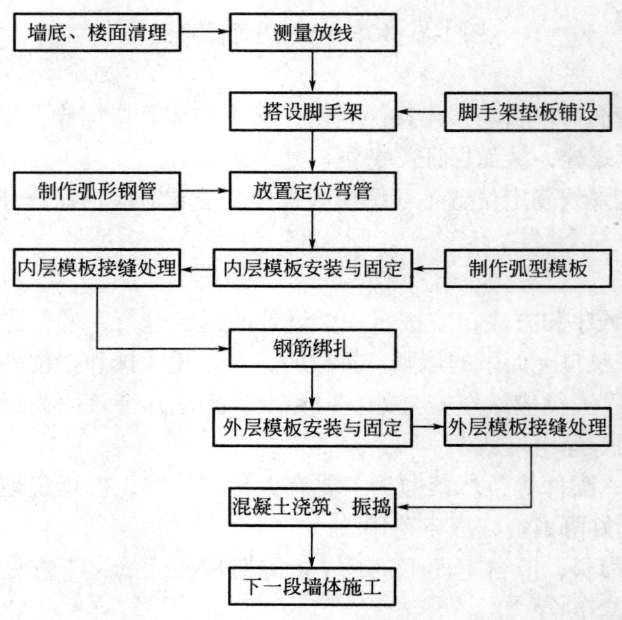

图1-8-104 曲面墙体施工工艺流程图

8.4.2 弧形模板的放样

1. 运用CAD计算数据及制图

运用CAD技术，对每条弧形墙、梁进行精确计算，绘制弧墙、梁的大样图，并详细标注每条墙、梁的具体参数（如跨度、弧度等）。

2. 实地放样

1）使用CAD绘图软件，以圆心为起点，根据图示数据，利用相对坐标法绘制出圆弧形结构放样图。

2）根据CAD绘制出的放样图，对每条椭圆弧进行等分取点，并在图上标注好每个等分点的位置（等分点距离不宜大于500mm，否则圆弧线误差就越大）。

3）然后按其等分点的相对位置实地放样，最后将放样各点顺滑连接起来，即可得出所求的圆弧。等分点越多，所做的圆弧线就越精确。

4）放样顺序：由内圈第一道圆弧开始，逐步向外圈进行。并且每道圆弧放样按顺时针方向进行。

3. 弧形模板制作

根据CAD计算出的数据，采用木夹板散拼的方式，根据放样出的圆弧线实地进行模板拼接。

8.4.3 主要施工要点

1. 墙底楼面处理

在曲面墙施工前，要把欲搭设支撑架的楼面清理干净，应保证支撑架垫板下平整以使楼面受力均匀。

2. 测量放线

弹出内墙轮廓线在一层楼面上的投影线，按弧长约为450mm分割组合弧线段并过分割点做墙体的平行线。在各平行线与弧线段交点处标出弧形钢定位管落地位置（留出模板间距）。

3. 搭设支撑架

内排架为沿弧线段搭设，支撑架搭设宜近似沿小圆弧轴向布置。支撑架搭设如图1–8–105所示。

4. 弧形定位钢管制作与安装

将支撑架用钢管弯成曲线墙形状圆弧，选用的钢管要直，弯折后钢管轴线要在一个平面内。将弧形管放置准确并固定。

由于定位管间距小，为便于施工操作，定位管可先按间距900mm安装，待内模板铺设完成后再安装剩余定位管。

5. 内外层模板安装

将3 ~ 5块模板拼接，并用钉子加固，按曲面墙弧度弯折后放置于定位钢管上固定。在铺设模板时，模板沿宽度方向连接。由于墙体呈弧形，模板在搭接时都会有较大的缝隙，需采用胶条封闭以防后续混凝土浇筑形成缺陷。

模板的调整固定同胶合板模板施工工艺。

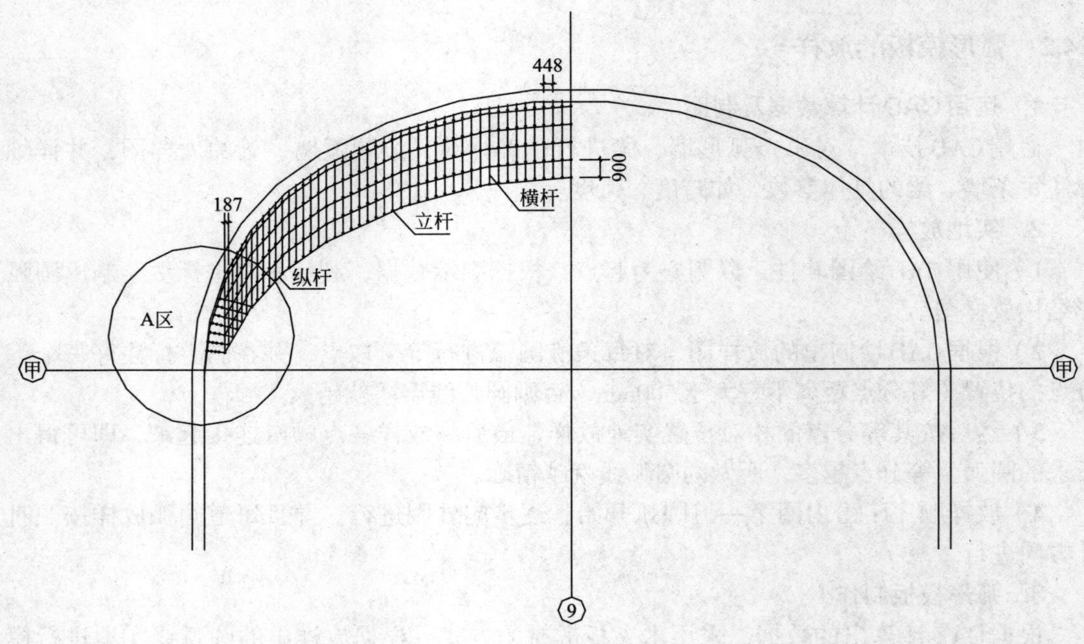

图 1-8-105　支撑架搭设示意图

6. 模板拆除

曲面墙模板拆除应在整个墙体浇筑完成，混凝土达到设计强度的85%，并会同监理复检合格后方可进行。

第9章　模板质量控制及验收

模板质量控制及验收应有相应的施工技术标准，健全的模板质量管理体系、模板施工质量检验制度和综合施工质量水平考核制度。模板工程采用的材料、配件、器具和设备应进行现场验收；模板要有足够的强度、刚度和稳定性，保证施工中不变形、不破坏、不倒塌。各工序应按模板施工技术标准进行质量控制，模板相关各专业工种之间，应进行交接检验，并形成记录。

9.1　模板材料的质量控制及验收

模板及支架材料的技术指标应符合国家现行有关标准和专项施工方案的规定：正常情况下的主要检验方法是核查质量证明文件。检查中如果发现质量证明文件不能证实其质量满足要求时，应由施工、监理单位会同有关单位商定处理措施，包括退场、进一步抽样检验等。模板入场前应对其以下方面进行检查：

（1）模板表面应平整；胶合板模板的胶合层不应脱胶翘角；支架杆件应平直，应无严重变形和锈蚀；连接件应无严重变形和锈蚀，并不应该有裂纹。

（2）模板规格、支架杆件的直径、壁厚等，应符合设计要求。

（3）对于在施工现场组装的模板，其组成部分的外观和尺寸应符合设计要求。

（4）有必要时，应对模板、支架杆件和连接件的力学性能进行抽样检查。

（5）对外观，应在进场时和周转使用前全数检查。

（6）对尺寸和力学性能可按国家现行有关标准的规定进行抽样检查。

9.2　模板及支架安装质量控制及验收

现浇混凝土结构的模板及支架安装完成后，应按照专项施工方案对下列内容进行检查验收（摘自《混凝土结构工程施工质量验收规范》GB 50204—2015），包括以下几个方面：

1）模板的定位

对模板的定位，主要检查其标高和轴线位置，应符合设计要求和表1–9–1所示。

现浇结构模板安装的允许偏差及验收方法　　　　**表 1-9-1**

项目		允许偏差（mm）	检验方法
轴线位置		5	尺量检查
底模上表面标高		± 5	水准仪或拉线、尺量检查
截面内部尺寸	基础	± 10	尺量检查
	柱、墙、梁	+4，–5	尺量检查

续表

项目		允许偏差（mm）	检验方法
层高垂直度	不大于5m	6	经纬仪或吊线、尺量检查
	大于5m	8	经纬仪或吊线、尺量检查
相邻两板表面高低差		2	尺量检查
表面平整度		5	2m靠尺和塞尺检查

2）支架杆件的规格、尺寸、数量

对支架杆件的规格、尺寸和支架立杆、水平杆间距，主要检查是否与专项施工方案的要求一致。

3）支架杆件之间的连接

对支架杆件之间的连接，主要检查连接方式、配件数量、螺栓拧紧力矩等。

4）支架的剪刀撑和其他支撑设置

对支架的剪刀撑和其他支撑设置，主要检查设置的数量、位置、连接方式等，以及风缆、抛撑等的设置和固定情况。

5）支架与结构之间的连接设置

对支架与结构之间的连接设置，主要检查其是否能抵抗拉力和压力，连接节点是否符合施工方案要求，固定是否牢固、可靠等。

6）支架杆件底部的支承情况

对于支架杆件底部的支承情况，主要检查支承层和支承部位情况、垫板是否顶紧以及是否中心承载、各层立杆是否对齐等；对于支承在土层上的，应符合：

（1）土层应坚实、平整；其承载力或密实度应符合施工方案的要求；

（2）应有防水、排水措施；对于冻胀性土壤，应有预防冻融措施；

（3）支架立柱下应设置垫板，并应符合施工方案的要求。

7）保证混凝土成型模板安装质量控制

无论是采用何种材料制作的模板，其接缝都应严密，避免漏浆，但木模板需考虑浇水湿润时的木材膨胀情况。模板内部和与混凝土的接触面应清理干净，以避免出现夹渣等缺陷。对清水混凝土工程及装饰混凝土工程所使用的模板也提出了相应要求。

9.3 隔离剂质量控制及验收

隔离剂质量控制及验收内容为两项，即隔离剂的品种、性能和隔离剂的涂刷质量。前者主要检查隔离剂质量证明文件以判定其品种、性能等是否符合要求，是否可能影响结构性能及装饰施工；后者主要是观察涂刷质量，并可对施工记录进行检查。

9.4 混凝土预埋件、预留孔洞质量控制

固定在模板上的预埋件、预留孔和预留洞不得遗漏，且应安装牢固。当设计无具体要求时，其位置偏差应符合如表1-9-2所示的规定（摘自《混凝土结构工程施工质量验收规

范》GB 50204—2015）。

混凝土结构预埋件、预留孔洞允许偏差　　表 1-9-2

项目		允许偏差（mm）
预埋钢板中心线位置		3
预埋管、预留孔中心线位置		3
插筋	中心线位置	5
	外露长度	+10，0
预埋螺栓	中心线位置	2
	外露长度	+10，0
预留洞	中心线位置	10
	尺寸	+10，0

第10章 模板的维修、保养和运输

10.1 常用模板的维修、保养和运输

10.1.1 木模板的维修、保养和运输

（1）所有出厂模板的边缘都经过封边漆封边，以减少水分的渗透，如果模板在现场被切割或钻孔，所有的切割边缘及孔的边缘均应涂上合适的防水油漆，如环氧树脂或聚氨酯油漆。

（2）在每次使用模板后必须彻底地清洁模板，从模板的表面去除所有的水泥残片，尽量避免使用金属或其他尖锐的工具来去除模板上的水泥，以免损坏模板的酚醛树脂覆膜。清洁工作结束后，模板表面即可涂上隔离剂。根据储存条件和浇筑使用的间隔时间，再重新使用前模板可能需要重涂隔离剂。

（3）木模板每次周转下来，下垫木方，边角对齐堆放在平整地面上，板面不得与地面接触；长期存贮，要保持模板通风良好，防止日晒雨淋，盖上防水布，定期检查。

10.1.2 钢模板的维修、保养和运输

（1）钢模板和配件拆除后，应及时清除粘结的灰浆，对变形和损坏的模板和配件，宜采用机械整形和清理。钢模板及配件修复后的质量标准如表1-10-1所示（摘自《组合钢模板技术规范》GB 50214—2001）。

钢模板及配件修复后的质量标准　　表1-10-1

项目		允许偏差（mm）
钢模板	板面平整度	≤2.0
	凸棱直线度	≤1.0
	边肋不直度	不得超过凸棱高度
配件	U形卡卡口残余变形	≤1.2
	钢楞和支柱不直度	≤L/1000

（2）维修质量不合格的模板及配件，不得使用。

（3）对于暂不适用的钢模板，板面应涂刷隔离剂或防锈剂。背面油漆脱落处，应补刷防锈剂，并按照规格分类堆放。

（4）钢模板宜存放在室内或敞篷内，板底支垫离地面100mm以上。露天堆放，地面应平整竖直。模板底板底支垫离地面200mm以上，两点点距模板长度不大于模板长度的1/6 。地面要有排水措施。

（5）入库的配件、小件要装箱入袋，大件要按照规格分类整数成垛堆放。

（6）不同规格的钢模板不得混装混运。运输时，必须采取有效措施，防止模板滑动、倾斜。长途运输，应用建议集装箱。支撑件应捆扎牢固，连接件应分类装箱。

（7）预组装模板运输时，应分隔垫实，支捆牢固，防止松动变形。

（8）装卸模板和配件应轻装轻卸，严禁抛掷，并应防止碰撞损坏。严禁用钢模板作其他非模板用途。

10.1.3　铝模板的维修、保养和运输

（1）铝合金模板运输时周围挤紧，不要互相碰撞。

（2）装卸模板时不得抛摔。

（3）铝合金模板运输应考虑日晒、雨雪等因素，避免标识变色、脱落。

（4）铝合金模板储存应遵循易取用原则，对施工现场暂不使用的模板，应清理、刷油、入仓。

（5）铝合金模板工厂储存宜放在室内或敞篷内，模板地面应垫离地面100mm以上。露天堆放时，地面应平整、坚实、有排水措施，模板地面应垫离地面200mm以上，两支点离板端距离不大于模板长度的1/6。

（6）铝合金模板露天储存应考虑防日晒、防尘、防雨水等措施。

（7）铝合金模板和配件拆除后，应及时清除粘结混凝土、砂浆、杂物、隔离剂。对变形及损坏的模板及配件，应及时整形和修补，修复后的模板和配件应符合相关规定。

（8）应采用喷砂机械方法清洗模板。如采用化学清洗，应注意化学药品对铝合金模板的腐蚀，并保证环保作业。

（9）修复后铝合金模板按规格分类堆放等待周转使用。将不合格、变形严重无法修补的模板分开不予使用，作为废铝回收。

10.2　工具式模板的维修、保养和运输

10.2.1　大模板

（1）使用后的大模板应该按照现行国家标准《租赁模板支撑架维修保养技术规范》GB 50829—2013的要求进行维修保养，合格后方可再次使用。

（2）大模板贮存应分类码放。零配件入库保存时，应分类存放。

（3）大模板存放场地地面应平整、坚实，并应有排水措施。

（4）当大模板叠层平放时，在模板的底部及层间应加垫木。垫木应上下对齐，垫点应使模板不产生弯曲变形。大模板叠放高度不宜超过2m。并应稳固。

（5）模板运输应根据模板的长度、高度、重量选用适当的车辆。

（6）模板在运输车辆的支点、伸出的长度和绑扎方法均应使模板不发生变形，不得损伤表面涂层。

（7）大模板连接件应码放整齐，小型应装箱、装袋或捆绑。应避免发生碰撞。连接件的重要连接部位不得受到破坏。

10.2.2 爬升模板

（1）爬升模板应做到每层清理、涂刷隔离剂，并对模板及相关部件进行检查、校正、紧固和修理，对丝杠、滑轮、滑道等部件进行注油润滑。

（2）钢筋绑扎及预埋件的埋设不得影响模板的就位及固定；起重机械吊运物件时严禁碰撞爬模装置。

（3）采用千斤顶的爬模装置，应确保支承杆的垂直、稳定和清洁，保证千斤顶、支承杆的正常工作。当支承杆上咬痕比较严重时，应更换新的支承杆。支承杆穿过楼板时，承载铸钢楔应采取保护措施，防止混凝土浆液堵塞倒齿缝隙。

（4）导轨和导向杆应保持清洁，去除粘结物，并涂抹润滑剂，保证导轨爬升顺畅、导向滑轮滚动灵活。

（5）液压控制台、油缸、千斤顶、油管、阀门等液压系统应每月进行一次维护和保养，并做好记录。

（6）爬模装置拆除和地面解体后，对模板、架体、提升架等部件应及时进行清理、涂刷防锈漆，对丝杠、滑轮、螺栓等清理后，应进行注油保护；所有拆除的大件应分类堆放、小件分类包装，集中待运。

（7）因恶劣天气、故障等原因停工，复工前应进行全面检查，并应该维护爬模装置和防护措施。

10.2.3 滑升模板

（1）滑升模板应做到及时清理、涂刷隔离剂，并对模板及相关部件进行检查、校正、紧固和修理。

（2）对滑升模板的液压系统、液压机、油路、千斤顶等设备做好每日维修保养记录，并认真填写滑升模板日常使用检查记录表。

（3）液压回路接头应保持连接牢固可靠，避免松脱漏油。油管走向应平直或大弧度，不得有扭曲、死弯，以免影响油路畅通和使用寿命。

（4）电机运转正常后，电液阀方可换向，进入工作状态。

（5）经常检查电器元件温度是否过高，继电器动作是否灵活，接点通断是否可靠。

（6）在施工中应注意保护千斤顶的清洁，防止混凝土砂浆顺爬杆流入千斤顶内。

10.3 模板常用隔离剂

为了保护模板和拆模方便，要求与混凝土接触的模板面涂刷隔离剂（或称隔离剂），选用质地优良和造价适宜的隔离剂，是提高混凝土结构、构件的表面质量和降低模板工程费用的重要措施之一。

10.3.1 隔离剂的使用性能要求

（1）脱模效果良好；

（2）不染污脱模的混凝土表面；

（3）对模板不腐蚀，隔离剂要兼起防锈和保护的作用；

（4）涂敷简便，拆模后容易清理模板；

（5）施工过程中不怕日晒雨淋；

（6）长期储存和运输时质量稳定，不发生严重离析和变质现象；

（7）对于热养护的混凝土构件，使用的隔离剂尚应具有耐热性；

（8）在冬季寒冷气候条件下施工时，使用的隔离剂尚应具有耐冻性。

10.3.2　隔离剂的种类

隔离剂在我国尚无产品标准，但已使用的品种繁多，根据隔离剂的主要原材料情况，可划分为以下几类：

（1）乳化油类。

乳化油大多用石油润滑油、乳化剂、稳定剂配制而成，有时还加入防锈添加剂。这类隔离剂可分为油包水型和水包油型，一般用于钢模，也可以用于木模上。常用的乳化剂有阴离子型和非离子型，阳离子型很少使用。阴离子型乳化剂常采用钠皂、钾皂、松香钠皂、磺化油、油酸三乙醇胺皂、石油磺酸钠等。非离子型乳化剂有聚氯乙烯蓖麻油、平平加等。使用阴离子和非离子复合乳化剂配制的乳化隔离剂，乳化效果更理想。

（2）石蜡类。

石蜡具有很好的脱模性能，将其加热熔化后，掺入适量溶剂搅匀即可使用。溶剂型石蜡隔离剂成本较高，而且不易涂刷均匀。石蜡类隔离剂可用于钢、木模板和混凝土台座上，缺点是石蜡含量较高时往往在混凝土表面留下石蜡残留物，有碍于混凝土表面的粘结，因而其应用范围受到一定限制。

（3）脂肪酸类。

这类隔离剂一般含有溶剂，如汽油、煤油、苯、松节油等。如硬脂酸和苯溶液；硬脂酸铝和煤油溶液；凡士林和煤油溶液；脂肪酸和酒精溶液等。这类隔离剂大多同混凝土的碱（游离石灰）起化学反应，具有良好脱模效果，不染污混凝土表面，耐雨水冲刷，每涂刷一次，可使用多次。

（4）合成树脂溶液类。

使用不饱和聚酯树脂和硅油配制的隔离剂，每涂一次可使用多次。其缺点是干燥时间较长，更新涂层时，铲除旧涂层也比较费事。多用于大模板工程。

（5）废料类。

利用工农业产品废料配制隔离剂是降低隔离剂成本的有力措施。如利用皂角，或利用造纸厂碱法制浆的黑液配制的隔离剂，在一定条件下亦可取得较好的效果。

（6）其他。

亲水性隔离剂，有用黄土、石灰膏、滑石粉、洗衣粉和水配制而成。使用亲水性隔离剂时，应注意防止雨水冲刷，也不能长期存放，必须现配现用，使用受到一定限制。

10.3.3　隔离剂应用注意事项

每一种隔离剂都有一定的应用条件和范围，在选用隔离剂时应注意如下事项：

（1）注意隔离剂对模板的适用性。如隔离剂用于金属模板时，应具有防锈、阻锈性能；用于塑料模板时，应不使塑料软化变质；用于木模板时，要求它渗入木材一定的深度，但不致全部吸收掉，并能提高木材的防水性能。

（2）要考虑混凝土结构构件的最终饰面要求。如构件的最终饰面是油漆、刷浆或抹灰，应选用不影响混凝土表面粘结的隔离剂。对建筑装饰混凝土构件，则应选用不会使混凝土表面污染和变色的隔离剂。

（3）要注意施工时的气温和环境条件。在冬期施工时，要选用冰点低于气温的隔离剂；在雨季施工时，要选用耐雨水冲刷的隔离剂；当混凝土构件采取蒸汽养护或蒸压养护时，应选用热稳定性合格的隔离剂。

（4）应注意施工工艺的适应性。有些隔离剂涂刷后即可浇筑混凝土，但有些隔离剂要等其干燥后才能浇筑混凝土。因此，选用时应考虑隔离剂的干燥时间是否能满足施工工艺的要求。隔离剂的脱模效果与拆模时间有关，当隔离剂与混凝土接触面之间粘结力大于混凝土的内聚力时，往往发生表层混凝土被局部粘掉的现象，因此具体拆模时间，应通过试验确定。

（5）要考虑脱模费用。有些隔离剂价格较高，但单位面积用量少，或可以多次使用。有的隔离剂价格较低，但单位面积用量大，经常只能使用一次。所以隔离剂的最终经济效果不完全取决于价格高低，而应按照单位重量价格/使用面积 × 使用次数进行对比来确定。

（6）在涂刷隔离剂之前，模板表面的尘土和混凝土残留物必须彻底清理干净，以免影响脱模效果。隔离剂的涂敷方法视其种类而定，一般用刷涂、喷涂、擦涂、滚涂或浸渍等方法。不论使用哪种方法，都应涂敷均匀，用量要适当。涂敷隔离剂时，严禁隔离剂沾污钢筋与混凝土接槎处。

第 11 章　工具设备的使用及维护

11.1　模板工常用工具使用

11.1.1　木模板用锯

1. 木框锯

（1）粗锯。钢锯条长度为650 ～ 750mm，主要用于锯较厚木料，功效好。

（2）中锯。钢锯条长度为550 ～ 600mm，主要用于锯较薄木料或开榫头。

（3）细锯。钢锯条长度为450 ～ 500mm，主要用于细木工及榫头、拉肩。

（4）绕锯。又名曲线锯，钢锯条长度为600 ～ 700mm，主要用于锯割圆弧或曲线。

2. 手锯

又称板锯，主要用来锯割宽木板用。在学校实训中广泛使用。

3. 钢丝锯

用于木板上锯内、外圆弧和曲线之用。

4. 侧锯

割槽锯，专用于开榫槽和在宽阔木料上开槽。

11.1.2　木模板钻具

木模板用钻因机械效率高，已逐步代替手工钻，现在只有少量传统手工木工制作，采用手工用钻。

1. 手钻

握住手柄左右拧动，拧螺钉扎眼用。

2. 螺纹钻

钻头对准孔中心，左手握住钻把，右手上下移动钻套，保持钻的垂直，钻小眼用。

3. 弓摇钻

可更换钻头，将钻头对准孔中心，左手握住顶木，右手顺时针摇动手柄，保持垂直，此种钻有倒、顺开关，钻探时更灵活。

4. 螺旋钻

又称麻花钻，钻头对准孔中心，两手握住钻把，均匀用力向前拧，保持钻的水平、垂直。

11.2 模板工常用机具使用及维护

11.2.1 圆锯机

圆锯机用于切割大型木料，成型各种尺寸木材，机械作业，效率高，尺寸精确，现已大量用于建筑工程木料加工。

1. 圆锯机操作要点

（1）锯割的材料要放稳，根据不同的截面形状使用承料棱座或整块，或直接放置，并夹持牢固，多件装夹时，要检查是否全部夹实夹紧。

（2）锯割的材料如弯曲较大，则不应多件装夹。

（3）吊卸（输送）长料要注意周围是否有人。长料要装托架。二人以上操作应由一人指挥，相互协调配合。

（4）根据锯割材料的品种和硬度选择适当的切削速度。

（5）锯片要罩好安全罩，注意人体不要接近运转中的锯片。

（6）运转中操作者不得离开。停电时应断开电源开关。

（7）工作后必须检查、清扫设备，做好日常保养工作，将各手柄（开关）置于空挡（零位），断开电源开关，达到整齐、清洁、润滑、安全。

2. 圆锯机保养

1）班前保养

（1）严格按照润滑图进行注油（脂），并保养油量适当，油路畅通，滑动面无拉伤划痕。

（2）检查安全装置使之安全可靠。

（3）检查电机接线、电器装置是否良好。

2）班中保养

（1）经常注意主传动各部、润滑、液压、冷却系统及虎钳等工作是否正常，液压、冷却系统有否噪声、泄漏。

（2）查看电机、电器的运转、温升、声响、振动等情况。

（3）发现导轨、立柱有拉伤现象应及时修磨。

（4）发现皮带翻转、损坏要及时修复或更换。

（5）检查或更换进线电源保险。

3）班后保养

（1）将各操作手柄（开关）置于空挡（零位），断开电源开关。

（2）擦拭设备，清扫场地、锯屑。

（3）每月对机器主要部位做一次全面检查及加油维护。

（4）每年对机器整体进行一次全面的维护及保养。

11.2.2 平刨机

平刨机用于基准面加工设备，先加工一个平面，后面的加工以这个平面为基准。可将木材刨平、刨直；可迅速将木材裁口，裁口的宽度与深度都可调节；如附带锯片则可锯、如附带打眼的钻头则可打榫眼。

1. 平刨机操作要点

1）木工平刨床的操作者，要经安全技术培训教育，考核合格，取得安全操作证后，才允许独立操作。

2）木工平刨床应装有灵活可靠的安全防护装置。

3）开机前，应经过检查，才能允许起动刀轴电机，以防止飞刀事故。

（1）检查安全装置的性能是否正常可靠。

（2）检查刀轴的刀片是否夹紧。

（3）用点动一、二次刀轴电机来检查刀轴运转是否正常。

4）对带有吸尘装置的平刨床，应在开机前先启动吸尘设备。停机后，才能停止吸尘装置工作。

5）拆装刀片时，必须先将刀轴固定好。装刀片时，应先拧刀片的中间螺钉，后拧两头的螺钉，要检查所有螺钉都应拧紧。如发现刀片变钝和缺口，必须先停机（切断机床电源），待刀轴完全停止后，方可进行刃磨或更换。

6）当一根木料的一个面需要多次进行刨削时，每次刨削都应该将木料从平刨床的前工作台向后工作台推送。严禁将木料从后工作台向前工作台拖回后再进行刨削。

2. 平刨机保养

1）机器内外清洁打扫干净。特别是锯条和锯轮上面的树脂锯末更要清理干净。

2）检查刀具安装是否牢固可靠。

3）检查电器开关及线路是否正常，有无损坏。

4）检查定位支架有无松动。

5）检查电机运转是否正常，有无振动、异响。

6）机床上的轴承、齿轮丝杆、滑道等摩擦部位，要定期加润滑油。

7）工作时，注意上、下锯轮的滚动轴承有无异常，温度是否过高。

8）要经常检查校正各部件，以免影响木工平刨床的使用。

11.3　标高测量仪器的使用及维护

11.3.1　水准仪

1. 水准仪的使用

水准仪的使用包括：水准仪的安置、粗平、瞄准、精平、读数五个步骤。

1）安置

安置是将仪器安装在可以伸缩的三脚架上并置于两观测点之间。首先打开三脚架并使高度适中，用目估法使架头大致水平并检查脚架是否牢固，然后打开仪器箱，用连接螺旋将水准仪器连接在三脚架上。

2）粗平

粗平是使仪器的视线粗略水平，利用脚螺旋使圆水准气泡居于圆指标圈之中。具体方法：用仪器练习。在整平过程中，气泡移动的方向与大拇指运动的方向一致。

3）瞄准

瞄准是用望远镜准确地瞄准目标。首先是把望远镜朝向远处明亮的背景，转动目镜调焦螺旋，使十字丝到最清晰。再松开固定螺旋，旋转望远镜，使照门和准星的连接对准水准尺，拧紧固定螺旋。最后转动物镜对光螺旋，使水准尺清晰地落在十字丝平面上，再转动微动螺旋，使水准尺的图像靠于十字竖丝的一侧。

4）精平

精平是使望远镜的视线精确、水平。微倾水准仪，在水准管上部装有一组棱镜，可将水准管气泡两端，折射到镜管旁符合水准观察窗内，若气泡居中时，气泡两端的像将符合抛物线型，说明视线水平。若气泡两端的图像不相符合，说明视线不水平。这时，可用右手转动微倾螺旋使气泡两端的像完全符合，仪器便可提供一条水平视线，以满足水准测量基本原理的要求。注意：气泡左半部分的移动方向，总与右手大拇指的方向不一致。

5）读数

用十字丝，截读水准尺上的读数。水准仪多是倒像望远镜，读数时应由上而下进行。先估读毫米级读数，后报出全部读数。注意，水准仪使用步骤一定要按上面的顺序进行，不能颠倒，特别是读数前的水泡调整，一定要在读数前进行。

2. 水准仪的维护及保养

（1）避免将望远镜直接对准太阳，这样操作会损伤眼睛，也会损坏仪器的内部器件。

（2）每个微调都应轻轻转动，避免因用力过大造成微动螺旋松动进而影响测量精度。

（3）保持镜片、光学镜头的清洁，不要用手直接触碰，以免引起观测不准等问题。

（4）每次使用完仪器，应擦拭干净，放置在干燥通风处。

（5）经纬仪、水准仪为精密仪器，必须注意保护各部分机构，避免丧失原有精度。

（6）在施测时，应避免阳光直晒在仪器上，否则将影响施测精度。

（7）若螺旋及转动部分水泡发生沮滞不灵的情况，应立即检查原因，在原因未弄清之前切勿过重用力扭转转板，以防损坏仪器结构或扣件。

（8）镜片上有影响观测的灰尘时，可用软毛刷轻轻拂去，也可用专用擦镜布或丝绒软巾轻轻揩擦，切勿用手指接触镜片。

（9）仪器在使用完毕时，应将各部分揩擦干净，特别是水气应妥善擦干，装入木箱中的仪器和脚架，均应收藏在干燥通风、无酸性和腐蚀性挥发物的房间内。

（10）仪器除在施测过程中或其他特殊情况外，均应收藏在木箱内安放或搬移。

（11）仪器在长途运输时应另外装入运输木箱，仪器及脚架部分须用厚纸包裹保护，然后在空隙间塞以刨花或纸屑，在装卸及运输过程中不应受突然撞击以及激烈震动。

（12）仪器如有故障或损坏，须由熟悉仪器结构的人员进行检查修理，或送仪器专业维修部修理。

11.3.2 激光扫平仪

扫平仪是在快速旋转轴的带动下，使可视激光点扫出同一水准高度的光线，便于工程人员定位水准高度的一种仪器。目前，我国常用的激光扫平仪依据工作原理以及是否增加补偿机构和采用补偿机构的不同，大致可将扫平仪分成三类：水泡式激光扫平仪、自动安平激光扫平仪和电子自动安平扫平仪。

1. 激光扫平仪的使用

1）首先打开开关，进行水平校正，水平仪一般具有自动校正功能，不平仪器将自动发出声音，水平校正完成后声音消失。

2）测量时使水平仪工作面紧贴在被测表面，待气泡完全静止后方可进行读数。

3）水平仪的分度值是以一米为基长的倾斜值，如需测量长度为L的实际倾斜则可通过下式进行计算：实际倾斜值=分度值 ×L× 偏差格数计算。

4）为避免由于水平仪零位不准引起的测量误差，因此在使用前必须对水平仪的零位进行校对或调整。

2. 激光扫平仪的维护及保养

1）仪器的保管由专人负责，每天现场使用完毕带回仪器保管；不得放在现场工具箱内。

2）仪器箱内应保持干燥，要防潮防水并及时更换干燥剂。仪器须放置在专门的架子上或固定位置。

3）仪器长期不用时，应每月定期通风防霉并通电驱潮，以保持仪器良好的工作状态。

4）仪器的任何部分发生故障，均不应再勉强使用，而要立即检修，否则会加剧仪器的损坏程度。

5）湿环境中工作，作业结束，要用软布擦干仪器表面的水分及灰尘后装箱。回到仪器保管室后立即开箱取出仪器放于干燥处，彻底晾干后再装入箱内。

6）在电源打开期间不要将电池取出，否则存储数据可能会丢失，因此在电源关闭后再装入或取出电池。

11.3.3 激光铅垂仪

激光铅垂仪是指借助仪器中安置的高灵敏度水准管或水银盘反射系统，将激光束导至铅垂方向用于进行竖向准直的一种工程测量仪器。激光铅垂仪的基本构造主要由氦氖激光管、精密竖轴、发射望远镜、水准器、基座、激光电源及接收屏等部分组成。

1. 激光铅垂仪的使用

激光器通过两组固定螺钉固定在套筒内。激光铅垂仪的竖轴是空心筒轴，两端有螺扣，上、下两端分别与发射望远镜和氦氖激光器套筒相连接，二者位置可对调，构成向上或向下发射激光束的铅垂仪。仪器上设有两个互成90° 的管水准器，仪器配有专用的激光电源。

激光铅垂仪投测轴线投测方法如下：

（1）在首层轴线控制点上安置激光铅垂仪，利用激光器底端（全反射棱镜端）所发射的激光束进行对中，通过调节基座整平螺旋，使管水准器气泡严格居中。

（2）在上层施工楼面预留孔处，放置接受靶。

（3）接通激光电源，启动激光器发射铅直激光束，通过发射望远镜调焦，使激光束会聚成红色耀目光斑，投射到接受靶上。

（4）移动接受靶，使靶心与红色光斑重合，固定接受靶，并在预留孔四周做出标记，此时，靶心位置即为轴线控制点在该楼面上的投测点。

2. 激光铅垂仪的维护及保养

(1) 保持仪器表面清洁。

(2) 使用前做到检查电源是否正常。

(3) 使用过程中注意观察仪器的功能是否正常并填写使用记录。

(4) 仪器设备发生故障时，要做好维修前的信息收集、准备工作；包括型号、出厂编号，故障出现时间，故障出现时的具体表现等。

(5) 维修工作完成后，要清洁仪器表面，接通电源，看能否正常工作。校正仪器，恢复正常工作状态，然后交由使用人员试用一下，查看仪器是否恢复原工作状态，以免留下隐患。

第二部分（模板工一、二级）

第1章　安全生产知识

1.1　安全生产管理制度

由于建设工程规模大，周期长，参与人数多，环境复杂多变，导致安全生产的难度很大。建设工程应完善工程质量安全管理制度，落实工程质量安全主体责任，强化工程质量安全监管，提高工程项目质量安全管理水平。

模板工的施工属于重体力劳动，因此需要特别注意施工中的安全问题。加强施工安全管理工作，需要依据现行的法律法规，通过建立各项安全生产管理体系规范建设工程参与各方的安全生产行为，防止和避免安全事故的发生。

现阶段正在执行的主要安全生产管理制度包括：《安全生产责任制度》《安全生产许可证制度》《政府安全生产监督检查制度》《安全生产教育培训制度》;《安全措施计划制度》《特种作业人员持证上岗制度》《专项施工方案专家论证制度》《危及施工安全工艺、设备、材料淘汰制度》《施工起重机械使用登记制度》《安全检查制度》《生产安全事故报告和调查处理制度》《“三同时”制度》《安全预评价制度》《意外伤害保险制度》等。涉及模板工的常见安全制度有以下几种。

1.1.1　安全生产责任制度

安全生产责任制是最基本的安全管理制度，是所有安全生产管理制度的核心。安全生产责任制是按照安全生产管理方针和“管生产的同时必须管安全”的原则，将各级负责人员、各职能部门及其工作人员和各岗位生产工人在安全生产方面应做的事情以及应负的责任加以明确规定的一种制度。具体来说，就是将安全生产责任分解到相关单位的主要负责人、项目负责人、班组长以及每个岗位的作业人员身上，依据《建设工程安全生产管理条例》和《建筑施工安全检查标准》JGJ 59—2011的相关规定执行。

模板工安全生产责任制：

（1）牢记“安全生产，人人有责”，树立“安全第一，预防为主”的思想，积极参加安全生产竞赛活动，接受安全教育，不酒后作业，集中精力进行安全生产。

（2）认真学习模板工安全技术操作，熟知安全知识，严格执行安全规章和措施，不违章作业，冒险蛮干，拒绝违章指挥。

（3）在支模时应按顺序进行，模板没有固定前，不得进行下道工序。

（4）支设3m以上的立柱模板和梁模板时，应搭设操作平台，不足3m的，可用马凳操作，不准站在模板上操作和在梁底模上行走，更不允许利用拉杆、支撑攀登上下。

（5）接受安全教育，正确使用防护用品。衣着整齐，穿戴好防护用品，系好安全带，戴好安全帽。

（6）对各级检查提出的隐患，按要求及时整改，不符合要求的不得施工。

（7）工作前应事先检查所使用的工具是否牢固，扳手等工具必须用绳链系挂在身上，工作时思想要集中，防止钉子扎脚和从高处跌落。

（8）拆除模板时，一般要先采用长撬杠，严禁操作人员站在正拆除的模板上。已拆除的模板、立杆、支撑应及时运走或妥善堆放，严防操作人员因扶空、踏空而跌落。

1.1.2 安全生产许可证制度

《安全生产许可证条例》规定国家对建筑施工企业实施安全生产许可证制度。其目的是为了严格规范安全生产条件，进一步加强安全生产监督管理，防止和减少生产安全事故。国务院建设主管部门负责中央管理的建筑施工企业安全生产许可证的颁发和管理，其他企业由省、自治区、直辖市人民政府建设主管部门进行颁发和管理，并接受国务院建设主管部门的指导和监督。

1.1.3 安全生产教育培训制度

为加强和规范全体职工安全教育培训工作，提高人员安全素质，防范安全事故，现根据《中华人民共和国安全生产法》等规定，结合实际，制定本制度。

1. 教育培训管理

项目部每年份根据实际情况制定年度安全教育培训计划，安全教育培训计划经公司分管领导审批后实施，安全教育培训计划需报公司留档备案。

2. 内容及要求

（1）新员工安全教育/三级教育

新员工（劳务派遣工人）必须经公司品质安环部、项目部、班组开展安全教育培训合格后方可上岗，培训情况填入《教育培训记录表》。

（2）特种作业人员安全教育培训

特种作业人员必须经过有关部门培训取得《特种作业人员操作资格证》后方可上岗。

特种作业人员必须具备以下基本条件：

年龄满18周岁且不超过国家法定退休年龄；初中以上文化程度；身体健康，无妨碍从事相应工种作业的疾病和生理缺陷。

特种作业人员的安全教育实行属地管理，公司负责联系当地具有特种作业人员培训资质的单位组织培训，被培训人员须经过考核，取得《特种作业人员操作资格证》后方可上岗。

特种作业人员安全培训情况使用《安全教育培训记录表》记录。

（3）经常性安全教育

项目部应结合日常生产、季节特点、危害因素分布特征等进行不同类型的、有针对性的、形式多样的经常性安全教育。如安全知识竞赛、应急预案的演练、事故案例教育等。

（4）改变工艺及转岗、复工安全教育培训

企业（或工程项目）在实施新工艺、新技术或使用新设备、新材料时，必须对有关人员进行相应的安全教育；职工调整工作岗位（包括调换工种）或离岗半年以上重新上岗时，应进行相应的安全教育，经考核合格后方可上岗。

3. 培训记录档案的管理

项目部负责收集整理教育培训记录档案。

1.1.4 安全措施计划制度

安全措施计划制度是指企业进行生产活动时，必须编制安全措施计划，是企业有计划地改善劳动条件和安全卫生设施，防止工伤事故和职业病的重要措施之一，对企业加强劳动保护、改善劳动条件、保障职工的安全和健康、促进企业生产经营的发展都起着积极作用。

1.1.5 特种作业人员持证上岗制度

《建设工程安全生产管理条例》第二十五条规定："垂直运输机械作业人员、起重机械安装拆卸工、爆破作业人员、起重信号工、登高架设作业人员等特种作业人员，必须按照国家有关规定经过专门的安全作业培训，并取得特种作业资格证书后，方可上岗作业。"

1.1.6 专项施工方案专家论证制度

依据《建设工程安全生产管理条例》第二十六条规定：施工单位应当在施工组织设计中编制安全技术措施和施工现场临时用电方案，对下列达到一定规模的危险性较大的分部分项工程编制专项施工方案，并附具安全验算结果，经施工单位技术负责人、总监理工程师签字后实施，由专职安全生产管理人员进行现场监督，包括基坑支护与降水工程；土方开挖工程；模板工程；起重吊装工程；支撑架工程；拆除、爆破工程；国务院建设行政主管部门或者其他有关部门规定的其他危险性较大的工程。

对上述所列工程中涉及"高大模板工程的专项施工方案"施工单位应当组织专家进行论证、审查。

1.1.7 施工起重机械使用登记制度

《建设工程安全生产管理条例》第三十五条规定："施工单位应当自施工起重机械和整体提升支撑架、模板等自升式架设设施验收合格之日起30日内，向建设行政主管部门或者其他有关部门登记。登记标志应当置于或者附着于该设备的显著位置。"这是对施工起重机械的使用进行监督和管理的一项重要举措，能够有效防止不合格机械和设施投入使用；同时，有利于监管部门及时掌握施工起重机械和整体提升支撑架、模板等自升式架设设施的使用情况，利于监督管理。

施工单位应当将标志置于显著位置，便于使用者监督，保证施工起重机械的安全使用。

1.1.8 安全检查制度

1. 安全检查的目的

安全检查制度是清楚隐患、防止事故、改善劳动条件的重要手段，是企业安全生产管理工作的一项重要内容。通过安全检查可以发现企业及生产过程中的危险因素，以便有计划地采取措施，保证安全生产。

2. 安全检查的方式

检查方式分企业组织的定期安全检查，各级管理人员的日常巡回检查，专业性检查，季节性检查，节假日前后的安全检查，班组自检、交接检查，不定期检查等。

3. 安全检查的内容

安全检查的主要内容包括：查思想、查管理、查隐患、查整改、查伤亡事故处理等。安全检查的重点是检查“三违”和安全责任制的落实。检查后应编写安全检查报告，报告应包括以下内容：已达标项目、未达标项目、存在问题、原因分析、纠正和预防措施。

4. 安全隐患的处理程序

对于查出的安全隐患，不能立即整改的要制定整改计划，定人、定措施、定经费、定完成日期，在未消除安全隐患前，必须采取可靠的防范措施，如有危及人身安全的紧急情况，应立即停工。应按照“登记—整改—复查—销案”的程序处理安全隐患。

1.1.9 生产安全事故报告和调查处理制度

为了保证安全事故能及时报告、统计和顺利调查、正确处理，保护公司财产和员工的安全，制定本制度。

1. 事故报告

（1）安全事故发生后，不论情节严重与否，事故现场的有关人员应立即向现场施工负责人及项目部进行报告。

（2）施工负责人接到安全事故报告后，要迅速赶到事故现场，配合项目部人员抢救受伤人员；同时对现场的安全状况做出快速反应，在保护现场的前提下，防止事故进一步扩大。

（3）应及时对受伤者的伤害部位作出判断，迅速、有选择地送到专业医院抢救，以免贻误救治机会。

（4）对事故现场做紧急处置后，应尽快、尽可能准确地向公司汇报。

（5）初步判定事故级别，根据事故级别启动相应的应急救援预案。

2. 事故调查

安全事故调查工作必须坚持实事求是、尊重科学的原则，按照企业及国家相关规定执行。查明事故发生的原因、过程、伤亡人员及经济损失情况等；查明事故类别、性质，确定事故主体单位和主要责任者；提出事故处理意见和防范措施的建议；写出事故调查报告。

3. 事故处理

（1）由公司安全部门对事故现场设施设备的恢复使用及防范措施制定方案并监督实施。

（2）因忽视安全生产、违章指挥、违章作业、玩忽职守或发现事故隐患而不采取有效措施以致造成伤亡事故的，按照有关规定对相关责任人和直接责任人给予经济处罚；构成犯罪的，由司法机关依法追究刑事责任。

（3）对发生事故后隐瞒不报、谎报、故意延迟报告期限的，故意破坏现场的，阻挠、干扰调查组正常工作的，以及提供伪证的由公司根据上级有关规定，对相关责任人和直接责任人给予经济处罚；构成犯罪的，由司法机关依法追究刑事责任。

4. 伤亡统计

（1）伤害等级的确定要以医院诊断结果为依据，参照《企业职工伤亡事故分类办法》予以划定。

（2）安全事故经济损失的统计办法参照国家及上级部门的有关统计规定确认。

1.2　施工安全技术交底

模板工程作业人员先必须经过项目安全员、主管工长及保卫组的项目安全常识的系统教育，并建立相应的档案资料，由项目安全员整理、归档。

模板工程作业人员分配到工作后，应由项目经理、主管工长及安全员结合工程的具体情况及特点在现场作专项安全技术交底并请监理单位人员参加形成相应记录。

针对施工过程中阶段性出现的具有的特定性的安全问题及隐患，工长和安全员必须现场做针对性的安全技术交底，并形成相关记录。

（1）支拆模时操作人员必须戴好安全帽，外架边缘及高空作业必须佩戴安全带，严禁现场嬉戏、酒后上班。

（2）支模前必须搭好相关支撑架，支撑架的搭设方法及构造要求按照支撑架施工方案执行。

（3）周边防护应及时到位，拆模时，应注意立足点的安全与稳定，并注意操作层不能站人。余材及较重的工具不能随意堆放在钢管架上，必须堆放在专用平台上。

（4）施工支模时必须严格按照支模结构意图的要求搭设支撑架，必须选用垂直无弯曲的、截面无损伤的钢管，搭设横立杆时，扣件必须拧紧，钢管连接件均选用合格的连接件，并进行全面的二次检查，剪刀撑应按照要求进行设置。

（5）浇筑混凝土前必须检查支撑是否可靠，扣件是否松动。浇筑混凝土时必须由模板支设班组设专人看模，随时检查支撑是否变形、松动，并组织及时恢复。经常检查支设模板吊勾、斜支撑及平台连接处螺栓是否松动，发现问题及时组织处理。

（6）在拆墙模前不准将支撑架拆除，用塔吊拆时应有起重工配合；拆除顶板模板前必须划定安全区域和安全通道，将非安全通道应用钢管、安全网封闭，并挂“禁止通行”安全标志，操作人员不得通过此区域，必须在铺好跳板的操作架上操作。已拆模板起吊前认真检查螺栓是否拆完、是否有挂勾挂地方，并清理模板上的杂物，仔细检查吊钩是否有开焊，脱扣现象。

（7）木工机械必须严格使用倒顺开关和专用开关箱，一次线长不得超过3m，外壳接保护零线，且绝缘良好。电锯和电刨必须接用漏电保护器，锯片不得有裂纹（使用前检查，使用中随时检查）；且电锯必须具备皮带防护罩、锯片防护罩、分料器，并接用漏电保护器，电刨传动轴、皮带必须具备防护罩和护手装置。使用木工多用机械时严禁电锯和电刨同时使用；使用木工机械严禁戴手套；长度小于50cm或厚度大于锯片半径木料严禁使用电锯；两人操作时相互配合，不得强拉硬拽；机械停用时断电加锁。

（8）用塔吊吊运模板时，必须由起重工指挥，严格遵守相关安全操作规程。

（9）在整个施工平面的合适位置或4个角各放置1个灭火器。

（10）涉及“高支模”将编入该工程“重大危险源公示牌”，并于工地明显位置进行公示。

1.3 生产安全事故应急预案

应急预案是对特定的潜在时间和紧急情况发生时所采取的措施的计划安排，市应急响应的行动指南。应急预案的制定，必须与重大环境因素和重大危险源相结合，特别是与这些环境因素和危险源一旦控制失效可能导致的后果相适应，要考虑在实施应急救援过程中可能产生的新的伤害和损失。

1.3.1 应急预案体系的形成

针对各级各类可能发生的事故和所有危险源制订专项应急预案和现场应急处置方案，并明确事前、事发、事中、事后的各个过程中相关部门和有关人员的职责。

1. 综合应急预案
2. 专项应急预案
3. 现场处置方案

1.3.2 应急预案的制定

1）针对项目施工，需成立安全生产事故应急救援小组成员，以处理整个施工过程（从支模到混凝土浇筑完毕及拆模）中出现的安全事故，一旦事故发生，将严格按照《环境与职业健康应急预案》处理。

2）确定安全生产事故应急救援小组成员。

（1）组长：项目执行经理，主要负责本工程施工中的安全管理总协调及应急救援总协调。

（2）组员一般包括以下人员：

①项目安全员，主要负责工程施工过程中的安全巡检及安全监督。

②综合工长，主要负责工程施工阶段的安全管理协调及应急救援执行。

③木工工长，主要负责本工程木工施工阶段的安全管理及应急救援工作。

④钢筋工长，主要负责本工程钢筋工施工阶段的安全管理及应急救援工作。

⑤混凝土工长，主要负责本工程混凝土浇筑阶段的安全管理及应急救援工作。

3）要公布项目应急小组领导及成员联系方式。

4）项目安全生产事故应急救援小组必须保证施工始终在安全监控之中进行，安全生产事故应急救援小组成员要旁站到位，以保证可以及时发现并处理问题。

5）当施工中出现安全事故时，项目安全生产事故应急救援小组成员必须第一时间出现在事故现场，并第一时间拨打120或最近医院的急救电话，同时实施急救。

6）现场急救：

急救就是对伤员提供紧急的救护，给伤员以最大的生存机会或将伤情控制在最小范围，急救一定要遵循下述四个步骤。

（1）调查事故现场，调查时要确保无任何危险，迅速使伤病员脱离危险场所，尤其在工地大型事故现场更是如此。

（2）初步检查伤病员，判断神志、气道、呼吸循环是否有问题，必要时立即进行现场急救和监护，使伤病员保持呼吸道畅通，视情况采取有效的止血、止痛、防止休克、包扎伤口等措施，固定、保存好割断的器官或组织，预防感染。

（3）现场施救一直坚持到救护人员或其他施救者到达现场接替为止。此时还应反映伤病员的病情和简单救治过程。

（4）如果没有发现危及伤病员的体征，可进行第二次检查，以免遗漏其他损伤、骨折和病变。这样有利于现场施行必要的急救和稳定病情，降低并发症状和伤残率。

7）模板施工中，一般易发生的安全事故有高处坠落、物体打击、机械伤害、坍塌、触电等，针对这几种情况，做到上述事故的预防措施。

第2章　基本知识

2.1　建筑制图

1）工程图的基本要求：正确、完善、清晰、规范、符合生产要求。

2）制定和采用制图标准的目的：使图样标准化、规范化，做到全体工程技术人员对图样有完全一致的理解。

3）制图常用标准：

（1）《房屋建筑制图统一标准》 GB/T 50001—2017；

（2）《总图制图标准》 GB/T 50103—2010；

（3）《建筑制图标准》 GB/T 50104—2010；

（4）《建筑结构制图标准》 GB/T 50105—2010；

（5）《建筑给水排水制图标准》 GB/T 50106—2010；

（6）《暖通空调制图标准》 GB/T 50114—2010。

4）字体的基本要求：用字正确、书写工整、间隔均匀、排列整齐。字体高度的公称尺寸系列为1.8、2.5、3.5、5、7、10、14、20。

5）汉字的尺寸系列：3.5×2.5、5×3.5、7×5、10×7、14×10、20×14。

6）制图标准规定用长仿宋体作为汉字的工程字体，新《房屋建筑制图统一标准》规定也允许采用黑体字。

7）比例：图与实物相应要素的线性尺寸之比叫图的比例。

8）图线中不连续的独立成分叫线素，如点、画、间隔等都是线素。

9）线素的不同组合形成线型，如虚线、点画线、双点画线等（表2-2-1）。

常用线型　　**表 2-2-1**

线型	名称	一般用途
————	实线	粗实线表示可见轮廓 细实线用于标注尺寸、画剖面线、图例等
- - - - - -	虚线	中粗虚线表示不可见轮廓
—·—·—	点画线	细点画线用于画中心线、轴线等
—··—··—	双点画线	细双点画线表示假想轮廓
～～～	波浪线	断开界线
——√——	折断线	断开界线

注：摘自《房屋建筑制图统一标准》GB/T 50001—2017。

10）尺寸标注的四个要素：尺寸界线、尺寸线、尺寸起止符号、尺寸数字。

11）尺寸界线：指明标注的边界，用细实线画，起始端偏离标注点2mm以上，终止端超出尺寸线 2 ~ 3mm。图形的轮廓线、轴线可以用作尺寸界线。

12）尺寸线：画在尺寸界线之间，用细实线绘制。长度尺寸的尺寸线、方向与被标注的长度方向平行，角度尺寸的尺寸线画成圆弧，圆心是角的顶点。图形轮廓线、轴线、中心线、另一尺寸的尺寸界线以及它们的延长线，都不能作为尺寸线使用。

13）尺寸起止符号：画在尺寸线与尺寸界线交界处。制图中，长度尺寸的起止符号为中粗线画的短斜线，其倾斜方向应与尺寸界线成顺时针 45° 角，长度宜为 2 ~ 3mm。直径、半径、角度尺寸线上的起止符号应为箭头。

14）尺寸数字：图上的尺寸数字表示物体的实际大小，与画图所用的比例无关。

15）尺规作图的一般步骤：准备工作、画铅笔底稿、描黑、复制。

16）手工绘图常用的工具：丁字尺、三角板、圆规、分规、曲线板。

17）投影中心和投影面构成投影条件，投影条件及它们所在的空间称为投影体系。

投影法一般分为两类：中心投影法、平行投影法。

中心投影法：投射线汇交于一点的投影法。

平行投影法：投射线互相平行的投影法。平行投影法按投射方向与投影面是否垂直，可以分为斜投影法和正投影法两种。

18）投影面的平行线投影特性为：

（1）平行线在它所平行的投影面上的投影反映线段实长，且反映该线段与另外两个投影面的倾角。

（2）线段的另外两个投影分别平行于相应的投影轴，且小于实长。

投影面的垂直线的投影特性：

（3）在与线段垂直的投影面上，该线段的投影积聚成一点。

（4）其余两个投影垂直与相应的投影轴，且反映该线段的实长为 20mm、一般位置直线：由于一般位置直线对三个投影面都倾斜，因此，其三个投影都是倾斜线段，且都小于该直线段的实长。

19）空间点与直线的相对位置有两种，即点属于直线和点不属于直线。

20）画法几何讨论的作图问题主要归结为两类。一是定位问题，即在投影图上确定空间几何元素（点、线、面）和几何体的投影。二是度量问题，即根据几何元素和几何体的投影确定它们的实长、实形、角度、距离等。

21）视图通常有：基本视图、斜视图、局部视图和旋转视图。

六个投影面，称为基本投影面。基本投影面上的视图，称为基本视图。

（1）斜视图，物体向不平行于基本投影面的平面（辅助投影面）投射所得的视图。

（2）局部视图，将物体的某一部分向基本投影面投射所得的视图。

（3）剖视图，假想用剖切面剖开物体，将处在观察者和剖切面之间的部分移去，而将其余部分向投影面投射所得的图形。

2.2 建筑力学

1）力的概念

（1）刚体：在力的作用下不变形的物体称为刚体。

（2）力系：作用于同一刚体的一组力称为力系。

（3）平衡力系：平衡力系所要满足的数学条件。

（4）力：力是物体间的相互作用，作用结果使物体的运动状态发生改变，或使物体产生变形。

（5）力的三要素：力的大小、方向与作用点（图2–2–1）。

（6）作用力与反作用力：两个物体之间的作用力与反作用力总是同时存在，且大小相等、方向相反、沿同一直线，并分别作用在两个不同的物体上（图2–2–2）。

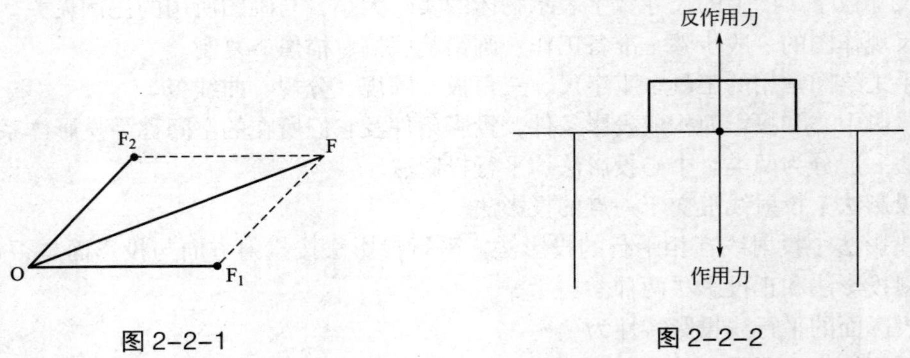

图 2–2–1　　图 2–2–2

2）力对点的矩

（1）力矩：矩心到该力作用点的矢径与力矢的矢量积。单位为牛顿·米（N·m）或千牛顿·米（kN·m）。

$$M_0(F)=r\times F$$

（2）力矩矢的三要素：大小、方向和矩心（*r*）。

（3）力臂（*h*）：矩心到力的作用线的垂直距离。

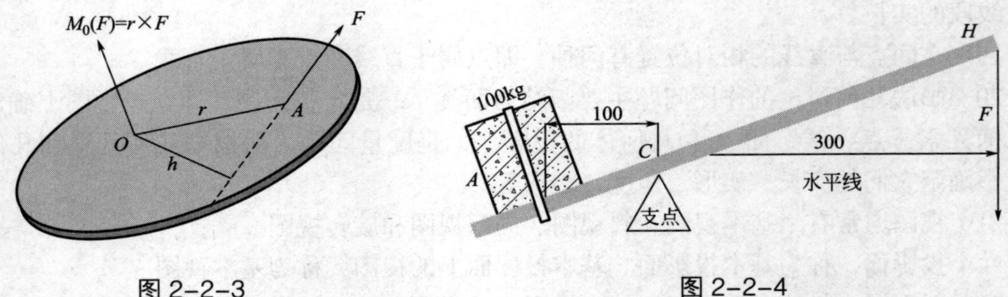

图 2–2–3　　图 2–2–4

3）力系等效原理

等效力系：在刚体静力学中，对同一刚体产生同样的作用的两个不同的力系互为等效力系。

4）力偶

（1）力偶：两个大小相等、作用线不重合的反向平行力组成的力系。

（2）力偶臂：力偶中两个力作用线之间的垂直距离。

（3）力偶矩矢量（*M*）：用来量度力偶对刚体的作用效果。

$$M=r\times F$$

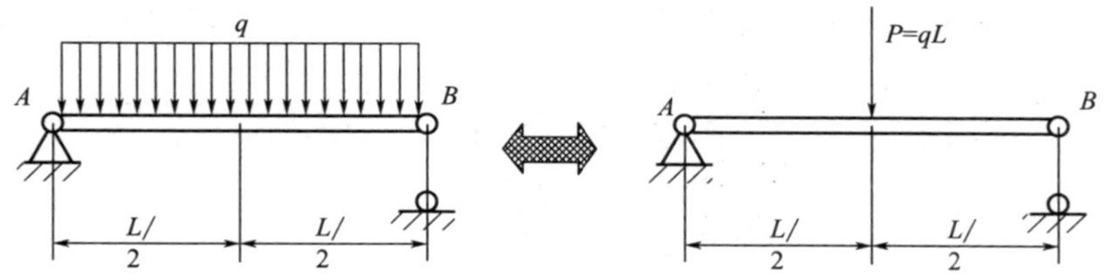

图 2-2-5

（4）力偶的正负号规定：逆时针为正，顺时针为负。

5）约束

（1）约束：限制物体运动的条件。

（2）铰链：用圆柱销钉将两个零件连接在一起并假设接触面是光滑的约束成为光滑圆柱铰链。

（3）固定铰支座：当光滑圆柱铰链连接的两个构件之一与地面或机架固接构成。

（4）滑动铰支座：在铰链支座与支承面之间装上辊轴所构成的支座。

（5）链杆（二力杆）：两端用光滑铰链与其他构件连接且忽略自重的轻杆。

（6）固定端约束：物体的一部分固嵌于另一物体的约束。

6）荷载

（1）集中荷载：指力作用在一个点上的荷载。单位为N或kN。

（2）平行分布荷载：指平行分布的表面力或体积力，通常是一个连续分布的同向平行力系。某些平行分布荷载可以简化为沿直线分布的平行力，称为线荷载。

（3）线荷载的单位：某处单位长度上所受的力，称为线荷载在该处的集度。通常用q表示，单位为N/m或kN/m。

图 2-2-6　　　　图 2-2-7

7）力系的平衡

（1）静定问题：未知约束力的数目=独立的平衡方程数。

（2）超静定问题：未知约束力的数目>独立的平衡方程数。

（3）几何不变体系：不考虑变形，荷载作用下形状不发生改变的体系。

（4）几何常变体系：荷载作用下形状发生改变的体系。

（5）几何瞬变体系：本来是几何可变、经微小位移后又变为几何不变的体系。

8）结构及内力

（1）构件：构成各种机械或工程结构的零部件或结构元件。

（2）荷载：加载在构件上的外力。

（3）变形：当机械或结构承受荷载或传递运动时，构件在荷载作用下发生形状和尺寸的变化。

（4）承载能力：构件的强度、刚度和稳定性统称为构件的承载能力。

（5）静荷载：不随时间变化或缓慢变化的荷载。

（6）动荷载：大小或方向随时间变化的荷载。

（7）应力：分布在单位面积上的内力。应力的单位是牛/米²（N/m^2）。

（8）内力：杆件的内力包括轴力、剪力、扭矩和弯矩。

（9）内力图：为了形象直观地表示内力沿截面位置变化的规律，通常将内力随截面位置变化的情况绘成图形，这种图形叫内力图。它包括轴力图、扭矩图、剪力图和弯矩图。

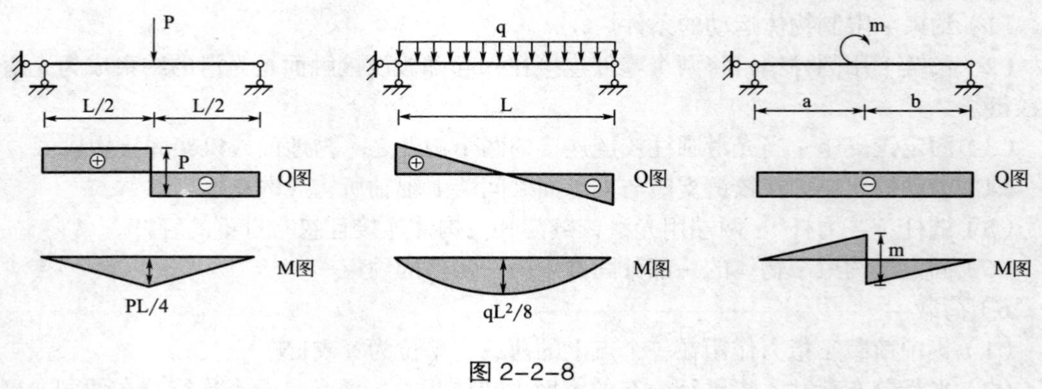

图 2-2-8

2.3 模板质量要求

2.3.1 模板材质

现浇混凝土结构工程施工用的建筑模板结构，主要由面板、支撑结构和连接件三部分组成。面板是直接接触新浇混凝土的承力板；支撑结构则是支撑面板、混凝土和施工荷载的临时结构，保证建筑模板结构牢固地组合，做到不变形、不破坏；连接件是将面板与支撑结构连接成整体的配件。

模板入场前应对其进行检查：

（1）模板表面应平整；胶合板模板的胶合层不应脱胶翘角；支架杆件应平直，应无严重变形和锈蚀；连接件应无严重变形和锈蚀，并不应有裂纹。

（2）模板规格、支架杆件的直径、壁厚等，应符合设计要求。

（3）对在施工现场组装的模板，其组成部分的外观和尺寸应符合设计要求。

（4）必要时，应对模板、支架杆件和连接件的力学性能进行抽样检查。

（5）对外观，应在进场时和周转使用前进行全数检查。

（6）对尺寸和力学性能可按国家现行有关标准的规定进行抽样检查。

同时，任意部位不得有腐朽、霉斑、鼓泡。不得有板边缺损、起毛。每平方米单板脱胶不大于$0.001m^2$，每平方米污染面积不大于$0.005m^2$。

模板及其支撑系统必须保证结构、构件各部分形状尺寸和相互间位置的正确。模板及其支撑系统必须具有足够的强度、刚度和稳定性。模板接缝不得漏浆，模板应清理干净，并满涂隔离剂，便于模板的安拆，按规范要求留置浇捣孔、清扫孔。

2.3.2　模板安装与拆除质量要点

模板安装与拆除质量要点如表2–2–2所示。

模板安装与拆除质量要点　　**表 2-2-2**

工程项目	班组目标	分项项目	管理点设置	工艺标准允许偏差（mm）		对策措施	检查工具及检查方法
				高支模	大模		
模板安装与拆除	表面平整、垂直度良好、截面准确、标高无误	轴线位移	模板底口偏移	3	3	（1）施工前检查上道工序质量，钢筋位置及放线位置是否准确； （2）及时更换有缺陷的模板，并予以修复； （3）加强工序自检； （4）加强材料进出场管理及现场保养； （5）连接件扣紧不松动； （6）支撑点牢固可靠，损坏变形的钢龙骨、钢支柱不予使用	用盒尺引测检查
		截面尺寸	表面变形，支撑不牢	+2 –5	±2		用盒尺测量检查
		标高	底模标高不准，支撑不牢	+2 –5	±5		用水准仪、拉线或用尺量检查
		垂直度	模板上口偏移，支撑不牢	3	3		用2m靠尺检查
		平整度	小面平整度、大面平整度	5	2		用2m靠尺检查

2.3.3　模板安装与拆除质量通病预防措施

模板安装与拆除质量通病预防措施，如表2–2–3所示。

模板安装与拆除质量通病预防措施　　**表 2-2-3**

	项目	影响因素	采取预防措施
模板工程质量预防措施	施工操作	支撑系统不合理	严格设计要求，因地制宜，合理布局
		扣件连接松动	严格设计要求，严格控制扣件间距，加固面板
		拼缝不平	尽量使用平直模板，扣件补缺
		拆除时硬撬	组装前及时刷隔离剂
		颠倒工序	强化施工工艺，完善工序间的交接检
	环境	基底未夯实	加强夯实，并铺通长脚手板，加强交接检
		钢筋网片位移	加强工种之间的交接检、互检工作
		混凝土侧压力过大	工种之间相互配合，加强支撑，适当振捣，设专人看模
	材料	模板变形，孔多	及时检查、修理，严重者退回，不予使用
		龙骨、支撑件软弱	及时同技术部门共同研究加固措施
		连接附件质量差	及时退换，加密连接，加固支撑系统

续表

项目		影响因素	采取预防措施
模板工程质量预防措施	管理	岗位责任制执行不严	强化岗位意识，完善责任制，人员定岗
		重进度，轻质量	加强教育，摆正进度与质量关系
		忽视资料管理	加强全面管理意识，确立技术档案重要性的认识
	施工人员	技术水平低	进行岗位技术培训
		自检不认真	认真执行自检负责制
		技术交底不清	认真科学地进行书面交底
		指挥人员只重进度	尊重科学，服从质量，好中求快
		违章作业	严格操作规程
		忽视交接检、互检	加强工种间配合，把质量问题消灭在上一道工序中
		专检人员检查不细	加强教育，不合格者予以停职

2.4 工料计算

2.4.1 现浇建筑物模板

（1）现浇混凝土建筑物模板工程量，除另有规定外，均按混凝土与模板的接触面积以“m^2”计算，不扣除后浇带面积。

（2）梁与梁、梁与墙、梁与柱交接时，净空长度以“m”计算，不扣减接合处的模板面积。

（3）墙板上单孔面积在1.0m^2以内的孔洞不扣除，洞侧壁模板亦不增加；单孔面积在1.0m^2以外应予扣除，洞侧壁模板面积并入相应子目计算。

（4）构造柱如与砌体相连的，按混凝土柱接触面宽度每边加10cm乘以柱高计算；如不与砌体相连的，按混凝土与模板的接触面积计算。

（5）板模板工程量应扣除混凝土柱、梁、墙所占的面积。

（6）悬挑板、挑板（挑檐、雨篷、阳台）模板按外挑部分的水平投影面积计算，伸出墙外的牛腿、挑梁及板边的模板不另计算。

（7）楼梯模板按水平投影面积计算，整体楼梯（包括直形楼梯、弧形楼梯）的水平投影面积包括休息平台、平台梁、斜梁和楼梯的连接梁。当整体楼梯与现浇楼板无梯梁连接时，以楼梯的最后一个踏步边缘加300mm为界。不扣除小于500mm宽度的楼梯井所占面积，楼梯的踏步板、平台梁等的侧面模板不另计算。

（8）台阶模板按水平投影面积计算，台阶两侧不另计算模板面积。

（9）压顶、扶手模板按其长度以“m”计算。

（10）小型池槽模板按构件外围体积计算，池槽内、外侧及底部的模板不另计算。

（11）后浇带模板工程量，按后浇带混凝土与模板的接触面积乘以系数1.50以“m^2”计算。

（12）模壳密肋楼板模板支撑系统按模壳密肋模板面的水平投影面积计算（含梁、柱帽）。

（13）大梁、大柱及墙面模板使用对拉螺杆的，在模板子目中已综合考虑，不另外增减费用。

（14）止水螺杆工程量计算，预算时如有明确的方案，按方案计算，方案没有明确的，按混凝土构件防水面积1.5套/m^2考虑，结算时按实际情况计算。

2.4.2　现浇构筑物模板

（1）现浇构筑物模板工程量，除另有规定外，按2.4.1有关规定计算。

（2）液压滑升钢模板施工的烟囱、筒仓、倒锥壳水塔均按混凝土体积以"m^3"计算。

（3）倒锥壳水塔的水箱提升按不同容量和不同提升高度以"座"计算。

（4）贮水（油）池的模板工程量按混凝土与模板的接触面积以"m^2"计算。

2.4.3　预制构件后浇混凝土模板

后浇混凝土模板工程量按后浇混凝土与模板接触面以面积计算，伸出后浇混凝土与预制构件抱合部分的模板面积不增加计算。不扣除后浇混凝土墙、板上单孔面积在0.3m^2以内的孔洞，洞侧壁模板亦不增加；应扣除单孔面积在0.3m^2以外的孔洞，孔洞侧壁模板面积并入相应的墙、板模板工程量内计算。

2.4.4　简易方法进行估算

有些施工单位也会用一些简易的方法进行估算：

单层模板用量=展开系数 × 单层建筑面积

展开系数取值如表2–2–4所示。

展开系数取值　　　　**表 2-2-4**

部位	建筑面积	展开系数	模板（m^2）
	分区计算面积		单层建筑面积 × 模板展开系数
地下室水平（梁、板）	1000	1.062	1062
地下室竖向（墙、柱）	1000	0.58	580
塔楼水平（梁、板、楼梯）	1000	1.605	1605
塔楼竖向（墙、柱）	1000	1.807	1807

2.4.5　模板计算示例

1. 基础模板

1）计算规则

基础模板一般只支设立面侧模，顶面和底面均不支设，故模板面积一般只需计算侧模即可。

2）计算案例

（1）如图2-2-9所示，独立基础垫层厚100mm，根据图中尺寸计算该独立基础及垫层的模板面积。

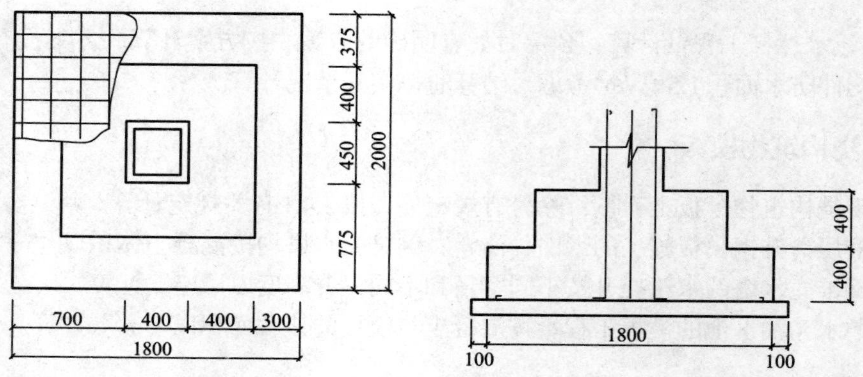

图 2-2-9

$$S（垫）=（1.8+0.2+2.0+0.2）\times 2\times 0.1=0.84\text{m}^2$$

$$S（独基）=（1.8+2.0）\times 2\times 0.4+（1.2+1.25）\times 2\times 0.4=5.0\text{m}^2$$

（2）如图2-2-10所示，独立基础分别为J-1、J-2、J-3，根据图中给出尺寸计算模板面积。

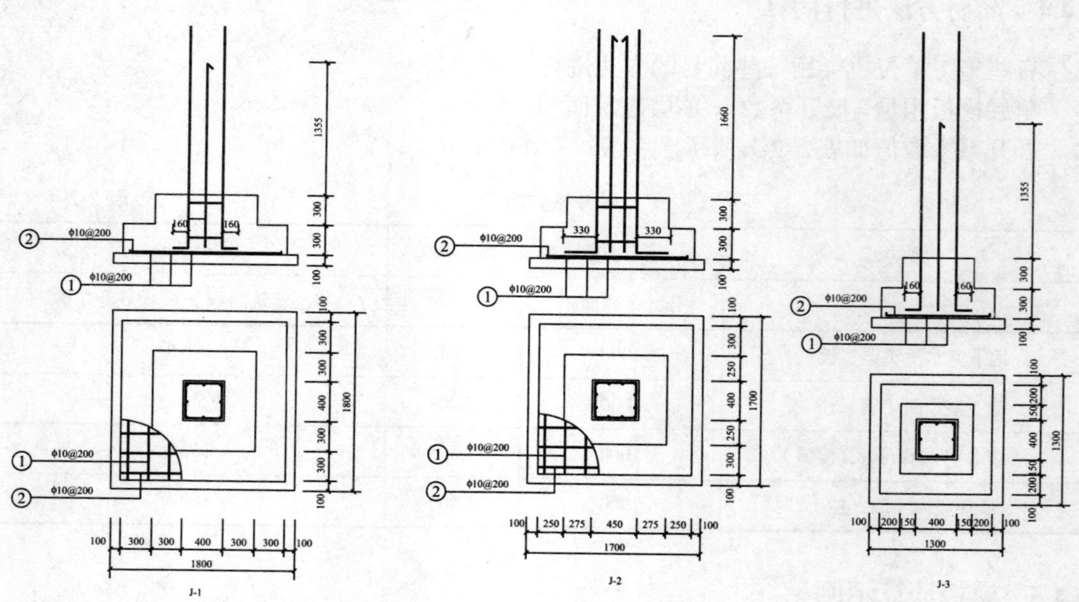

图 2-2-10

$$S_j1=1.6\times 4\times 0.3+1.0\times 4\times 0.3=3.12\text{m}^2$$

$$S_j2=1.5\times 4\times 0.3+（1.0+0.9）\times 2\times 0.3=2.94\text{m}^2$$

$$S_j3=1.1\times 4\times 0.3+0.7\times 4\times 0.3=2.16\text{m}^2$$

2. 柱计算模板

1）计算规则

（1）计算公式$S=(a+b)\times 2\times H$，其中a、b分别为柱截面边长，H为柱高。

（2）柱与梁、板交接的T型区域不能计算模板面积。

（3）支模高度一层从室外地面，二层以上均以每层楼的楼板面开始算起。

2）计算案例

（1）如图2-2-11所示，中矩形柱所在楼层层高3.6m，顶板厚100mm，并与KL_2及KL_3两条梁交接，梁的截面尺寸为370mm×400mm，根据已知条件求出矩形柱模板面积。

公式：

$$S=(a+b)\times 2\times (H-h)-S梁截面$$

$$S_1=(0.5+0.5)\times 2\times (3.6-0.1)=7\text{m}^2$$

该部位Z_1为角柱，与KL_2和KL_3交接，KL_2和KL_3截面尺寸为0.37m×0.4m。

图 2-2-11

故扣除：$S_2=0.37\times 0.3\times 2=0.296\text{m}^2$；$S=7-0.296=6.704\text{m}^2$

（2）示例图2-2-12中已知构造柱尺寸240mm，外露面长60mm，柱支模高度为3.5m，

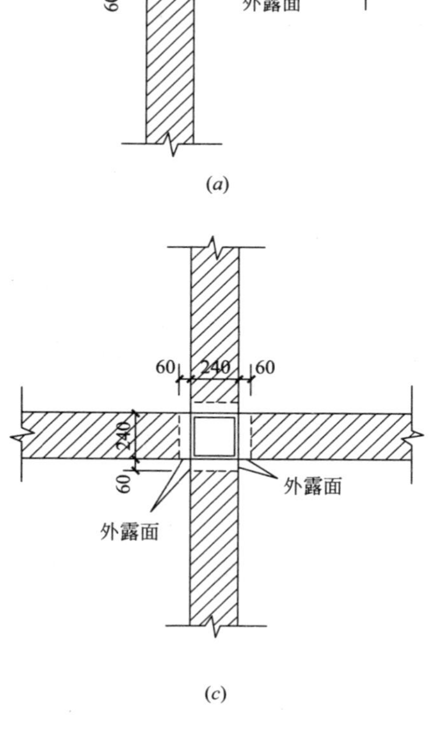

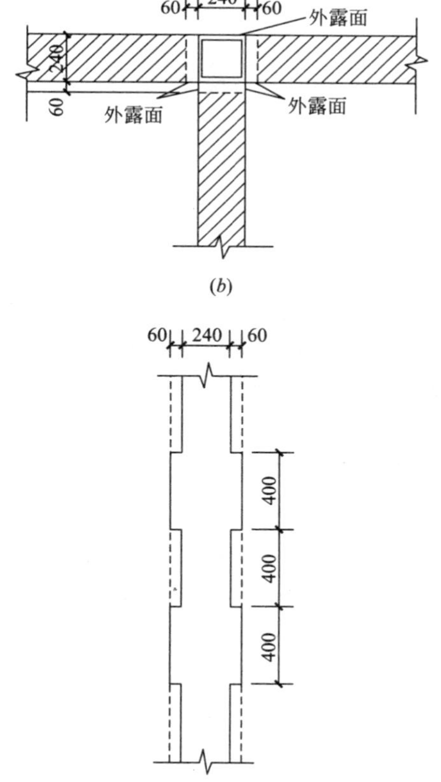

图 2-2-12

墙厚度为240mm，求以下情况中构造柱模板工程量。

a）$S=((0.24+0.06)\times2+0.06\times2)\times3.5=2.52m^2$

b）$S=(0.24+0.06\times2+0.06\times4)\times3.5=2.1m^2$

c）$S=0.06\times8\times3.5=1.68m^2$

3. 梁计算模板

1）计算规则

（1）梁模板工程量按展开面积计算，梁长的计算与计算混凝土工程时梁长规定一致。

（2）梁支三面模板，两面侧模+底模。

（3）当梁板一体为有梁板时，梁侧模支模高度为梁底至板底；当梁与板不为一体时，梁侧模支模高度为全梁高。

2）计算案例

某工程有20根现浇钢筋混凝土矩形单梁L_1，其截面和配筋如图2–2–13所示，试计算该工程现浇单梁模板的工程量。

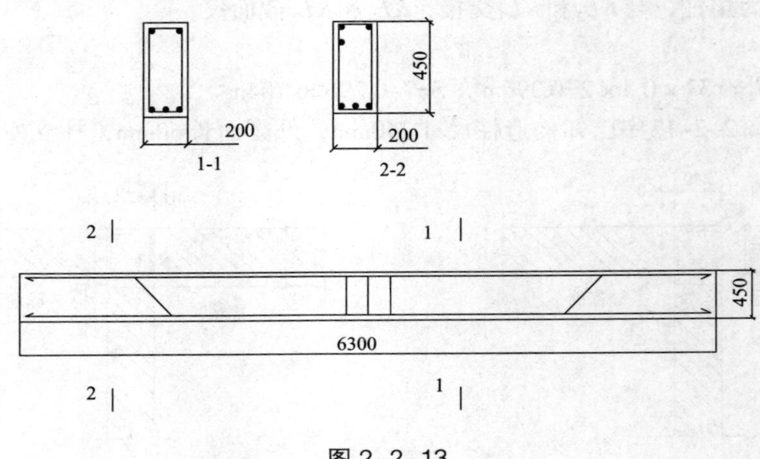

图 2–2–13

梁底模：$6.3m\times0.2m=1.26m^2$

梁侧模：$6.3m\times0.45m\times2=5.67m^2$

模板工程量：$(1.26m+5.67m)\times20=138.6m^2$

4. 板计算模板

1）计算规则

（1）有梁板包括主梁、次梁与板，梁板合并计算。

（2）无梁板的柱帽并入板内计算。

（3）平板与圈梁、过梁连接时，板算至梁的侧面。

（4）预制板缝宽度在60mm以上时，按现浇平板计算；60mm宽以下的板缝已在接头灌缝的子目内考虑，不再列项计算。

2）计算案例

（1）如图2–2–14所示的尺寸，计算有梁板的模板面积。

模板工程量$=(10.8-0.24)\times(5-0.24)+(5-0.24)\times0.3\times4+(10.8+0.24+5+0.24)\times2$

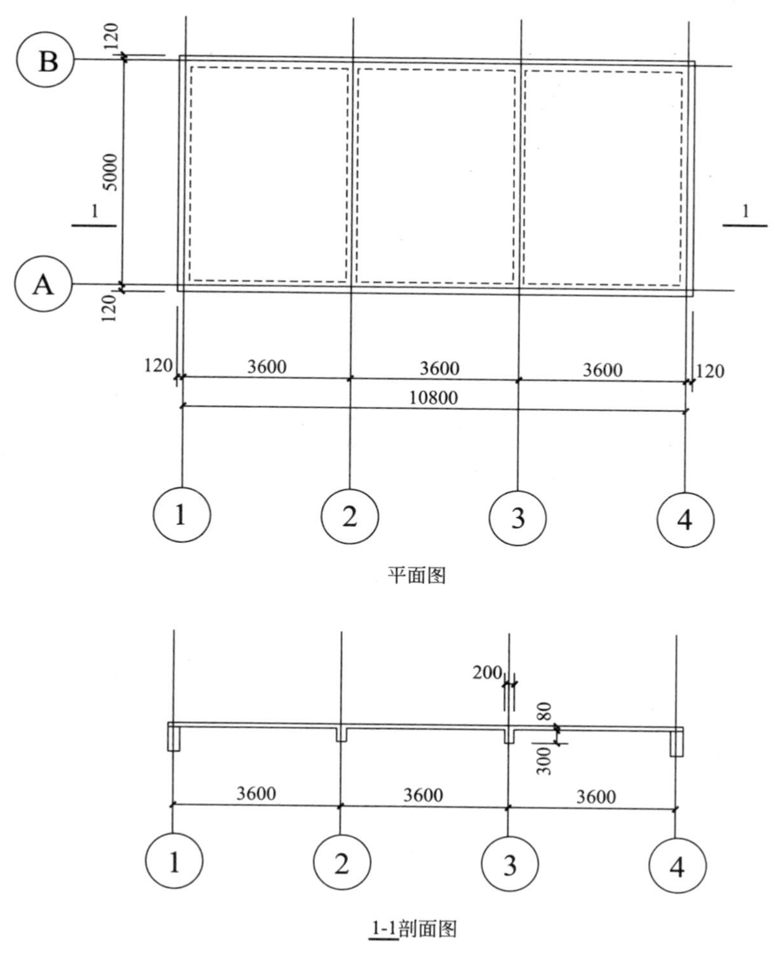

图 2-2-14

$\times 0.08=58.58m^2$

（2）如图2-2-15所示，矩形柱KZ尺寸400mm×400mm，梁KL_1尺寸250mm×550mm，梁KL_2尺寸300mm×600mm，梁L_1尺寸250mm×500mm，结合图中尺寸计算有梁板模板面积。

表 2-2-5

构件名称	KZ	KL_1	KL_2	L_1
构件尺寸 /（mm×mm）	400×400	250×550（宽×高）	300×600（宽×高）	250×500（宽×高）

KL_1模板工程量=（0.25+0.55+0.55−0.1）×（4.8−0.2×2）×2=11m^2

KL_2模板工程量=（0.3+0.6+0.6−0.1）×（6.3−0.2×2）×2−0.25×（0.5−0.1）×4=16.12m^2

L_1模板工程量=（0.25+（0.5−0.1）×2）×（4.8+0.2×2−0.3×2）×2=9.66m^2

板模板工程量=板长度×板宽度−柱所占面积−梁所占面积=（4.8+0.2×2）×（6.3+0.2×2）−0.4×0.4×4−（0.25×（4.8−0.2×2）×2+0.3×（6.3−0.2×2）×2+0.25×

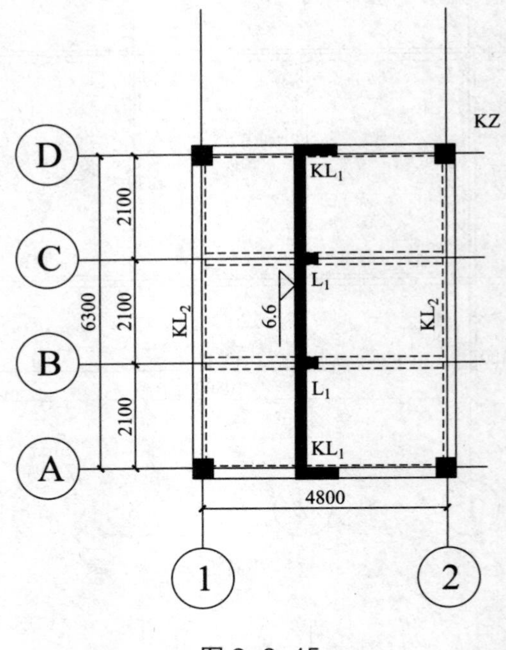

图 2-2-15

（4.8+0.2×2−0.3×2）×2）=26.16m^2

有梁板模板工程量=11+16.12+9.66+26.16=62.94m^2

5. 其他模板计算

1）计算规则

（1）现浇钢筋混凝土楼梯的模板工程量，以图示按露明面尺寸的水平投影面积计算，不扣除小于500mm楼梯井所占的面积。楼梯的踏步、踏步板、平台梁等侧面模板，不另行计算。

（2）当楼梯与现浇楼板有梯梁连接时，楼梯应算到梯口梁外侧；当无梯梁连接时，以楼梯最后一个踏步边缘加300mm计算。

（3）现浇钢筋混凝土悬挑板（雨篷、阳台）工程量，按图示外挑部分尺寸的水平投影面积计算，执行阳台、雨篷相应子目。阳台、平台、雨篷、挑檐的模板按图示尺寸以平方米计算。挑出墙外的牛腿梁及板边模板不另行计算。

$$S（水平投影）= L \times B$$

（4）雨篷翻边突出板面高度在200mm以内时，按翻边的外边线长度乘以突出板面高度，并入雨篷内计算；

①雨篷翻边突出板面高度在600mm以内时，翻边按天沟计算。

②雨篷翻边突出板面高度在1200mm以内时，翻边按栏板计算。

③雨篷翻边突出板面高度超过1200mm时，翻边按墙计算。

（5）台阶模板，按水平投影面积计算，台阶两侧不另计算模板面积。架空式的混凝土台阶，按现浇楼梯计算。

（6）现浇混凝土明沟以接触面积按电缆沟子目计算；现浇混凝土散水按散水坡实际面

积，以平方米计算。

散水是有坡度的，但是散水坡度一般都很小，所以计算时也可以简化直接以投影面积来计算。

2）计算案例

（1）如图2-2-16所示的尺寸，计算雨篷模板工程量。

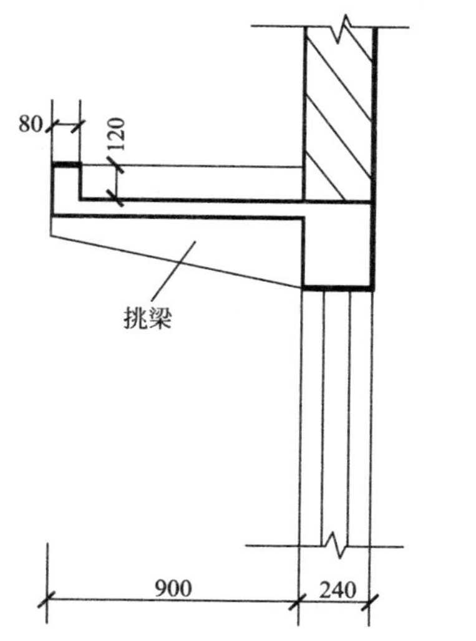

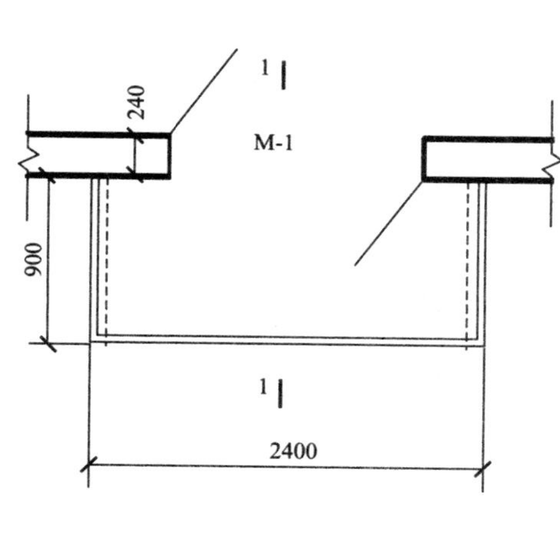

图 2-2-16

由于翻边高度不超过200mm，翻边模板面积并入雨篷计算：

$$S=0.9\times2.4+（0.9\times2+2.4）\times0.12=2.664m^2$$

（2）根据示例如图2-2-17所示中雨篷尺寸计算模板工程量：

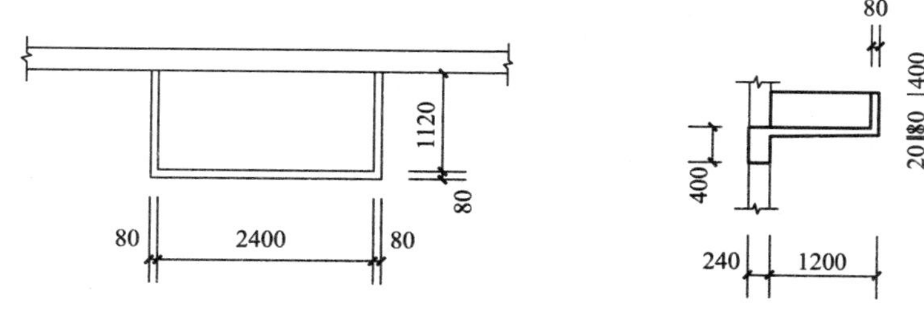

图 2-2-17

$$S（雨篷）=（2.4+0.08\times2）\times1.2=3.072m^2$$

$$S（天沟）=（2.4+0.08\times4+1.2\times2）\times0.4+（2.4+1.12\times2）\times0.4=3.904m^2$$

（3）如图2-2-18所示中给出的尺寸，计算挑檐天沟模板工程量。

挑檐板底模板工程量=挑檐宽度 × 挑檐板底的中心线长=0.6×（32+0.6+16+0.6）×2=59.04m²；

挑檐立板外侧模板工程量=挑檐立板外侧高度 × 挑檐立板外侧周长=0.5×（32+0.6×2+16+0.6×2）×2=50.4m²；

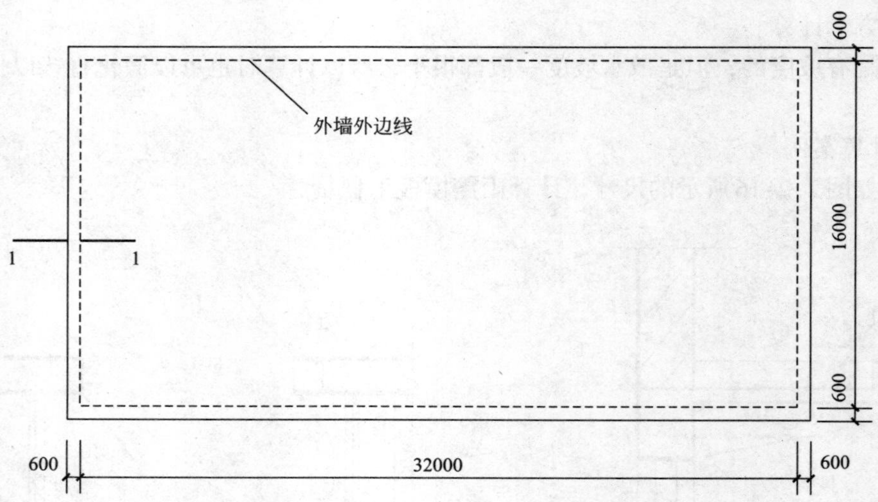

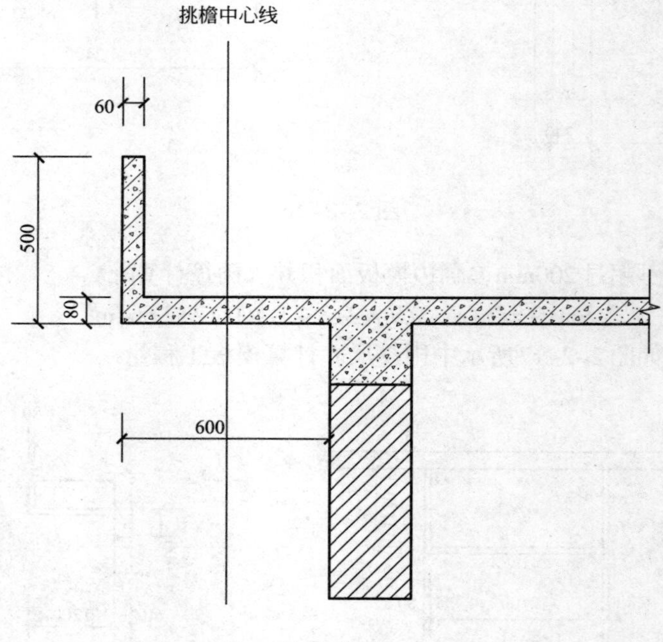

图 2-2-18

挑檐立板内侧模板工程量=挑檐立板内侧高度 × 挑檐立板内侧周长=（0.5−0.08）×（32+（0.6−0.06）×2+16+（0.6−0.06）×2）×2=42.13m^2；

挑檐模板工程量=挑檐板底模板工程量+挑檐立板模板工程量=59.04+50.4+42.13=151.57m^2。

第3章　技术与工艺

3.1　图纸会审要点

图纸会审的目的是了解设计意图，明确质量要求，将图纸上存在的问题和错误，专业之间的矛盾等，在工程开工之前解决。项目部会审参加人员为项目经理、项目总工程师、专业技术人员、内业技术人员、质检员及其他相关人员。图纸会审由业主组织进行。会审时间在工程项目开工前进行，特殊情况也可以分阶段进行会审。

3.1.1　会审依据

1）要保证本项目模板工程施工中做到安全生产、规范作业、经济合理、方便使用，以及相关规范的要求。

2）明确图纸使用范围，高大模板须有高大模板专项施工方案。

3）方案必须适用于项目混凝土工程相关模板体系的设计、制作、安装和拆除。

3.1.2　会审内容

1）审查施工图设计是否符合国家有关技术、经济政策和有关规定。

2）审查施工图中有哪些施工特别困难的部位，采用哪些特殊材料、构件与配件，货源如何组织。

3）模板工程审图内容模板支设，包括筏板模板、普通混凝土梁板模板、塔楼外框组合楼板模板、剪力墙、柱和零星模板工程的设计、搭设、监护、拆除等专项内容。

4）高度大于或等于5m的模板及其支撑系统即为高支模系统，另根据住房城乡建设部《危险性较大的分部分项工程安全管理办法》的通知，高度超过8m或跨度超过18m，施工总荷载大于15kN/m^2，或集中线荷载大于20kN/m的模板支撑系统需组织专家进行论证。

5）对于设计采用的新技术、新结构、新材料、新工艺和新设备的可能性和应采用的必要措施进行商讨。

6）设计中的新技术、新结构限于施工条件和施工机械设备能力以及安全施工等因素，要求设计单位予以改变部分设计的，审查时必须提出，共同研讨解决方案。

3.1.3　会审程序

1）会审由业主召集进行。并由业主分别通知设计、监理、分包协作施工单位参加。

2）会审分“专业会审”和“综合会审”，解决专业自身和专业与专业之间存在的各种矛盾及施工配合问题。无论“专业”或“综合”会审，在会审之前，应先由设计单位交底，交代设计意图、重要及关键部位，采用的新技术、新结构、新工艺、新材料、新设备等的做法、要求、达到的质量标准，而后再由各单位提出问题。

3）会审时，由项目部技术人员提出自审时的统一意见并作记录。会审后整理好图纸会审记录，由各参加会审单位盖章后生效。

4）根据实际情况，图纸也可分阶段会审，如地下室工程、主体工程、装修工程、水电暖等：当图纸问题较多较大时，施工中间可重新会审，以解决施工中发现的设计问题。

3.2 技术交底要点

3.2.1 技术交底内容

1）模板工程概况

2）模板工程设计

（1）材料要求；

（2）模板设计内容。

3）施工工艺及检查验收

4）安全保障措施

5）质量保障措施

6）文明施工保障措施

3.2.2 技术要点

1. 模板安装

模板安装需要在结构物钢筋经监理工程师检查并同意后，才可进行模板安装。

模板安装必须按模板的施工设计进行，严禁任意变动，确保结构的几何尺寸。模板的支撑和刚度要满足受力要求，以保证浇注混凝土时不发生位移和变形。

模板板面之间要平整，接缝严密，不漏浆，保证结构物外露面美观、线条流畅。模板加固支撑和连接杆必须牢固，模板及其支撑系统在安装过程中，要设置临时固定设施，严防倾覆。

模板在钢筋安装完成后安设，安装过程中要防止模板位移和凸出。模板安装完成后，及时对其平面位置、顶部标高、节点连接及纵横向稳定进行检查签认后方可浇筑混凝土。

混凝土浇筑之前，模板应涂刷隔离剂，外露面混凝土模板的隔离剂采用同一品种，不得使用废机油等油料，且不得污染钢筋及混凝土的施工缝处，浇筑混凝土前，发现模板超过允许偏差变形值时必须及时纠正。

支撑要按工序进行，模板没有固定前，不得进行下道工序施工。安装模板时必须设置垫块，以保证钢筋保护层的厚度。重复使用的模板和支架应经常检查和维修。现浇结构模板安装要满足允许偏差的要求。

1）地下室、剪力墙外墙模板

施工图如图2-3-1、图2-3-2所示。

2）柱模板

需明确模板规格尺寸、竖楞主龙骨和次龙骨材质、尺寸、可调式紧固件规格（图2-3-3）。

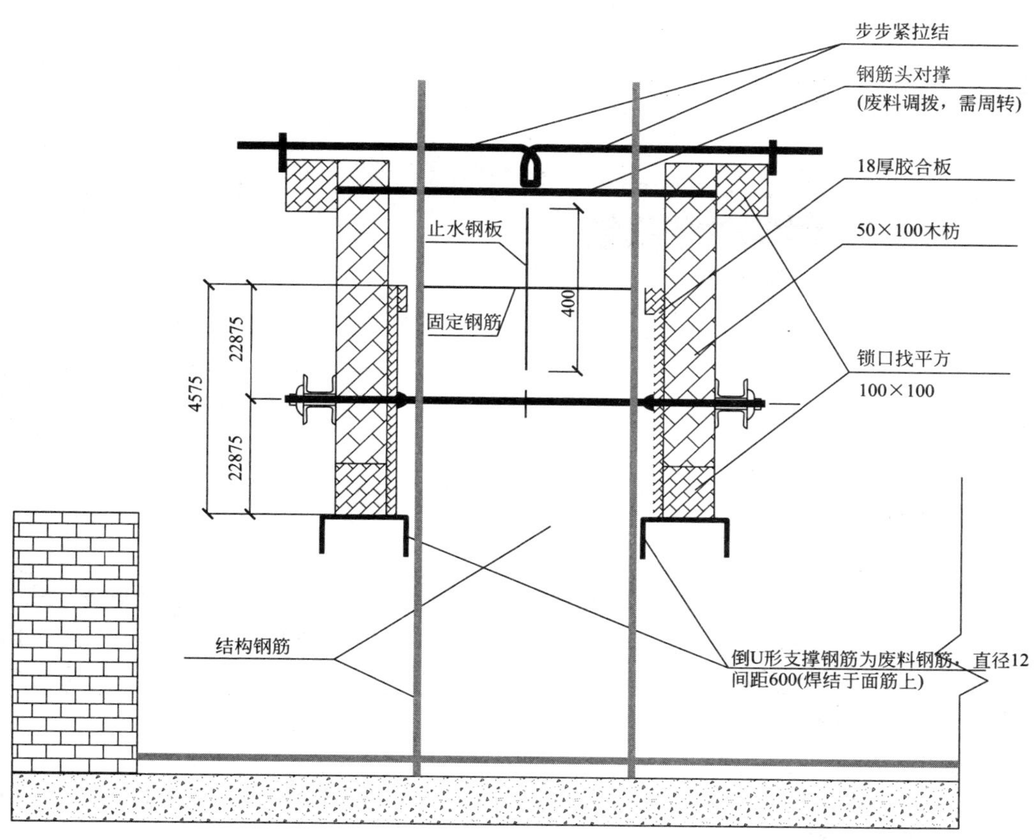

图 2-3-1　地下室外墙导墙支模标准图

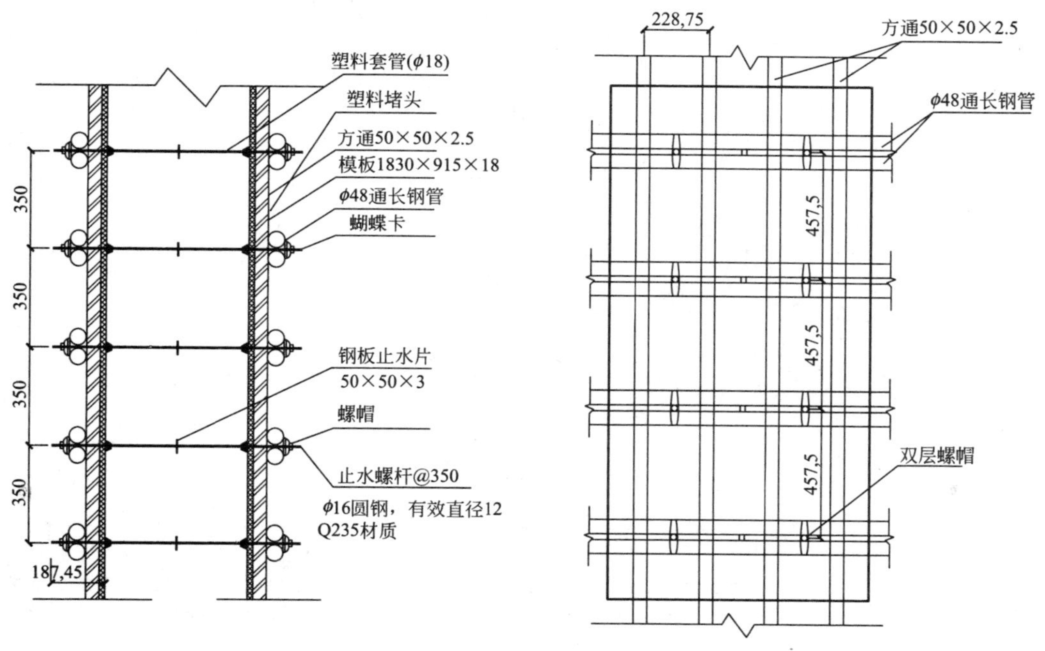

图 2-3-2　地下室（剪力墙）外墙模板

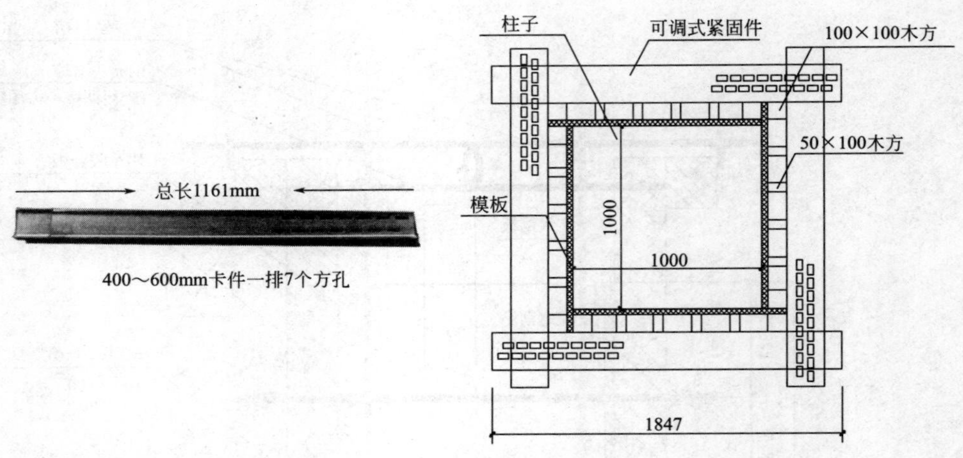

图 2-3-3　可调式紧固件规格

3）梁、板模板

立杆按照1200mm×1200mm间距进行设置，可根据梁支撑立杆进行适当调整，最大立杆间距不能超过1200mm，步距≤1800mm，可根据实际情况适当调整。对跨度不小于4m的现浇钢筋混凝土板，其模板应按设计要求起拱；当设计无具体要求时，起拱高度宜为跨度的1/1000 ~ 3/1000。

4）楼梯模板

需明确模板规格尺寸、内楞外楞材质和规格、对拉螺栓规格尺寸。阳角部位采用角钢限位固定（图2-3-4）。

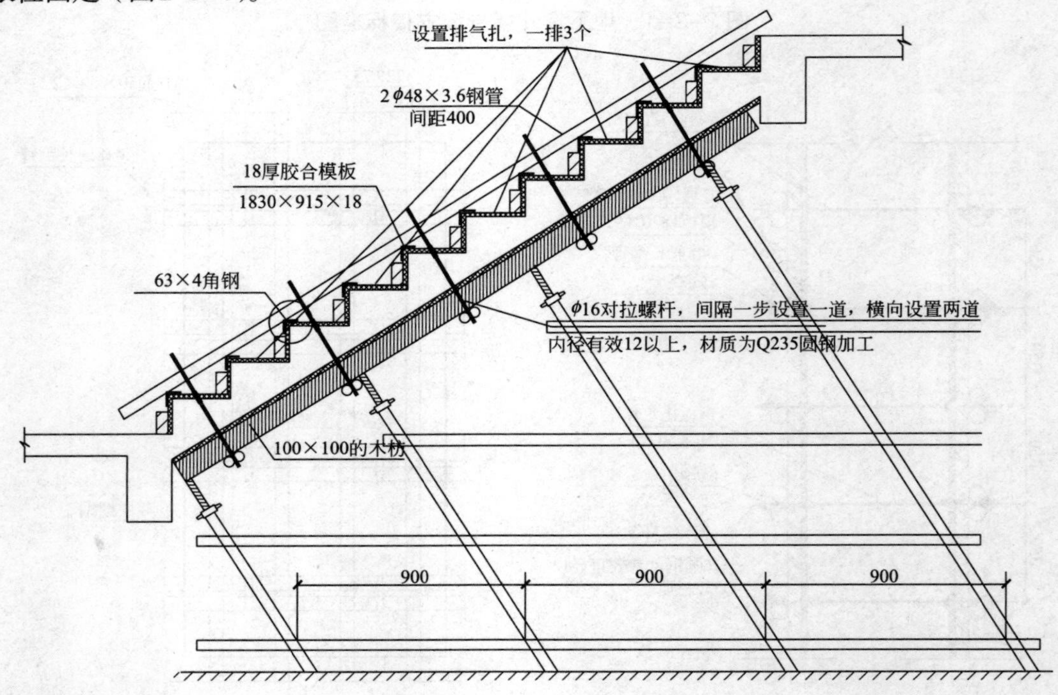

图 2-3-4　楼梯模板图

5）后浇带模板

底板后浇带模板采用快易收口网模板，快易收口网模板是一种混凝土施工缝处专用的永久性模板，它是采用镀锌薄钢板冲孔拉伸而成，网眼的凹凸不平度约10mm，能够保证浇筑后的混凝土表面粗糙。

后浇带下的支模体系须单独搭设，严禁同满堂架体系同时拆除，须在后浇带处的混凝土浇筑完成后才能拆除。

后浇带模板施工图如图2-3-5所示。

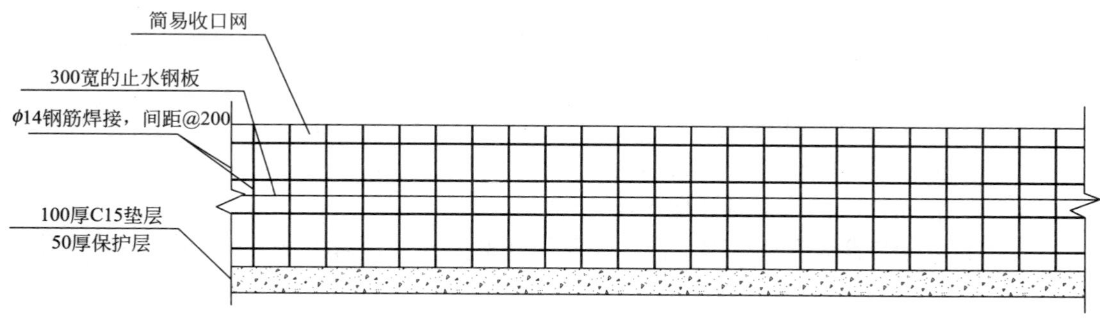

图 2-3-5　后浇带模板施工图

2. 模板拆除

1）梁板底模板及其支架拆除时，同条件养护的混凝土应符合设计要求。当设计无具体要求时，现浇混凝土结构底模拆除时的混凝土应符合以下要求（摘自《混凝土结构工程施工质量验收规范》GB 50204—2015）：

现浇混凝土结构拆模要求　　表 2-3-1

构件类型	构件跨度（m）	达到设计的混凝土立方体抗压强度标准值的百分率（%）
板	≤2	≥50
	>2、≤8	≥75
	>8	≥100
梁、拱壳	≤8	≥75
	>8	≥100
悬臂构件	—	≥100

2）基础、柱、梁等侧模应在混凝土浇筑24h后（冬季时间应延长）方可拆除，且应满足拆模后混凝土结构构件不得有缺棱掉角及表面损伤等现象。

3）后浇带模板的拆除应待混凝土达到设计强度后方可拆除。

4）模板拆除时，不应对楼层产生冲击荷载，拆除的模板和支架应分散堆放，并及时整理、清运。

3. 安全知识

1）预防坍塌施工的安全技术措施

（1）在浇筑混凝土前，对混凝土工进行现场交底，要求分层下料分层振捣，并不得堆载过大。

（2）支模楼层及满堂支撑架做到工完场清，尽量减少与满堂支撑架无关的多余活载。

（3）在支模满堂支撑架的楼层和区域各设一名管理人员和模板工进行全过程看模，并配置通畅的联络工具，架体发生变形，马上停止作业排除险情，待加设立杆并与水平杆连接完毕后方可继续作业。

（4）按照要求设置剪刀撑，增强架体整体刚度。

2）预防高空坠落的安全技术措施

（1）在电梯井、楼梯边，操作面、楼层周边设置外架、洞口防护，部分未到位位置利用满堂架搭设防护栏杆，防护栏杆高度不小于1.5m。

（2）临边外架搭设高度不小于1.5m，并在外围用密目网封闭。

（3）信号工持证上岗作业，不违章指挥。

（4）超过2m高空的作业及外架作业按要求系挂安全带。

（5）作业层满铺钢筋网片脚手板，作业层外架内外加护身栏杆，3600mm高处满挂水平兜网。

3）应急预案

对在支模架体上进行施工作业，在不重视的情况下极易发生高空坠落、模板坍塌和物体打击等重大安全事故，必须给予高度重视，应急预案是针对可能发生的三种紧急情况的应急准备和响应。

（1）应急就医路线

（2）人员分工及职责

（3）应急救援工作程序（伤亡报告、现场保护、事故调查、事故处理、应急救援急救步骤、一般伤员的现场救治、严重创伤出血伤员的现场救治、创伤救护的注意事项）

3.3 工艺难点（关键技术）

1）对跨度不小于4m的现浇钢筋混凝土梁、板，其模板应按设计要求起拱；当设计无具体要求时，起拱高度宜为跨度的1/1000 ~ 3/1000。

措施：在同一检验批内，对梁，应抽查构件数量的10%，且不少于3件；对板，应按有代表性的自然件抽查10%，且不少于3件；对大空间结构，板可按纵、横轴线划分检查面，抽查10%，且不少于3面。

相关测量仪器：水准仪或拉线、钢尺。

（1）固定在模板上的预埋件、预留孔和预留洞均不得遗漏，且应安装牢固，其偏差应符合如表1-9-2的规定。

措施：在同一检验批内，对梁、柱和独立基础，应抽查构件数量的10%，且不少于3件；对墙和板，应按有代表性的自然件抽查10%，且不少于3件；对大空间结构，墙可按相邻轴线间高度5m左右划分检查面，板可按纵横轴线划分检查面，检查10%，且不少于3面。

相关测量仪器：钢尺。

（2）现浇结构模板安装的偏差应符合如表1-9-1的规定。

措施：在同一检验批内，对梁、柱和独立基础，应抽查构件数量的10%，且不少于3件；对墙和板，应按有代表性的自然间抽查10%，且不少于3件；对大空间结构，墙可按相邻轴线间高度5m左右划分检查面，板可按纵横轴线划分检查面，检查10%，且不少于3面。

相关测量仪器：见上表。

2）相关仪器的使用方法

（1）经纬仪使用方法。

①连接螺旋：旋紧连接螺旋，将仪器固定在三脚架上。

②调节三脚架：将三脚架打开，调节高度适中，三条架腿分别处于测站周围，如果地面松软，应将架腿踩实。

③光学对中器：调节光学对中器的目镜和物镜，使地面清晰成像。

④脚螺旋：调节脚螺旋，将仪器精确调平。

⑤水平制动螺旋：旋紧水平制动螺旋，照准部被固定，望远镜无法在水平方向内转动。

⑥水平微动螺旋：水平制动螺旋旋紧后，旋转水平微动螺旋，照准部水平方向内微微转动。

⑦竖直制动螺旋：旋紧竖直制动螺旋，望远镜被固定在支架上无法转动。

⑧目镜调焦螺旋：转动目镜调焦螺旋，使十字丝清晰。

⑨水平度盘反光镜：调平水平度盘反光镜，读数窗内数字明亮。

⑩竖直度盘反光镜：调整竖直度盘反光镜，使读数窗内数字明亮。

⑪读数显微镜：调节读数显微镜，使读数清晰。

（2）水准仪的使用方法

①放置：首先确定两观测点中间的位置，可以采用来回步数取折中步数为大概中点位置，再打开三脚架并使高度适中（与胸口同高）尽量使三只脚拉伸长度相同，后期调平可以节约时间，扭紧制动螺旋，检查脚架是否牢固，防止摔倒。然后打开仪器箱，轻拿轻放，用连接螺旋将水准仪器连接在三脚架上，拧紧，防止松动掉落。

②调平：粗平，调节脚螺旋，使圆水准气泡居中，当水泡位于中心位置时说明仪器呈水平状态；用食指和大拇指转动3个脚螺旋，气泡在哪里说明哪里偏高，这时候只要转动螺旋即可，操作方法符合该规则（右手食指代表前进方向，左手大拇指代表前进方向）。

③瞄点：用望远镜准确地瞄准目标，定位测量的位置。睁一眼，闭一眼，先用准星器粗瞄，固定方向，当发现目标在视野下消失时，即眼睛—准星器—目标，形成一线，这时候是看不见测量物体的，代表目标物体进入望远镜视野范围；再观测目镜，用微动螺旋精瞄，准确定位物体的位置。

④读数：使用十字丝的中丝在水准尺上读数，从小数向大数读，读四位。米、分米看尺面上的注记，厘米数尺面上的格数，毫米估读。

⑤计算：目标高 = 后尺读数 + 后视高 – 前尺读数，两尺长度一样，测量出来的差距就是高程差，就能通过已知高程测下一点高程。

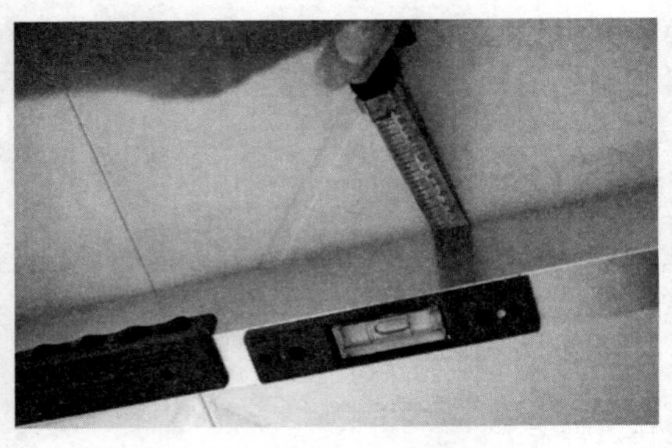
图 2-3-6 靠尺和塞尺

（3）靠尺和塞尺（图2-3-6）。

①墙面垂直度检测

a. 手持2m检测尺中心，位于与自己腰同高的墙面上，若墙下面的勒脚或饰面未做到底时，应将其往上延伸相同的高度（砖砌体、混凝土剪力墙、框架柱等结构工程的垂直度检测方法同上）。

b. 当墙面高度不足2m时，可用1m长检测尺检测。但是，应按刻度仪表显示规定读数，即使用2m检测尺时，取上面的读数；使用1m检测尺时，取下面的读数。对于高级饰面工程的阴阳角的垂直度也要进行检测。检测阳角时，要求检测尺离开阳角的距离不大于50mm；检测阴角时，要求检测尺离开阴角的距离不大于100mm，当然，越接近代表性就越强。

②墙面平整度检测

a. 检测墙面平整度时，检测尺侧面靠近被测面，其缝隙大小用楔形塞尺检测。每处应检测三个点，即竖向一点，并在其原位左右交叉45° 各一点，取其三点的平均值。

b. 平整度数值的正确读出，是用楔形塞尺塞入缝隙最大处确定的，但是如果手放在靠尺板的中间，或两手分别放在据两端1/3处检测时，应在端头减去100mm以内查找最大值读数。另外，如果将手放在检测尺的一端检测时，应测定另一端头的平整度，并取其值的1/2作为实测结果。

③地面平整度检测

检测地面平整度时，与检测墙面平整度方法基本相同，仍然是每处应检测三个点，即顺直方向一点，并在其原位左右交叉45° 各一点，取其三点的平均值。遇有色带、门洞口时，应通过其进行检测。

④水平度或坡度检测

视检测面所需要使用检测尺的长度，来确定是用1m，还是用2m的检测尺进行检测。检测时，将检测尺上的水平气泡朝上，位于被检测面处，并找出坡度的最低端后，再将此端缓缓抬起的同时，边看水平气泡是否居中，边塞入楔形塞尺，直至气泡达到居中之后，在塞尺刻度上所反映出的塞入深度，就是该检测面的水平度或坡度。

3.4 技术与工艺指导

3.4.1 技术与工艺指导内容

根据模板工职业技能标准的要求，高级别模板工应当具备技术与工艺指导的能力。根据模板工操作技能要求，技术与工艺指导主要包含以下几个方面。

1）施工准备

施工准备包括：材料准备，技术准备及其他准备工作。

（1）模板材料及支撑材料的种类，应根据建筑物结构特点（不同的体形、部位）及质量要求的不同，选择不同的模板。

（2）技术准备：模板安装前，应根据施工措施及技术交底的内容确定所选用的模板及支撑方式，然后按测量队所提供的边线、中心线及高程点进行立模。

（3）其他准备：模板安装前，还应准备好作业条件、机具设备等准备工作。

2）模板安装

根据建筑物特点及质量要求选定模板种类后，根据本书前面施工工艺中所介绍的工艺流程的要求进行安装，本节不再阐述。

模板安装前应检查的内容：

（1）混凝土缝面应冲洗干净。

（2）下部混凝土边线是否有起伏或不平整现象。

（3）有止水的地方，止水安装应已验收合格。

（4）对已变形或受损坏的模板必须进行清理修整，涂刷隔离剂。

模板安装施工要点：

（1）模板及其支架必须有足够的强度、刚度和稳定性，其支架的支承部分必须有足够的支承面积。

（2）安装现浇结构的上层模板及支架时，下层模板应具有承受上层荷载的承受能力，或加设支架；上、下层支架的立柱应对准，并铺设垫板。

（3）在涂刷模板隔离剂时，不得沾污钢筋与混凝土接茬处。

（4）模板安装应满足下列要求：

模板的接缝不应漏浆：板缝宽度应不大于2.5mm，在浇筑混凝土前，木模板应浇水湿润，但模板内不应有积水。

（5）模板与混凝土的接触面应清理干净并涂刷隔离剂，但不得采用影响结构性能或妨碍装饰工程施工的隔离剂，如油类隔离剂。

（6）浇筑混凝土前，模板内的杂物应清理干净。

（7）对跨度大于4m的现浇钢筋混凝土梁、板，其模板应按设计要求起拱；起供高度宜为跨度的1/1000 ~ 3/1000。

（8）固定在模板上的预埋件、预留孔和预留洞均不得遗漏，应专人复核且应安装牢固；其偏差符合规定。

3）模板拆除

（1）拆模前应经项目部批准同意；严格遵守拆模审批制度进行施工。

（2）底模及其支架拆除时的混凝土强度应符合设计要求，当设计无具体要求时，混凝土强度应符合如表2-3-1所示的规定。

（3）拆除模板的顺序和方法，应按模板设计的规定进行。若设计无规定时，应遵循拆模混凝土试块强度按项目部书面通知为准，并做到先支后拆，后支先拆；先拆不承重的模板，后拆承重部分的模板；自上而下，先拆侧向支撑，后拆竖向支撑等原则。

（4）模板拆除时，不应对楼层形成冲击荷载。拆除的模板和支架宜分散堆放并及时清运。

4）成品保护

（1）安装完毕的平台模板、梁模板不可临时堆料和当作业平台，模板平放时，要有木方垫架。立放时，要搭设分类模板架，模板触地处要垫木方，以此保证模板不扭曲、不变形，防止模板的变形、标高和平整度产生偏差。不可乱堆乱放或在组拼的模板上堆放分散模板和配件。

（2）工作面已安装完毕的墙、柱模板，不准在吊运其他模板时碰撞，不准在预拼装模板就位前作为临时倚靠，以防止模板变形或产生垂直偏差。工作面已安装完毕的平面模板，不可做临时堆料和作业平台，以保证支架的稳定，防止平面模板标高和平整产生偏差。

（3）拆除模板时，不得用大锤、撬棍硬碰猛撬，以免混凝土的外形或内部受到损伤，防止混凝土墙面及门窗洞口等处出现裂纹。

（4）保持模板本身的整洁及配套构件的齐全，放置合理，保证板面不变形。

（5）模板吊运就位时要平稳、准确，不得碰砸墙体、楼板及其他已施工完的部位，不得兜挂钢筋。用撬棒调整模板时，撬棒下要支垫木方，要注意保护模板下面的海绵条或砂浆找平层。

（6）冬期施工防止混凝土受冻，当混凝土达到规范规定的拆模强度后方准拆模，否则会影响混凝土质量。

5）安全保证措施

（1）吊车作业时，人员应站在安全半径外，指挥人员必须站在司机可以看到的安全地点。

（2）现场架设的电力线，不得使用裸导线，临时敷设的电线不准挂在导电的现场物体上，必须安设绝缘支撑物。

（3）堆放模板的场地要平整，场地范围要有明显区分标志。模板起吊前，检查吊钩是否完整有效，螺栓有无松动。

（4）吊装时应设专人指挥，统一信号。

（5）禁止一次起吊两块或两块以上模板，不得斜吊，严防大幅度摆动，碰撞相邻模板。

6）环境保护、文明施工、夜间施工

（1）环境保护措施

①重视环境保护工作、加强环境保护教育、贯彻环境保护法规、强化环境保护管理。

②施工场地和运输道路经常洒水，尽可能减少灰尘对附近居民、生产人员及其他人员造成危害及对农作物的污染。

③对于施工中废弃的零碎配件、水泥袋、包装箱等及时收集清理并搞好现场卫生，以保护自然环境不受破坏。

（2）文明施工

①现场施工人员要求挂牌、戴安全帽作业。

②施工现场要求各类工具、材料、模板按类整齐摆放。

③施工现场设置“安全生产警示牌”“文明施工牌”。

④施工现场各工种（岗位）安全职责及操作规程张挂于作业地点；各机械设备的安全操作规程张挂于设备上或设备作业地点。

（3）夜间施工措施

连续作业的工程项目，夜间施工将采取以下措施，确保工程质量与安全。

①建立夜间值班制度，做好周密的组织和技术交底，配备足够的物资和照明设施，确保夜间施工顺利进行。

②严格检查制度，确保各项技术质量指标准确、无误，符合工程质量验收标准要求。

③严格隐蔽工程检查签证制度，夜间必须进行隐蔽工程施工时，应按规定提前通知监理工程师到现场检查，并办理签证手续，未经监理工程师检查签证，禁止进行下一道工序施工。

④安装足够的照明设备，保证夜间施工有良好的照明条件。对于在夜间施工难以保证工程质量和施工安全的项目，不得安排在夜间施工。

⑤做好夜间施工防护，在作业地点附近设置警示标志，悬挂红色灯，以提醒行人和司机注意，并安排专人值守。

3.4.2　考核评价

1）模板安装允许偏差和外观质量检测评分标准，如表 2-3-2 所示。

模板安装允许偏差和外观质量检测评分标准　　　　**表 2-3-2**

<table>
<tr><th colspan="2">项目</th><th>允许偏差
（mm）</th><th>所占分值</th><th colspan="5">抽检数量</th><th>得分</th></tr>
<tr><td colspan="2">轴线位移</td><td>5</td><td>5</td><td></td><td></td><td></td><td></td><td></td><td></td></tr>
<tr><td colspan="2">垂直度</td><td>6</td><td>10</td><td></td><td></td><td></td><td></td><td></td><td></td></tr>
<tr><td colspan="2">构件标高</td><td>± 5</td><td>5</td><td></td><td></td><td></td><td></td><td></td><td></td></tr>
<tr><td colspan="2">相邻模板
表面高差</td><td>2</td><td>10</td><td></td><td></td><td></td><td></td><td></td><td></td></tr>
<tr><td rowspan="2">截面内部
尺寸</td><td>基础</td><td>± 10</td><td rowspan="2">10</td><td colspan="5"></td><td></td></tr>
<tr><td>柱、墙、梁</td><td>4，-5</td><td></td><td></td><td></td><td></td><td></td><td></td></tr>
<tr><td colspan="2">配板方法
支撑牢固</td><td>正确</td><td>10</td><td colspan="5"></td><td></td></tr>
<tr><td colspan="2">表面平整度</td><td>5</td><td>10</td><td></td><td></td><td></td><td></td><td></td><td></td></tr>
<tr><td colspan="2">拆模</td><td>顺序正确
堆放整齐</td><td>10</td><td colspan="5"></td><td></td></tr>
<tr><td colspan="2">工效</td><td></td><td>20</td><td colspan="5">每少工程量 10% 扣 5 分</td><td></td></tr>
<tr><td colspan="2">安全文明施工</td><td></td><td>10</td><td colspan="5">工完，料尽，场地清，无安全问题</td><td></td></tr>
<tr><td colspan="9">合计</td><td></td></tr>
</table>

注：摘自《混凝土结构工程施工质量验收规范》GB 50204。

2）现场考核评价（表 2-3-3）。

现场考核评价表　　表 2-3-3

单位名称					
项目名称					
评定项目	评定等级				
	优	良	中	合格	不合格
工作纪律					
学习态度					
专业知识					
工作能力					
其他表现					
简要评价					
技术指导工程师签名		单位盖章			

3.5 技术革新与发展

3.5.1 整体爬升钢平台技术

整体爬升钢平台技术是采用由整体爬升的全封闭式钢平台和支撑架组成一体化的模板支撑架体系进行建筑高空钢筋模板工程施工的技术。该技术通过支撑系统或爬升系统将所承受的荷载传递给混凝土结构，由动力设备驱动，运用支撑系统与爬升系统交替支撑进行模板支撑架体系爬升，实现模板工程高效安全作业，保证结构施工质量，满足复杂多变的混凝土结构工程施工的要求。

1. 技术内容

整体爬升钢平台系统主要由钢平台系统、支撑架系统、支撑系统、爬升系统、模板系统构成。

1）钢平台系统位于顶部，可由钢框架、钢桁架、盖板、围挡板等部件通过组合连接形成整体结构，具有大承载力的特点，满足施工材料和施工机具的停放以及承受支撑架和支撑系统等部件同步作业荷载传递的需要，钢平台系统是地面运往高空物料机具的中转堆放场所。

2）支撑架系统为混凝土结构施工提供高空立体作业空间，通常连接在钢平台系统下方，侧向及底部采用全封闭状态防止高空坠物，满足高空安全施工需要。

3）支撑系统为整体爬升钢平台提供支承作用，并将承受的荷载传递至混凝土结构；支撑系统可与支撑架系统一体化设计，协同实现支撑架功能；支撑系统与混凝土结构可通过接触支承、螺栓连接、焊接连接等方式传递荷载。

4）爬升系统由动力设备和爬升结构部件组合而成，动力设备采用液压控制驱动的双作用液压缸或电动机控制驱动的蜗轮蜗杆提升机等；柱式爬升结构部件由钢格构柱或钢格构柱与爬升靴等组成，墙式爬升部件由钢梁等构件组成；爬升系统的支撑通过接触支承、螺栓连接、焊接连接等方式将荷载传递到混凝土结构。

5）模板系统用于现浇混凝土结构成型，随整体爬升钢平台系统提升，模板采用大钢模、钢框木模、铝合金框木模等。整体爬升钢平台系统各工作面均设置有人员上下的安全楼梯通道以及临边安全作业防护设施等。

整体爬升钢平台根据现浇混凝土结构体型特征以及混凝土结构劲性柱、伸臂桁架、剪力钢板的布置等进行设计，采用单层或双层施工作业模式，选择适用的爬升系统和支撑系统，分别验算平台爬升作业工况和平台非爬升施工作业工况荷载承受能力；可根据工程需要在钢平台系统上设置布料机、塔机、人货电梯等施工设备，实现整体爬升钢平台与施工机械一体化协同施工；整体爬升钢平台采用标准模块化设计方法，通过信息化自动控制技术实现智能化控制施工。

2. 技术指标

1）双作用液压缸可采用短行程、中行程、长行程方式，液压油缸工作行程范围通常为350 ~ 6000mm，额定荷载通常为400 ~ 4000kN，速度80 ~ 100mm/min。

2）蜗轮蜗杆提升机螺杆行程范围通常为3500 ~ 4500mm，螺杆直径通常为40mm，额定荷载通常为100 ~ 200kN，速度通常为30 ~ 80mm/min。

3）双作用液压缸通过液控与电控协同工作，各油缸同步运行误差通常控制不大于5mm。

4）蜗轮蜗杆提升机通过电控工作，各提升机同步运行误差通常控制不大于15mm。

5）钢平台系统施工活荷载通常取值为3.0 ~ 6.0kN/m^2，支撑架和支撑系统通道活荷载通常取值为1.0 ~ 3.0kN/m^2。

6）爬升时按对应8级风速的风荷载取值计算，非爬升施工作业时按对应12级风速的风荷载取值计算，非爬升施工作业超过12级风速时采取构造措施与混凝土结构连接牢固。

7）整体爬升钢平台支撑于混凝土结构时，混凝土实体强度等级应满足混凝土结构设计要求，且不应小于10MPa。

8）整体爬升钢平台防雷接地电阻不应大于4Ω。

3. 适用范围

主要应用于高层和超高层建筑钢筋混凝土结构核心筒工程施工，也可应用于类似结构工程。

4. 工程案例

上海东方明珠电视塔、金茂大厦、上海世茂国际广场、上海环球金融中心、广州塔、南京紫峰大厦、广州珠江新城西塔、深圳京基金融中心、苏州东方之门、上海中心大厦、天津117大厦、武汉中心大厦、广州东塔、上海白玉兰广场、武汉绿地中心、北京中国尊、上海静安大中里、南京金鹰国际广场等工程。

3.5.2 组合式带肋塑料模板技术

塑料模板具有表面光滑、易于脱模、重量轻、耐腐蚀性好、模板周转次数多、可回收利用的特点，有利于环境保护，符合国家节能环保要求。塑料模板分为夹芯塑料模板、空腹塑料模板和带肋塑料模板，其中带肋塑料模板在静曲强度、弹性模量等指标方面最好。

1. 技术内容

1）组合式带肋塑料模板的边肋分为实腹型边肋和空腹型边肋两种，模板之间连接分别采用回形销或塑料销连接（图2–3–7）。

(*a*)　　(*b*)

图2–3–7　组合式带肋塑料模板

(*a*) 实腹型边肋；(*b*) 空腹型边肋

2）组合式带肋塑料模板分为平面模板、阴角模板、阳角模板，其中平面模板适用于支设墙、柱、梁、板、门窗洞口、楼梯顶模，阴角模板适用于墙体阴角、墙板阴角、墙梁阴角，阳角模板适用于外墙阳角、柱阳角、门窗洞口阳角。

3）组合式带肋塑料模板的墙柱模采用钢背楞，水平模板采用独立支撑、早拆头或钢梁组成的支撑系统，能实现模板早拆，施工方便、安全可靠。

4）组合式带肋塑料模板宜采取墙柱梁板一起支模、一起浇筑混凝土，要求混凝土施工时分层浇筑、分层振捣。在梁板混凝土达到拆模设计强度后，保留部分独立支撑和钢梁，按规定要求有序进行模板拆除。

5）组合式带肋塑料模板表面光洁、不粘混凝土，易于清理，不用涂刷或很少涂刷隔离剂，不污染环境，符合环保要求。

6）组合式带肋塑料模板施工技术

（1）根据工程结构设计图，分别对墙、柱、梁、板进行配模设计，计算所需的塑料模板和配件的规格与数量。

（2）编制模板工程专项施工方案，制定模板安装、拆除方案及施工工艺流程。

（3）对模板和支撑系统的刚度、强度和稳定性进行验算；确定保留养护支撑的位置及数量。

（4）制定确保组合式带肋塑料模板工程质量、施工安全和模板管理等有关措施。

2. 技术指标

1）组合式带肋塑料模板宽度为100 ~ 600mm，长度为100mm、300mm、600mm、900mm、1200mm、1500mm，厚度50mm。

2）组拼式阴角模宽度为100mm、150mm、200mm，长度为200mm、250mm、300mm、600mm、1200mm、1500mm。

3）矩形钢管采用2根30mm × 60mm × 2.5mm或2根40mm × 60mm × 2.5mm。

4）组合式带肋塑料模板可以周转使用60 ~ 80次。

5）组合式带肋塑料模板物理力学性能指标如表2-3-4所示。

组合式带肋塑料模板物理力学性能指标　　表 2-3-4

项目	单位	指标
吸水率	%	≤ 0.5
表面硬度（邵氏硬度）	H_D	≥ 58
简支梁无缺口冲击强度	kJ/m^2	≥ 25
弯曲强度	MPa	≥ 70
弯曲弹性模量	MPa	≥ 4500
维卡软化点	℃	≥ 90
加热后尺寸变化率	%	± 0.1
燃烧性能等级	级	≥ E
模板跨中最大挠度	mm	1.5

注：摘自《建筑业十项新技术（2017版）》。

3. 适用范围

组合式带肋塑料模板被广泛应用在多层及高层建筑的墙、柱、梁、板结构、桥墩、桥塔、现浇箱形梁、管廊、电缆沟及各类构筑物等现浇钢筋混凝土结构工程上。

4. 工程案例

浙江省台州市温岭银泰城、台州市温岭建设大厦、石家庄市宋营沿街商业楼、贵州省贵阳龙洞堡国际机场航站楼、江西省吉安市城南安置房、上海金山新城G5地块配套商品房、安徽省芜湖市万科海上传奇花园、浙江省杭州市萧山区万科金辰之光、柳州市柳工颐华城、中铁大桥局帕德玛大桥、西宁市地下综合管廊工程、北京市丰台区海格通信大厦工程、广州市广东省建工集团办公楼工程、广州市珠江新城地下车库工程、广州市广钢博会工程、珠海市中国人民银行办公综合楼工程、东莞市粮油项目工程等。

3.5.3　预制节段箱梁模板技术

预制节段箱梁是指整跨梁分为不同的节段，在预制厂预制好后，运至架梁现场，由专用节段拼装架桥机逐段拼装成孔，逐孔施工完成。目前生产节段梁的方式有长线法和短线法两种。预制节段箱梁模板包括长线预制节段箱梁模板和短线预制节段箱梁模板两种。

长线法：将全部节段在一个按设计提供的架梁线形修建的长台座上一块接一块地匹配预制，使前后两块间形成自然匹配面。

短线法：每个节段的浇注均在同一特殊的模板内进行，其一端为一个固定的端模，另一端为已浇梁段（匹配梁），待浇节段的位置不变，通过调整已浇筑匹配梁的几何位置获得任意规定的平、纵曲线的一种施工方法，台座仅需4 ~ 6个梁段长。

1. 技术内容

1）长线预制节段箱梁模板设计技术

长线预制节段箱梁模板由外模、内模、底模、端模等组成，根据梁体结构对模板进行整体设计，模板整体受力分析（图2-3-8a）。

外模需具有足够的强度，可整体脱模，易于支撑，与底模的连接简易可靠，并可实现外模整体纵移。内模需考虑不同节段内模截面变化导致的模板变换，并可满足液压脱模，内模需实现整体纵移行走。

2）短线预制节段箱梁模板设计技术

短线预制节段箱梁模板需根据梁体节段长度、种类、数量对模板配置进行分析，合理配置模板。短线预制节段箱梁模板由外模、内模、底模、底模小车、固定端模、固定端模支撑架等组成（图2-3-8b）。

(*a*)

(*b*)

图2-3-8 预制节段箱梁模板

(*a*) 长线预制节段箱梁模板；(*b*) 短线预制节段箱梁模板

固定端模作为整个模板的测量基准，需保证模板具有足够的强度和精度。

底模需实现平移及旋转功能，并可带动匹配节段整体纵移。

外模需具有足够的强度，可整体脱模，易于支撑，为便于与已浇筑节段匹配，外模需满足横向与高度方向的微调，并可实现外模整体纵移一定的距离。

内模需考虑不同节段内模截面变化导致的模板变换，并可满足液压脱模，内模需实现整体纵移行走。

2. 技术指标

1）模板面弧度一致，错台、间隙误差不大于0.5mm。

2）模板制造长度及宽度误差 ±1mm。

3）平面度误差不大于2mm/2m。

4）模板安装完后腹板厚误差为（0，+5）mm。

5）模板安装完后底板厚误差为（0，+5）mm。

6）模板安装完后顶板厚误差为（0，+5）mm。

7）模板周转次数200次以上。

3. 适用范围

预制节段箱梁主要应用于公路、轻轨、铁路等桥梁中。

4. 工程案例

泉州湾跨海大桥、芜湖长江二桥、上海地铁、乐清湾跨海大桥、澳门轻轨、广州地铁、台州湾跨海大桥、港珠澳跨海大桥。

3.5.4　管廊模板技术

管廊的施工方法主要分为明挖施工和暗挖施工。明挖施工可采用明挖现浇施工法与明挖预制拼装施工法。当前，明挖现浇施工管廊工程量很大，工程质量要求高，对管廊模板的需求量大，本管廊模板技术主要包括支模和隧道模两类，适用于明挖现浇混凝土管廊的模板工程。

1．技术内容

1）管廊模板设计依据

管廊混凝土浇筑施工工艺可采取工艺为：管廊混凝土分底板、墙板、顶板三次浇筑施工；管廊混凝土分底板、墙板和顶板两次浇筑施工。按管廊混凝土浇筑工艺不同应进行相对应的模板设计与制定施工工艺。

2）混凝土分两次浇筑的模板施工工艺

（1）底板模板现场自备；

（2）墙模板与顶板采取组合式带肋塑料模板、铝合金模板、隧道模板施工工艺等（图 2-3-9）。

(*a*)

(*b*)

图 2-3-9　组合式带肋塑料模板在管廊工程中应用
(*a*) 混凝土分两次浇筑的模板；(*b*) 混凝土分三次浇筑的模板

3）混凝土分三次浇筑的模板施工工艺

（1）底板模板现场自备。

（2）墙板模板采用组合式带肋塑料模板、铝合金模板、全钢大模板等。

（3）顶板模板采用组合式带肋塑料模板、铝合金模板、钢框胶合板台模等。

4）管廊模板设计基本要求

（1）管廊模板设计应按混凝土浇筑工艺和模板施工工艺进行。

（2）管廊模板的构件设计，应做到标准化、通用化。

（3）管廊模板设计应满足强度、刚度要求，并应满足支撑系统稳定。

（4）管廊外墙模板采用支模工艺施工应优先采用不设对拉螺栓作法，也可采用止水对拉螺栓作法，内墙模板不限。

（5）当管廊采用隧道模施工工艺时，管廊模板设计应根据工程情况的不同，可以按全隧道模、半隧道模和半隧道模 + 台模的不同工艺设计。

（6）当管廊顶板采用台模施工工艺时，台模应将模板与支撑系统设计成整体，保证整装、整拆、整体移动，并应根据顶板拆模强度条件考虑养护支撑的设计。

5）管廊模板施工

（1）采用组合式带肋塑料模板、铝合金模板、隧道模板施工应符合各类模板的行业标准规定要求及《混凝土结构工程技术规范》GB 50666—2011规定要求。

（2）隧道模是墙板与顶板混凝土同时浇筑、模板同时拆除的一种特殊施工工艺，采用隧道模施工的工程，应重视隧道模拆模时的混凝土强度，并应采取隧道模早拆技术措施。

2. 技术指标

1）组合式带肋塑料模板：模板厚度50mm，背楞矩形钢管2根60mm × 30mm × 2mm或2根60mm × 40mm × 2.5mm。

2）铝合金模板：模板厚度65mm，背楞矩形钢管2根80mm × 40mm × 3mm或2根60mm × 40mm × 2.5mm。

3）全钢大模板：模板厚度85mm/86mm，背楞槽钢100mm。

4）隧道模：模板台车整体轮廓表面纵向直线度误差≤1mm/2m，模板台车前后端轮廓误差≤2mm，模板台车行走速度3 ~ 8m/min。

3. 适用范围

采用现浇混凝土施工的各类管廊工程。

4. 工程案例

组合式带肋塑料模板、铝合金模板应用于西宁市地下综合管廊工程；隧道模应用于朔黄铁路穿越铁路箱涵（全隧道模）、山西太原汾河二库供水发电隧道箱涵（全隧道模）、南水北调滹沱河倒虹吸箱涵（台模）。

3.5.5 3D打印装饰造型模板技术

3D打印装饰造型模板采用聚氨酯橡胶、硅胶等有机材料，打印或浇筑而成，有较好的抗拉强度、抗撕裂强度和粘结强度，且耐碱、耐油，可重复使用50 ~ 100次。通过有装饰造型的模板给混凝土表面做出不同的纹理和肌理，可形成多种多样的装饰图案和线条，利用不同的肌理显示颜色的深浅不同，实现材料的真实质感，具有很好的仿真效果。

1. 技术内容

1）3D打印装饰造型模板是一个质量有保证而且非常经济的技术，它使设计师、建筑师、业主做出各种混凝土装饰效果。

2）3D打印装饰造型模板通常采用聚氨酯橡胶、硅胶等有机材料，有较好的耐磨性能和延伸率，且耐碱、耐油，易于脱模而不损坏混凝土装饰面，可以准确复制不同造型、肌理、凹槽等。

3）通过装饰造型模板给混凝土表面做出不同的纹理和肌理，利用不同的肌理显示颜色的深浅不同，实现材料的真实质感，具有很好的仿真效果（图2-3-10a、图2-3-10b）；如针对的是高端混凝土市场的一些定制的影像刻板技术造型模板，通过侧面照射过来的阳光，通过图片刻板模板完成的混凝土表面的条纹宽度不一样，可以呈现不同的阴影，使混凝土表面效果非常生动（如图2-3-10c）。

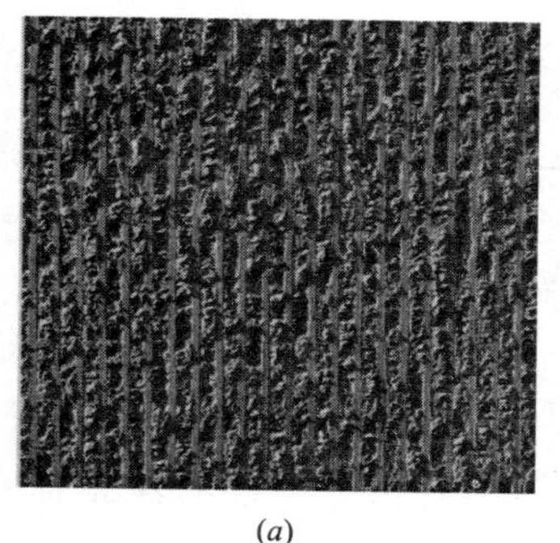
(a)

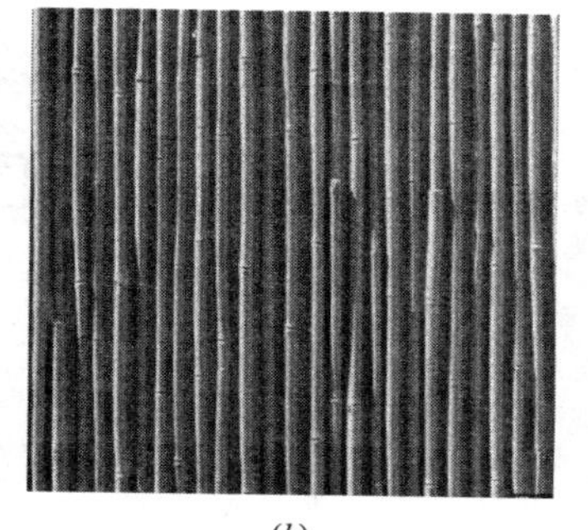
(b)

(c)

图 2-3-10　装饰造型模板仿真效果
(a) 仿石材纹理；(b) 仿竹材纹理；(c) 影像纹理

4）3D打印装饰造型模板特点

（1）应用装饰造型模板成型混凝土，可实现结构装饰一体化，为工业化建筑省去二次装饰。

（2）产品安全耐久，避免了瓷砖脱落等造成的公共安全隐患。

（3）节约成本，因为装饰造型模板可以重复使用，可以大量节约生产成本。

（4）装饰效果逼真，不管仿石、仿木等任意造型均可达到与原物一致的效果，从而减少了资源的浪费。

2. 技术指标

主要技术指标参数　　**表 2-3-5**

主要指标	1类模板	2类模板
模板适用温度	+65℃内	+65℃内
肌理深度	＞25mm	1 ~ 25mm
最大尺寸	约1m × 5m	约4m × 10m
弹性体类型	轻型 γ=0.9	普通型 γ=1.4
反复使用次数	50次	100次
包装方式	平放	卷拢

注：摘自《建筑业十项新技术（2017版）》。

3. 适用范围

通过3D打印装饰造型模板技术，可以设计出各种各样独特的装饰造型，为建筑设计师立体造型的选择提供更大的空间，混凝土材料集结构装饰性能为一体，预制建筑构件、现浇构件均可，可广泛应用于住宅、围墙、隧道、地铁站、大型商场等工业与民用建筑，使装饰和结构同寿命，实现建筑装饰与环境的协调。

4. 工程案例

2010世博会上海案例馆、上海崇明桥现浇施工、上海南站现浇隔声屏、上海青浦桥现浇施工、上海虹桥机场10号线入口、上海地铁金沙江路站、杭州九堡大桥、上海常德路景观围墙及花坛、上海野生动物园地铁站、世博会中国馆地铁站、上海武宁路桥等。

第4章　模板施工工艺

4.1　模板翻样

模板翻样是工业建筑模板工程中的一项重要工作。它是在全面熟悉设计图纸的前提下，以建筑物各个标准层的平面图为基础，汇集与该层有关的各结构构件，并进行高度的归纳。通过翻样，能够一目了然地看出各建筑层的结构状况、预留孔洞以及预埋件的位置等。它以一张图归纳多张蓝图的内容，给施工班组带来极大的方便，节约了大量的时间。同时，在翻样过程中，能够仔细地推敲结构细节，发现设计图中存在的问题，以求得及时解决，避免施工错误。

4.1.1　绘制翻样图的要求

1）熟悉和审阅施工图样

在绘制翻样图之前，应将各专业图样全部审阅（这里主要指建筑施工图、结构施工图和设备施工图），对每一个节点、每一结构、配件都要很熟悉，做到对整个工程心中有数。看图过程中应着重抓住水、电、暖等工程与土建之间的关系。

例如，各种管道穿墙留洞的大小及标高。在结施或建施中是否标出，标注尺寸是否相符，土建与安装之间前后是否有矛盾，特别是门窗洞口、梁、柱等的轴线、编号、数量是否对应。

2）熟悉施工方案、施工规范

翻样图要与工程的施工方案一致并符合各工种的搭接顺序，因此在绘制翻样图前必须熟悉、掌握工程的施工方法和施工顺序，分清各种构配件哪些是预制，哪些由现场加工，哪些由工厂加工，然后按施工方案的规定和要求画出翻样图。翻样图要与施工规范相适应，因此绘制前必须认真阅读施工规范。

3）了解材料供应情况

充分进行市场调查，了解材料供应情况，以便根据材料的规格和供应的实际情况，对原来的设计进行核对和修改。

4）仔细阅读图样会审记录和设计变更

仔细阅读图样会审记录和设计变更，根据设计变更情况及时绘制变更大样图，以指导施工。

4.1.2　模板翻样的绘制方法

1）模板结构平面图中，下层梁的轮廓线用中粗虚线表示，本层楼面轮廓线用粗实线表示，被剖切到柱子涂成黑色。

2）为表明现浇钢筋混凝土结构梁、板、柱的连接情况及其他们的断面形状和尺寸，常画出断面详图。对于框架结构一般采用沿横向作剖切，画出梁、板、柱的横向框架立面图，同时画出其他断面详图。

3）在模板翻样图中，应标注各结构构件的型号、断面尺寸和断面的剖切符号等，以便识读。

4）为便于配模和安装，在结构平面图中要标注梁、柱与定位轴线的位置尺寸和梁与梁之间的净尺寸，圈梁、过梁下门窗洞口的长、宽尺寸应用虚线表示。

4.1.3　模板翻样的绘制要点

1）绘制建筑物标准层平面图：一般采用电脑将原蓝图进行复制。

2）标注本层的标高和下层的标高：主要是便于计算柱模及其顶撑的长度。

3）在平面图上归纳和绘制如下结构内容：

（1）梁、板、柱及其他构件的断面和几何尺寸，相同型号的只需标注出一个，较复杂的以及特殊形式的结构构件，应绘制大样图，并在平面图上编上大样图图号，断面线一律在CAD图中用其他颜色做记号。

（2）预留孔洞、预埋件的平面位置和几何尺寸、标高等，如不能表达清楚时，还需绘制大样图。

（3）同一平面上不同标高的部位，除应注明相异的标高外，还要画出断面图。

（4）选用标准图集的结构部位，按标准图绘制出结构大样图。

（5）屋面的挑檐、天沟除绘制出剖面外，不能表达的部位，仍需绘制大样图。

4）较长的大型建筑物，可以沉降缝为分界线，分别绘制。

4.2　模板放样

4.2.1　墙、柱及模板的放样

根据控制轴线和坐标控制点位置放样出墙、柱的位置、尺寸线或中心点，用于检查墙、柱钢筋位置，及时纠偏，以利于模板位置就位。再在其周围放出模板线控制线（控制线一般按距结构外边50cm）。放双线控制以保证墙、柱的截面尺寸及位置。然后放出柱中线，待柱拆除模板后把此线引到柱面上，以确定上层梁的位置。如图2-4-1、图2-4-2所示。

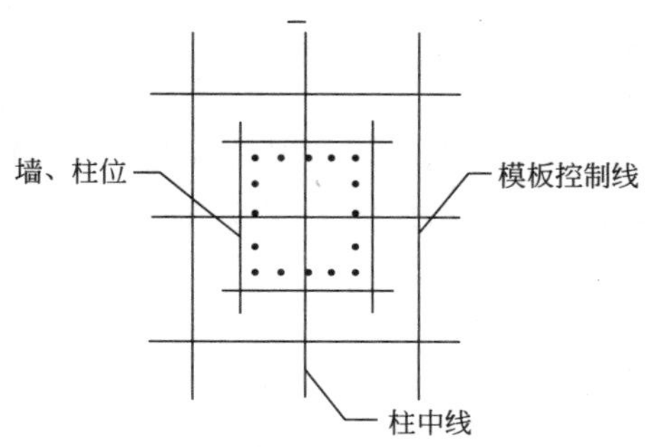

图 2-4-1　方形柱控制线测设

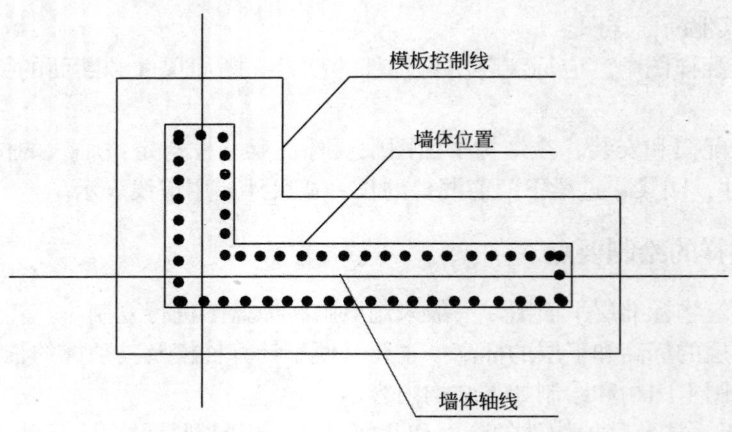

图 2-4-2　墙体控制线测设

4.2.2　梁、板的放样

待墙、柱拆模后，进行高程传递，立即在墙、柱上用墨线弹出四个方向的柱中线，不得漏弹，再据此线向上引测出梁、板底、模板线。如图2-4-3所示。

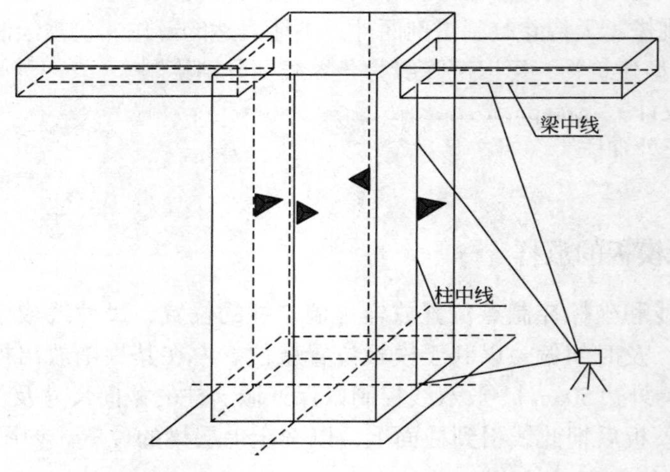

图 2-4-3　梁板控制线测设

4.2.3　门窗、洞口的放样

在放墙体线的同时弹出门窗洞口的平面位置，再在绑好的钢筋笼上放样出窗体洞口的高度，用油漆标注，放置窗体洞口成型模体。外墙门窗、洞口竖向弹出通线与平面位置校核，以控制门窗、洞口位置。

4.2.4　楼梯踏步的放样

根据楼梯踏步的设计尺寸，在实际位置两边的墙上用墨线弹出，并弹出两条梯角平行线，以便纠偏。如图2-4-4所示。

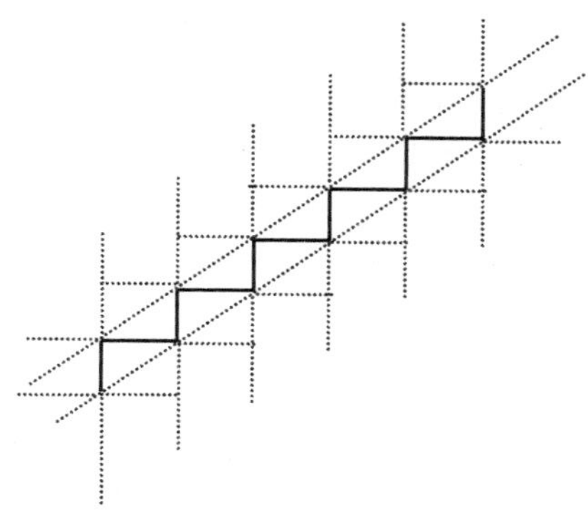

图 2-4-4　楼梯踏步放样示意

4.3　计算机绘图基础

4.3.1　绘图环境简介

计算机辅助设计是信息技术在工业领域的一项重要应用，是现代设计工程的一项关键技术。

计算机辅助设计，“Computer Aided Design”，简写为“CAD”，是指利用计算机的计算功能和高效的图形处理能力，对产品进行辅助设计、分析、优化、工程绘图等。

AutoCAD 是 Autodesk 公司开发的一个二、三维交互式图形软件系统，是我国目前应用最广的图形软件之一。

1. AutoCAD 工作方式

1）AutoCAD 任何一项操作都可以通过以下方式完成：

（1）下拉菜单（点击）。

（2）屏幕菜单（点击）。

（3）工具栏（点击）。

（4）命令（键入）。

2）AutoCAD 命令中各种符号的约定

（1）“/”分隔符号：将不同选项分隔开，大写字母表示缩写方式，可直接键入此字母选择该选项。

（2）“<　>”小括号：缺省的输入值或缺省的选项。符合要求直接回车；不符合要求键入新值。

（3）Esc：中途退出命令。

（4）执行完某个命令后直接回车，可重复上一个命令。

（5）可采用复制和粘贴的方式在命令行中执行命令。

2. 选择实体的方式

实体为图形操作的最小单位。如点、线、面、三维几何要素等。其选择方式有：

1）直接点取方式（默认）

通过鼠标或其他输入设备直接点取实体，后实体呈高亮度显示，表示该实体已被选中，就可以对其进行编辑。可以在AutoCAD的“Tools”菜单中调用“Options…”弹出“Options”对话框，选择“Selection”选项卡来设置选择框的大小（读者可以自己根据情况尝试修改，以达到满意的效果）。如果我们在“选择实体：”的提示下输入AU（AUto），效果就等同于“直接点取方式”。

2）窗口方式

当命令行出现“Select Objects：”提示时，如果将点取框移到图中空白地方并按住鼠标左键，AutoCAD会提示：另一角，此时如果将点取框移到另一位置后按鼠标左键，AutoCAD会自动以这两个点取点作为矩形的对顶点，确定一默认的矩形窗口。如果窗口是从左向右定义的，框内的实体全被选中，而位于窗口外部以及与窗口相交的实体均未被选中；若矩形框窗口是从右向左定义的，那么不仅位于窗口内部的对象被选中，而且与窗口边界相交的对象也会被选中。事实上，从左向右定义的框是实线框，从右向左定义的框是虚线框（大家不妨注意观察一下）。对于窗口方式，也可以在“Select Objects：”的提示下直接输入W（Windows），则进入窗口选择方式，不过，在此情况下，无论定义窗口是从左向右还是从右向左，均为实线框。如果我们在“Select Objects：”提示下输入BOX，然后再选择实体，则会出现与默认的窗口选择方式完全一样。

3）交叉选择

当提示“Select Objects：”时，键入C（Crossing），则无论从哪个方向定义矩形框，均为虚线框，均为交叉选择实体方式，只要虚线框经过的地方，实体无论与其相交或包含在框内，均被选中。

3. 基本文件操作

1）AutoCAD的文件类型

AutoCAD 图形文件的缺省扩展名为 DWG。例如：model.dwg。

2）启动和退出 AutoCAD

（1）启动A utoCAD

用鼠标双击桌面上AutoCAD 的图标，即可启动AutoCAD。

（2）退出A utoCAD

用鼠标点击标题栏上的“关闭”按钮。

3）创建一个新的绘图文件

当打开AutoCAD软件时，系统会创建一个默认的新文件：Drawing1.dwg。

在命令行输入new（新建图形命令）或qnew（快速新建命令）进行创建新图形。

4）打开一个原有的绘图文件

单击菜单栏中的“文件”中“打开”命令。

5）保存绘图文件

单击菜单栏中的“文件”中“保存”命令。

6）另存绘图文件

单击菜单栏中的“文件”中“另存为”命令。

4.3.2　常用绘图命令

常用绘图命令如表2–4–1所示。

常用绘图命令　　表 2-4-1

命令	图标	功能	命令操作
Line		绘制直线	输入线段起点，终点：P_1、P_2、P_3……P_n 回车结束
Circle		绘制圆	输入圆心，半径
Arc		绘制圆弧	输入确定圆弧的三个点
Rectang		绘制矩形	输入矩形的第一个角点，输入矩形的对角角点
Polygon		绘制正多边形	输入边数，多边形中心，多边形内切［外接］圆半径
Ellipse		绘制椭圆	输入椭圆第一个轴的两个端点，第二个轴的一个端点
Pline		绘制多义线　或绘制箭头	绘制多义线：输入起点，下一点……回车结束 绘制箭头：输入起点，选择 W（定义起、终点线宽）……
Spline		绘制样条曲线	输入第一点，下一点……回车，回车，回车
Point		绘制点	指定点，指定点……按 Esc 键结束
Hatch		图样填充	在对话框内选取图案式样，点击“Pick Points”按钮，在填充区域内指定一点，回车，按“OK”按钮
Text		添加单行文字	输“s”选择文字字形，指定文字书写起点，输入字高，旋转角度，输入文字，回车，回车
Mtext	A	添加多行文字	通过对话框操作完成多行或单行文本的输入

特殊符号：(1) 直径符号“Ø”：%% c；

(2) 度数符号“°”：%% d；

(3) 公差符号“±”：%% p。

4.3.3　常用编辑命令

常用编辑命令如表2–4–2所示。

常用编辑命令　　表 2-4-2

命令	图标	功能	命令操作
Erase		删除对象	拾取要删除的对象
Move		移动对象	拾取要移动的对象，指定位移的基点、距离
Rotate		旋转对象	拾取要旋转的对象，指定旋转基点、旋转角度
Copy		复制对象	拾取要复制的对象，指定复制的基点、位移
Mirror		镜像对象	拾取要镜像的对象，再拾取镜像线上的第一点、第二点
Extend		延伸对象	拾取延伸边界，再拾取被延伸对象

续表

命令	图标	功能	命令操作
Trim		修剪对象	拾取作为剪切边的对象，再拾取被修剪的对象
Break		断开对象	拾取断开对象的第一个断点、第二个断点
Offset		偏移对象	指定偏移距离，拾取要偏移的对象、选择偏移方位（复制）
Scale		缩放对象	拾取要缩放的对象，指定缩放的基点，比例
Array		阵列对象	通过Array对话框设置阵列形式等选项
Fillet		将两相交对象倒圆角	选择R，输入圆角半径，拾取第一边，第二边
Chamfer		将两相交对象倒角	选择D，输入第一边的倒角距离D_1，输入第二边的倒角距离D_2，拾取第一边，第二边
Stretch		拉伸改变对象形状	必须用交叉窗口拾取需拉伸的对象，指定基点，位移

4.3.4 辅助绘图命令

1）单点对象捕捉：调出Objects Snap工具栏，在执行绘图或编辑命令时执行一次对象捕捉操作。

2）运行对象捕捉：右键状态栏中“OSNAP”按钮，选择“Settings…”项，在Drafting Settings对话框中设置多种对象捕捉功能。所设置的对象捕捉模式在“OSNAP”激活期间始终起作用。

3）目标捕捉（OSNAP）模式（图2-4-5）

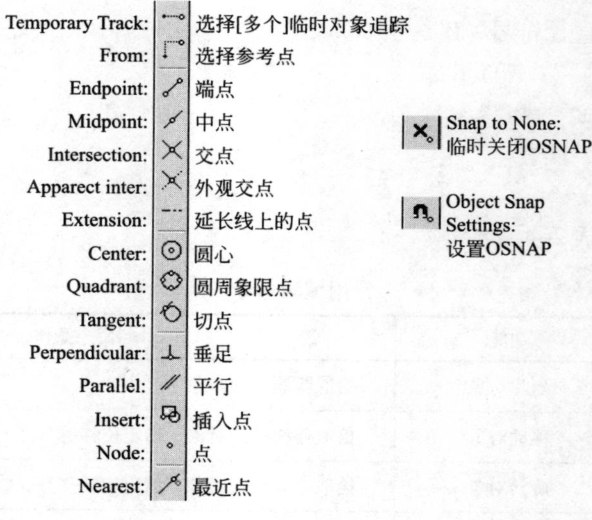

图2-4-5 目标捕捉模式

4.3.5　显示控制命令

1. Zoom命令

Zoom命令如表2–4–3所示。

Zoom 命令　　　　表 2-4-3

命令名称	图标	功能说明
View→Zoom		控制图形缩放显示而不影响其实际尺寸
Realtime		拖动鼠标实时缩放，向上放大、向下缩小
Window		将拾取窗口内的图形充满显示窗口
Extents		将图形最大限度充满显示窗口
All		将图形按图形界限充满显示窗口

2. 屏幕控制命令

屏幕控制命令如表2–4–4所示。

屏幕控制命令　　　　表 2-4-4

命令名称	图标	功能说明
Pan		平移显示图形以观察其任意部位
View→Redraw		刷新屏幕显示，清除编辑修改后留下的非图形痕迹
View→Regen		重新生成图形

第5章　模板施工管理

5.1　模板施工方案

5.1.1　模板施工方案编制的原则

1）编制模板专项方案应将安全和质量相互联系、有机结合；临时安全措施构建的建（构）筑物与永久结构交叉部分的相互影响统一分析，防止荷载、支撑变化造成的安全、质量事故。

2）安全措施形成的临时建（构）筑物必须建立相关力学模型，进行局部和整体的强度、刚度、稳定性验算。

3）相互关联的危险性较大工程应系统分析，重点对交叉部分的危险源进行分析，采取相应措施。

模板施工方案编制应根据以下内容作为依据：

（1）施工图纸及相关的图纸会审记录、设计变更洽商；

（2）《模板安装、拆除工程检验批质量验收记录表》的规定；

（3）《混凝土结构工程施工规范》GB 50666—2011；

（4）《混凝土结构工程施工质量验收规范》GB 50204—2015；

（5）《建筑施工扣件式钢管脚手架安全技术规范》JGJ 130—2011；

（6）《建筑施工高处作业安全技术规范》JGJ 80—2016；

（7）《施工组织设计》。

5.1.2　模板施工方案编制的方法

1. 模板施工方案编制内容

模板工程施工方案应具备工程概况、工程部署、施工方法、监控及救援措施、技术组织措施这五项内容。危险性较大工程中，模板工程需编制专项施工方案。专项施工方案是针对《建设工程安全生存管理条例》第二十六条所指的危险性较大分部分项工程编制的专项施工方案，其内容也应包括工程概况、施工部署、施工方法、监控及救援措施、技术组织措施及附图。

1）文字叙述部分

（1）编制说明

①工程概况

总体工程概况应包括工程类型、使用功能、建设目的、建设工期、质量要求和投资额，以及工程建成后的地位和作用；建造地点及其空间状况；气象条件及其变化状况；工程地形和工程地质条件变化状况；水文地质条件及其变化状况等；工程平面组成、层数、层高和建筑面积；建筑物和构筑物的尺寸，结构与构建的截面尺寸，结构特点、复杂程度和抗震要求等。

②编制依据

编制依据不仅包括规范、标准、设计手册，还应有经设计审查的施工图纸以及经监理审批的施工组织设计方案。

（2）施工部署及验收要求

施工部署主要包括：合理地确定危险性较大分项工程的施工时间，必须合理的确定开竣工时间，满足工期的要求；安排全场性施工措施，优先安排好现场供水、供电、通信、供热等各项生产性和生活性施工设施；确定施工起点流向、施工程序、施工顺序和施工方法。

（3）施工方法

在确定施工方法时，要重点解决影响整个危险性较大工程的主要部位的施工方法。对工技术复杂或采用新结构、新技术、新工艺的工程，特种结构工程或由专业施工单位施工的特殊专业工程应编制详细具体的施工过程设计。

（4）监控及应急救援措施

危险性较大的工程必须做好监控措施，以便及时发现问题，采取应急救援预案。应急救援预案是指事先制定的关于生产安全事故发生时进行紧急救援的组织、程序、措施、责任以及协调等方面的方案和计划。安全应急预案应包括以下内容：

①应急救援领导小组构成以及领导小组的职责；

②建立事故的报告程序；

③制定现场事故应急处理方案；

④制定应急培训和演练方案；

⑤应急通信联络的畅通保证措施。

（5）安全技术组织措施

按照施工中的各个环节，对施工中可能存在的危险源进行分析，并根据施工环境、设计要求、施工方法，采取相应的安全技术组措施是危险性较大工程专项施工方案的核心内容。安全技术组织措施可根据工程的实际需要编写，主要包括以下几种情况：

①采用新技术、新工艺、新结构、新材料的制定有针对性的安全技术措施；

②预防自然灾害（风、雷、雨、震、暑、冻、滑等）的措施；

③防范由交叉作业等施工组织上形成环境危险的措施；

④施工用电的保护措施，施工机械设备的保护措施；

⑤季节性施工的安全技术措施；

⑥安全管理措施和日常维护措施；

⑦施工质量检查及验收要求等。

2）附图

危险性较大工程安全专项施工方案，应包括构造体系构造图及主要部位大样图、节点样图，以便更好地指导施工。

3）设计计算书

方案中的设计计算及验算，应依据编制依据列出所参考的各项规范、标准，并且在采用数据时，应注明取值的来源，例如地基承载力调整系数，立杆计算长度附加系数等，以判断数据的准确性与可靠性。方案中的设计计算部分应绘出受力简图，并将荷载最不利情况进行组合。

2. 模板施工方案编制格式

1）封面格式

（1）封面标题："XX工程XX分部分项工程专项措施方案"。并标注"按专家论证审查报告修订"字样。

（2）封面设置：设置编制、审核、审批三个栏目，分别由编制人签字，公司技术部门负责人审核签字，公司技术负责人审批签字（图2-5-1）。

模板工程专项施工方案
(按专家论证审查报告修订)

签名		日期
编制人		
审核		
审批		

建设集团有限公司(盖章)

年　月　日

图2-5-1　模板工程施工方案封面

2）正文内容

正文内容框架如图2-5-2所示。

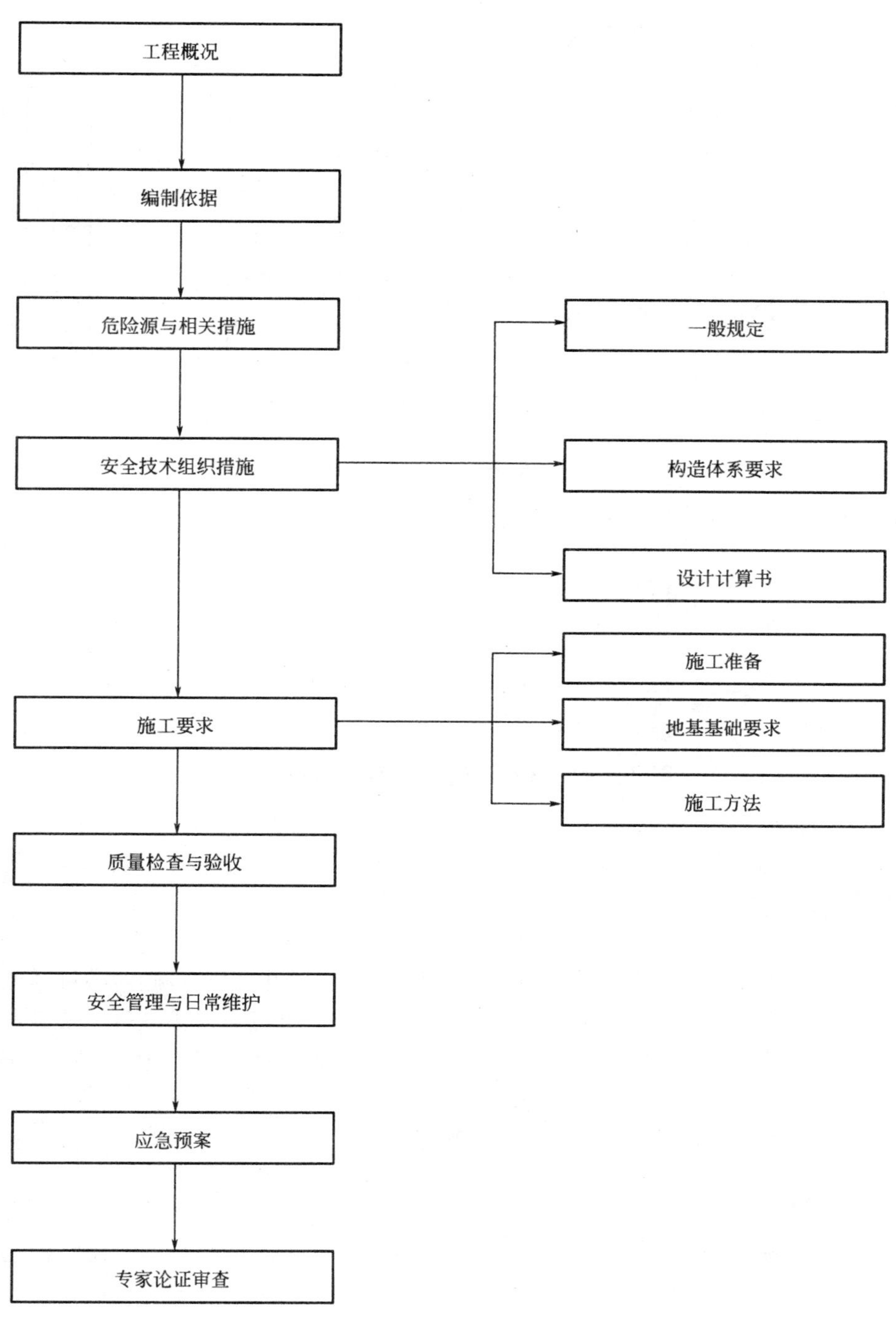

图 2-5-2　正文内容框架

5.1.3　模板专项施工方案编制的流程

模板专项施工方案的编制流程如图2-5-3所示。

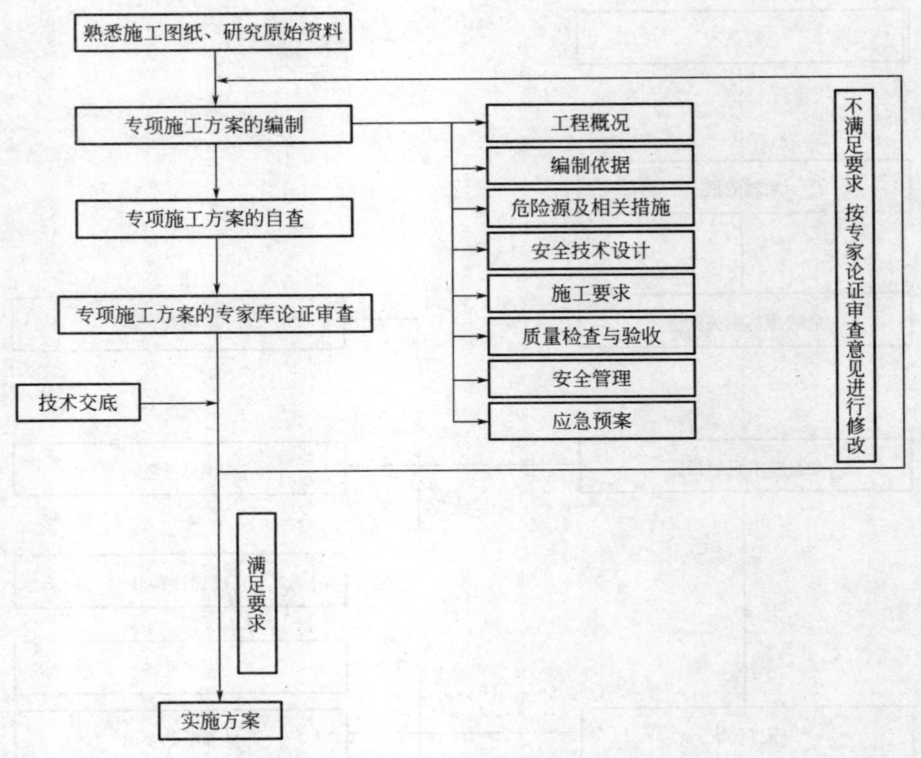

图 2-5-3　模板专项施工方案编制流程图

5.2　模板施工质量

建立健全合理的质量保证体系，是保证工程施工质量的前提和基础。项目经理为第一责任人，质量责任层层落实，直至各施工队，施工人员，并健全质量教育、质量管理、质量检验、质量监督和质量奖罚制度的质量保证体系，从而保障施工质量。模板工作为一线操作人员，其施工质量是工程质量的重要保障。模板工的工作职责是按规范要求进行操作并了解相关工程质量通病，了解质量检查的程序要求。

5.2.1　工序质量检查

严格实行操作者、班组之间进行“自检”“互检”和专职检验员“专检”相结合的质量“三检”制度。

1. “三检”制度的含义

（1）“自检”是操作者和工班长组织本班组操作人员对自己和本班组生产的产品和工序、工艺质量进行自我检验、自我把关，起到自我发现问题和纠正错误的作用。

（2）“互检”是操作者之间对加工的产品和工序、工艺质量进行相互的换位检查；上道工序班组与下道工序班组之间相互检查，达到相互监督和纠正错误的目的。

（3）“专检”是专职检验员对产品质量和工序、工艺质量进行全面检查，起到纠正错误，保证质量达标的目的。

2. “三检制”的检验程序

（1）每一位员工、每一个班组均应对本岗、本班组的工作负责。凡申请验收的工程项目必须是经过自检且互检合格的项目。每件产品、半成品或每道工序作业完成后，操作者必须按照有关技术标准进行自检，判定合格与否。对于不合格的产品或工艺质量问题，进行自我纠正处理，对于确定不了的问题，应请工班长或技术人员帮助解决，不得将不合格产品混入合格品中。自检是“三检”制中最先进行的检验程序。

（2）每道工序操作者自检结束后，由作业工班的班长组织本班组操作者采用换位互检，让操作者相互监督和纠正错误，工班长要对本班组的质量负责，并负责抽检本班组的产品或工序质量。质量互检贯穿于班组施工的全过程，以保证班组自检质量。同时，下道工序的班组要对上道工序班组的施工质量进行检查并检查其是否通过专检，做到上道工序是下道工序的市场，下道工序是上道工序的用户。互检是“三检”制中第二道检验程序。

（3）一道工序完成后，经过自检、互检合格后均应申请专检。专检由项目部安质部负责。对工序、半成品、成品质量的检验工作，专检通过并签认后方可移交下道工序。专检是“三检”制中最后一道，也是最关键的检验程序。

凡互检不合格的，不得申请专检，专检发现不合格的，必须返工并经自检、互检合格后重新申请专检。

经内部自检、互检、专检验收合格后，如需报请监理工程师核验的工序必须按规定程序报请监理工程师核验。

5.2.2　模板工程质量通病及防治

1. 轴线位移

1）现象

混凝土浇筑后拆除模板时，发现柱、墙、梁实际位置与建筑物轴线位置有偏移。

2）原因分析

（1）翻样不认真或技术交底不清，模板拼装组合时未能按规定到位。

（2）轴线测放产生误差。

（3）墙、柱、梁、模板根部和顶部无限位措施或限位不牢，发生偏位后又未及时纠正，造成累积误差。

（4）支模时，未拉水平竖向通线，且无竖向垂直度控制措施。

（5）模板刚度差，未设水平拉杆或水平拉杆间距过大。

（6）混凝土浇筑时未均匀对称下料或一次浇筑高度过高，造成侧压力过大挤偏模板。

（7）对拉螺栓、顶撑、木楔使用不当或松动造成轴线偏位。

3）防治措施

（1）严格按一定的比例将各分部、分项翻成详图并注明各部位轴线位置，几何尺寸、剖面形状、预留孔洞、预埋件等，经复核无误后认真对生产班组及操作工作进行技术交底，作为模板制作、安装的依据。

（2）模板轴线测放后，组织专人进行技术复核验收，确认无误后才能支模。

（3）墙、柱模板根部和顶部必须设可靠的限位措施，采用现浇板混凝土上预埋短钢筋固定钢支撑，内部底焊梯子底筋支撑，以保证底部位置准确。

（4）支模时要拉水平竖向通线，并设竖向垂直度控制线，以保证模板水平、竖向位置准确。

（5）根据混凝土结构特点，对模板进行专门设计，以保证模板及其支架具有足够强度、刚度及稳定性。

（6）混凝土浇筑前对模板轴线、支架、顶撑、螺栓进行认真检查、复核，发现问题及时进行处理。

（7）混凝土浇筑时，要均匀对称下料，浇筑高度应严格控制在施工规范允许的范围内。

2. 标高偏差

1）现象

测量时发现混凝土结构层标高及预埋件、预留孔洞的标高与施工图设计标高之间有偏差。

2）原因分析

（1）楼层无标高控制点或控制点偏少，控制网无法闭合；竖向模板根部未找平。

（2）模板顶部无标高标记或未按标记施工。

（3）建筑标高控制线转测次数过多，累计误差过大。

（4）预埋件、预留孔未固定牢，施工时未重视施工方法。

（5）楼梯踏步模板未考虑装修层厚度。

3）防治措施

（1）每层楼设足够的标高控制点，竖向模板根部须做找平。

（2）模板顶部标设标高标记，严格按标记施工。

（3）建筑楼层标高由首层 ±0.000 标高控制，严禁逐层向上引测，以防止累计误差。当建筑高度超过30m后，应另设标高控制线，每层标高引测点应不少于2个，以便复核。

（4）预埋件及预留孔洞，在安装前应与图纸对照，确认无误后准确固定在设计位置上，必要时用电焊或套框等方法将其固定，在浇筑混凝土时应沿其周围分层均匀浇筑，严禁碰击和振动预埋件与模板。

（5）楼梯踏步模板安装时应考虑装修层厚度。

3. 结构变形

1）现象

拆模后发现混凝土柱、梁、墙出现鼓凸、缩颈或翘曲等现象。

2）原因分析

（1）支撑及围檩间距过大，模板刚度差。

（2）组合小钢模，连接件未按规定设置，造成模板整体性差。

（3）墙模板无对拉螺栓或螺栓间距过大，螺栓规格过小。

（4）竖向支撑未支设牢固，造成支撑松落。

（5）门窗洞口内模间对撑不牢固，易在混凝土振捣时模板被挤偏或变形。

（6）梁柱模板卡具间距过大，或未夹紧模板，或对拉螺栓配备数量不足，以致局部模板无法承受混凝土振捣时产生的侧向压力，导致局部爆模。

（7）浇筑墙、柱混凝土速度过快，一次浇灌高度过高，振捣过度。

（8）采用木模板或胶合板模板施工，经验收合格后未及时浇筑混凝土，长期日晒雨淋而变形。

3）防治措施

（1）模板及支撑系统设计时，应充分考虑其本身自重，施工荷载及混凝土的自重及浇捣时产生的侧向压力，以保证模板及支架有足够的承载能力，刚度和稳定性。

（2）梁底支撑间距应能够保证在混凝土重量和施工荷载作用不产生变形，支撑底部应加设垫木，确保稳固。

（3）组合小模拼装时，连接件应按规定设置，围檩及时拉螺栓间距、规格应按设计要求设置。

（4）梁柱模板采用卡具，其间距要按要求设置，并要卡紧模板，其宽度比截面尺寸略小5mm。

（5）梁墙模板上部必须有临时撑头，以保证混凝土浇捣时，梁、墙上口宽度。

（6）浇捣混凝土时要均匀对称下浆，严格控制浇灌高度，特别是门窗洞口模板两侧，既要保证混凝土振捣密实，又要防止过分振捣引起模板变形。

（7）对跨度大于4m的现浇钢筋混凝土梁、板，其模板应按设计要求起拱，当设计无具体要求时，起拱高度宜为跨度的1‰～ 3‰。

（8）采用木模板、胶合板模板施工时，经验收合格后应及时浇筑混凝土，防止模板变形。

4. 接缝不严

1）现象

由于模板间接缝不严有间隙，混凝土浇筑时产生漏浆，混凝土表面出现蜂窝，严重的出现孔洞露筋。

2）原因分析

（1）翻样不认真或有误，模板配制马虎，拼装时接缝过大。

（2）木模板制作粗糙，拼缝不严。

（3）木模板安装周期过长，因木模干缩或裂缝。

（4）浇筑混凝土时，木模板未提前浇水湿润，使其胀开。

（5）模板变形未及时修整。

（6）模板接缝措施不当。

（7）梁、柱、墙交接部位、接头尺寸不准、错位，底部基层不平整。

3）防治措施

（1）翻样要认真严格按一定比例将各分部分项细部翻成详图，详细标注尺寸，经复核无误后认真给操作工人交底，强化工人质量意识，认真制作定型模板和拼装。

（2）严格控制木模板含水率，制作时拼缝要严密。

（3）木模板安装周期不宜过长，浇筑混凝土时，木模板要提前浇水湿润，使其胀开密缝。

（4）模板变形特别是边框变形，要及时修整平直。

（5）模板间嵌缝措施要控制，不能用油毡、塑料布、水泥袋等去嵌缝堵洞。

（6）梁、柱、墙交接部位支撑要牢固可靠，拼缝要严密（必要时缝间加双面胶纸）发生错位要及时校正好。

（7）墙柱底部混凝土面施工时找平收光，平整度大于2mm。

5. 隔离剂使用不当

1）现象

模板表面用废机油造成混凝土污染或混凝土残浆不清除即涂刷隔离剂，造成混凝土表面出现麻面等缺陷。

2）原因分析

（1）拆模后不清理混凝土残浆即刷隔离剂。

（2）隔离剂涂刷不匀或漏涂或涂层过厚。

（3）使用废机油脱刷模板，即污染了钢筋及混凝土，又影响了混凝土表面装饰质量。

3）防治措施

（1）拆模后必须清除模板上遗留的混凝土残浆后，再刷隔离剂。

（2）严禁用废机油作为隔离剂，隔离剂材料选用原则应为既适于脱模，又便于混凝土表面装饰。选用的材料有皂液、滑石粉、石灰水及其混合液或各种专门化学制品的隔离剂等。

（3）隔离剂材料宜拌成糊状，应涂刷均匀，不得流滴，一般刷两遍为宜以防漏刷，也不宜涂刷过厚。

（4）隔离剂涂刷后，应在短期内及时浇筑混凝土，以防隔离层受到破坏。

6. 模板未清理干净

1）现象

模板内残留木块、浮浆残渣、碎石等建筑垃圾，拆模后发现混凝土中有缝隙且有垃圾夹杂物。

2）原因分析

（1）钢筋绑扎完毕，模板位置未用压缩空气或压力水清扫。

（2）封模前未仔细检查和进行清仓。

（3）墙柱根部、梁柱接头最低处未留清扫孔，或所留位置不当无法进行清扫。

3）防治措施

（1）钢筋绑扎完毕，用压缩空气或压力水清除模板内垃圾。

（2）检验钢筋时必须连带验仓。

（3）在封模前，派专人将模内垃圾清除干净。

（4）墙柱根部、梁柱接头处预留孔尺寸不小于100mm×100mm，模内垃圾清除完毕后及时将清扫口处封严。

7. 封闭或竖向模板无排气孔、浇捣孔

1）现象

由于封闭或竖向的模板无排气孔，混凝土表面易出现气孔等缺陷，高柱高墙模板未留浇捣孔，易出现混凝土浇捣不实或空洞现象。

2）原因分析

（1）墙体内大型预留洞口底模未设排气孔，易使混凝土对称下料时产生气囊，导致混凝土浇筑不实。

（2）高柱、高墙侧模无浇捣孔，造成混凝土浇灌自由落距过大，易离析或振动棒不能插到位，造成振捣不实。

3）防治措施

（1）墙体的大型预留洞口（门窗洞等）底模开设排气孔洞，使混凝土浇筑时气泡及时排出，确保混凝土浇筑密实。

（2）高柱、高墙（超过 3m）侧模开设浇捣孔，以便于混凝土浇灌和振捣。

8. 模板支撑选配不当

1）现象

由于模板支撑体系选配和支撑方法不当，结构混凝土浇筑时产生变形。

2）原因分析

（1）支撑选配马虎，未经过安全教育，没有足够的承载能力及刚度，混凝土浇筑后变形。

（2）支撑稳定性差，无保证措施，混凝土浇筑后支撑自身失稳，使模板变形。

3）防治措施

（1）模板支撑系统根据不同的结构类型和模板类型选配，以便相互协调配套。使用时应对支承系统进行必要的验算和复核，尤其是支柱间距应经计算确定，确保模板支撑系统具有足够的承载能力，刚度和稳定性。

（2）木质支撑体系如与木模板配合，木支撑必须钉牢楔紧，支柱之间必须加强拉结连紧，木支柱脚下用对拔木楔调整标高并固定，荷载过大的木模板支撑体系可采用钢管支设牢固。

（3）钢管支撑体系其支撑的布置形式应满足模板设计要求，并能保证安全承受施工荷载，钢管支撑体系一般宜扣成整体排架式，其立柱纵横间距一般为 1m 左右（荷载大时应采用密排形式），同时应加设斜撑和剪力撑。

（4）支撑体系的基底必须坚实可靠，竖向支撑基底如为土层时，应在支撑底铺垫脚手板等硬质材料。

（5）高层施工中，应注意逐层加设支撑，分层分散施工荷载。侧向支撑必须支顶牢固，拉结和加固可靠，必要时应打入地锚或在混凝土中预埋短钢筋做撑脚。

9. 梁模板缺陷

1）现象

梁身不平直、梁底不平、下挠：侧梁模炸模（模板崩坍），拆模发现梁身侧面鼓出、有水平裂缝、掉角、上口尺寸加大、表面毛糙、局部模板嵌入柱梁间，拆除困难。

2）原因分析

（1）模板支设未校直撑牢，支撑整体稳性不够。

（2）模板没有支撑在坚硬的地面上，混凝土浇筑过程由于荷载增加，底部松动，造成模板下沉。

（3）梁底模未按设计要求或规范规定起拱，未根据水平线控制模板标高。

（4）侧模承载能力及刚度不够，拆模过迟或模板未使用隔离剂。

（5）木模采用易变形的木材制作，混凝土浇筑后变形较大，易使用混凝土产生裂缝、掉角或表面毛糙。

（6）木模在混凝土浇筑后吸水膨胀，事先未留有空隙、湿润木模。

3）防治措施

（1）梁底支撑间距应能保证在混凝土向重和施工荷载作用不产生变形。支撑底部若为泥土地面，应先认真夯实，铺放通长垫木，以确保支撑不沉陷，梁底模应按设计或规范要求起拱。

（2）梁侧模应根据梁的高度进行配制，若超过60cm应加钢管围檩，上口则用圆钢插入模板上端固定上口，若梁高超过70cm应在梁中加对穿螺栓，与钢管围檩配合，加强梁侧模刚度及强度。

（3）支梁木模时应遵守边模板包底模的原则，梁模与木模连接处，应考虑梁模板吸湿后长度膨胀的影响，下料尺寸一般应略为缩短，使模板在混凝土浇筑后不致嵌入柱内。

（4）模板梁侧模下口必须有夹条木，钉紧在支柱上，以保证混凝土浇筑过程侧模下口不致炸模。

（5）梁模用木模时，尽量不采用易变形的木材制作，并应在混凝土浇筑前充分用水浇透。

（6）组装前应将模板上的残渣剔除干净，模板拼缝应符合规范规定，侧模应支撑牢靠，模板支立前应认真涂刷隔离剂两遍。

（7）用铅丝加固梁模时，应上下分绑，严禁整体绑扎，防止浇筑混凝土时下口胀开，上口缩小。

10. 柱模板缺陷

1）现象

（1）炸模造成截面尺寸不准、鼓出、漏浆、混凝土不密实或蜂窝麻面。

（2）偏斜，一排柱子不在同一条轴线上。

（3）柱身扭曲，梁柱接头处偏差大。

2）原因分析

（1）柱箍间距太大或不牢，钢筋骨架缩小，或木模钉子被混凝土侧压力拔出。

（2）测放轴线不认真，梁柱接头处未按大样图安装组合。

（3）成排柱子支模不跟线、不找方，钢筋偏移未扳正就套柱模。

（4）柱模未保护好，支模前已歪扭，未修整好就使用，板缝不严密。

（5）模板两侧松紧不一，未进行模板柱箍和穿墙螺栓设计。

（6）模板上有混凝土残渣，未做好清理或拆模时间过早。

3）防治措施

（1）成排柱子支模前，应先在底部弹出通线，将柱子位置兜方找中。

（2）柱子支模前必须先校正钢筋位置。

（3）柱子底部采用短钢筋头焊制支撑，保证底部位置准确。

（4）成排模支撑时，应先立两端柱模，校直与复核位置无误后，顶部拉通长线，再立中间各根柱梁，柱距不大时，相互间用剪刀撑及水平撑搭牢。柱距较大时，各柱单独拉四面斜撑，保证柱子位置的准确。

（5）柱模立完，校正模板的垂直度，拉杆或顶杆的支承点要牢固可靠地与地面成不大于45° 夹角的方向预埋在楼板混凝土内。

（6）根据柱子断面的大小及高度，柱模外面每隔500 ~ 800mm应加设牢固的柱箍，必要时增加对拉螺栓，防止炸模。

（7）柱模用木料制作，拼缝应刨光拼严，门板应根据柱宽采用适当厚度确保混凝土浇筑过程中不漏浆、不炸模、不产生外鼓。

（8）较高的柱子应在模板中部一侧留临时浇捣口，以便浇筑混凝土插入振动棒，当混凝土浇筑到临时洞口时，即应封闭牢固。

（9）模板上混凝土浇完后残渣应清理干净，柱模拆除时的混凝土强度应能保证其表面及棱角不受损伤。

11. 板模板缺陷

1）现象

板中部下挠，板底混凝土面不平，采用木模板时梁边模板嵌入梁内不易拆除。

2）原因分析

（1）模板龙骨用料较小或间距偏大，不能提供足够的强度及刚度，底模未按设计或规范要求起拱，造成挠度过大。

（2）板下支撑底部不牢，混凝土浇筑过程中荷载不断增加，支撑下沉，板模下挠。

（3）板底模板不平，混凝土接触面平整度超过允许偏差。

（4）将板模板铺钉在梁侧模上面，甚至略伸入梁模内，浇筑混凝土后，板模板吸水膨胀，梁模也略有外胀，造成边缘一块模板嵌牢在混凝土内。

3）防治措施

（1）楼板模板下的龙骨和牵杠木应由模板设计计算确定，确保有足够的强度和刚度，支承面要平整。

（2）支撑材料应有足够强度，前后左右相互搭牢增加稳定性，上下层板模支撑应尽量支撑在同一位置，确实支撑稳固。

（3）木模板板模与梁模连接外，板模应铺到梁侧模外口齐平，避免模板嵌入梁混凝土内，便于拆除。

（4）板模板应按规定要求起拱，钢木模板混用时，缝隙必须嵌实，并保持水平一致。

12. 墙模板缺陷

1）现象

（1）炸模、倾斜变形、墙体不垂直。

（2）墙体厚薄不一，墙面高低不平。

（3）墙根跑浆、露筋，模板底部被混凝土及砂浆裹住，拆模困难。

（4）墙角模板拆不出。

2）原因分析

（1）模板事先未作设计，相邻模板未设置围檩或围檩间距过大，对拉螺栓选用过小或未拧紧，墙根部混凝土面不平，缝隙过大。

（2）模板制作不平整，厚度不一致，相邻两块墙模板拼接不严，支撑不牢，设有采用对拉螺栓来承受混凝土对模板的侧压力，以致混凝土浇筑时炸模或因选用的对位螺栓直径太小或间距偏大，不能承受混凝土侧压力而被拉断。

（3）模板间支撑方法不当

（4）混凝土浇筑分层过厚，振捣不密实，模板受侧压力过大，支撑变形。

（5）角模与墙模板拼缝不严，水泥浆漏出，包裹模板下口，拆模时间太迟模板与混凝土粘结力过大。

（6）未涂刷隔离剂，或涂刷后被雨水冲走。

3）防治措施

（1）墙面模板应拼装平整，符合质量检验评定标准。

（2）有几道混凝土墙时，除顶部设通长连接杆定位外，相互间均应用剪刀撑撑牢。

（3）墙身应根据模板设计配制对拉螺栓，模板两侧以连杆增强刚度来承担混凝土的侧压力，确保不炸模（一般采用$\phi12\sim\phi16$mm螺栓）。两片模板之间应根据墙的厚度用硬塑料撑头，以保证墙体厚度一致，有防水要求时，应采用焊有止水片的螺栓。

（4）混凝土应分层浇筑，每层浇筑厚度应控制在施工规范的允许范围内。

（5）模板面应涂刷隔离剂，且应涂刷均匀。

（6）墙根部采用焊制钢筋撑来控制，轴线尺寸位置及厚度。

（7）龙骨不宜采用钢花梁，墙梁交接处和墙顶上口应设拉结，外墙所设的拉顶支撑要牢固可靠，支撑的间距位置应控制好。

13. 楼梯模板缺陷

1）现象

楼梯侧帮露浆、麻面、底部不平。

2）原因分析

（1）楼梯底模采用钢模板，遇有不能满足模数配齐时，以木模相拼，楼梯侧帮模也用木模板制作，易形成拼缝不严密造成跑模。

（2）底模应平整，拼缝严密，尽量采用整张木模板，符合施工规范要求，若支撑杆细长过大，应加剪刀撑撑齐。

（3）采用胶合板组合模板时，楼梯支撑底板的木龙骨间距宜为300～500mm，楼梯支撑底板间距为800～1000mm，托木两端用斜支撑支柱，下用单楔楔紧，斜撑间用牵杠互相拉齐，龙骨外面钉上外帮侧板，其高度与踏步口齐，踏步侧板下口钉一根小支撑，以保证踏步侧板的稳固。

3）防治措施

（1）侧帮在梯段处可用钢模板，以2mm厚的薄钢板模和8号槽钢点焊连接成型，每步两块侧帮必须对称不使用，侧帮与楼梯立帮用U形卡连接。

（2）底模应平整，拼缝要严密，符合施工规范要求，若支撑杆细长比过大，应加剪力撑撑牢。

（3）采用胶合板组隔模板时，楼梯支撑底板的木龙骨间距宜为300～500mm，支承和横托的间距为800～1000mm，托木两端用斜支撑支柱，下用单楔楔紧，斜撑间用牵杠互相拉牢，龙骨外面钉上外帮侧板，其高低与踏步口齐，踏步侧板下口钉1根小支撑，以保证踏步侧板的稳固。

5.3　模板施工进度

工程施工进度管理就是对施工的各个环节进行分解，按施工的先后顺序进行合理安排，然后确定各个工序所需的时间，并根据逻辑关系绘制施工进度计划横道图或者网络计划图，并在施工过程中根据该计划对施工进度进行控制，当出现偏差时及时根据实际情况分析原因并做出合理的调整。

进度计划的编制，涉及施工场地布置、主要资源（施工机械、劳动力、主要设备材料等）投入、建设单位工期节点时间要求等。模板工作应参与进度计划的编制，并为进度计划编制提供相关资料。

5.3.1　为进度计划编制提供依据

模板工班组长、工长应按照项目总工期要求，给项目部提供具体的材料需用量计划、劳动力需用量计划（表2-5-1）、机械需用量计划（表2-5-2），并考虑施工过程的连续性、协调性、均衡性和经济性，为项目部编制施工进度计划提供依据。

劳动力需用量计划样表　　**表 2-5-1**

项目名称						
工种	计划工日数	计划工作天数	现有人数	计划人数	计划使用日期	备注
填报人			填报日期			

机械需用量计划样表　　**表 2-5-2**

项目名称						
序号	机械名称	规格型号	计划台数	计划工作天数	计划使用日期	备注
填报人			填报日期			

5.3.2　施工进度计划编制

1）划分工序

根据施工图纸，列出工程的全部项目，不得遗漏，列出各项目施工顺序。为使计划简明扼要，可将相近的项目合并，减少计划的繁琐性。

2）计算工程量

工程量的计算单位应和施工定额或劳动定额一致。施工图预算中的工程量也可以利用，但应按一定的系数要求，换算成施工定额或劳动定额的工程量。

3）确定施工天数

施工天数 = 工日数 /（人数 × 班次）

4）绘制施工进度计划图表

施工进度计划通常使用横道图和网络图表示。模板班组长、工长应能识别横道图和简单的网络计划图。

5）进度计划图的优化

进度计划图的优化包括工期优化、费用优化、资源优化。

5.4 材料与设备管理

5.4.1 机具、仪器管理

1. 常用工机具、仪器仪表种类

模板工程常用仪器及工具包括以下几类：

1）常用工具；

2）专用工具；

3）常用电动工具和机械；

4）测量工具：卷尺、水平尺等。

2. 工机具、仪器仪表管理

1）工机具、仪器仪表应建立资产档案。档案内容应包含资产登记卡、配置信息、使用与调用记录、维修记录、检测与校验资料等。建立与更新仪表、工机具台账，应进行公示，且定期进行账实核对。

2）跟踪管理，负责保养维护。应日常检查工器具、仪器的运行状况，按规定进行保养，出现故障及时安排维修。

3）企业集中调配的工器具、仪器领用时需办理资产领用表；施工班组个人使用的仪器、工机具领用时需办理出库单。前者必须明确使用责任人，并配备随机履历本，由使用人填写使用日志，包括使用情况、运行状况以及维修记录等，按规定进行日常清洁保养与维护。

4）各类仪器、工机具使用责任人必须按使用规程严格操作，杜绝因使用不当造成的损坏；非使用责任人操作仪器仪表或工机具的，必须由使用责任人现场指导、考核合格后方可使用。

5）严禁擅自将仪器及工机具用于本项目以外的工程中。各类仪器在当天使用完成后必须及时入库或随身保管，不得随意存放在车上、宿舍或其他地方。

6）工程巡检中，应对仪器和工具使用情况进行检查。

3. 工机具、仪器维护和保养

1）工机具、仪器使用过程中应按规定做好日常保养与检测，发现问题及时安排维修，严禁将出现问题的仪表留置在项目部或工程现场，造成资源浪费或引发工程检测质量问题。

2）工机具、仪器出现故障后，项目部应提交维修申请，详细说明故障现象，落实专业维修机构进行检测，查明损坏部位（件）、仪表的损坏原因、维修内容和报价，并形成初步意见提交项目部审批，按审批意见落实维修。

3）工机具、仪器维修完成后，应组织对维修结果进行检测，合格后发往使用部门，检测不合格的需及时与维修机构联系、处理。

5.4.2 设备、材料管理

施工项目设备材料是指对施工生产所需的全部设备/材料，运用管理职能进行的设备/材料的计划、订货、采购、运输、验收保管、定额供应、使用与消耗的管理。对于模板工的设备/材料管理主要包括设备/材料需求计划、设备/材料验收与入库、设备/材料领用、设备/材料退库、设备/材料实际用量统计以及设备/材料的现场管理等内容。

1. 设备/材料的需求计划

模板工班组长或工长应根据现场工长需求编制材料需求计划，并报项目经理部以便采购。设备/材料需用料计划样表如表2-5-3所示。

设备 / 材料需用量计划样表　　表 2-5-3

工程名称：						
序号	设备材料名称	规格型号	单位	数量	计划到场日期	备注
填报人				填报日期		

2. 设备/材料验收与入库

设备/材料验收入库时必须向供应商索要国家规定的有关质量合格及生产许可证明。项目采用的设备、材料应经检验合格，并符合设计及相应现行标准要求。模板工应协助材料员、资料员填写《设备/材料申报表》《设备/材料验收入库单》,《设备/材料入库单》（样表）如表2-5-4所示。

设备 / 材料验收入库单（样表）　　表 2-5-4

项目名称																	
品名	规格型号	供方名称	厂家名称	生产日期	批号	进货日期	用途	数量	价格	采购人	监理意见					存放位置	备注
											外观	合格证明	复试检验	检验结论	监理		

3. 设备/材料的现场管理

1）设备/材料存放

模板工程的设备/材料应根据其不同性质存放于符合要求的专门库房，应避免潮湿、雨淋，防爆、防腐蚀。各种设备/材料应标识清楚，分类存放。确保仓库、料场材料规格不串，材质不混，数量准确，质量完好。

2）设备/材料出库

设备/材料的发放与领用应严格实行出库单管理制度，领用人应按要求履行领用手续，材料员按实发器材的品名、规格、数量、用途，填写出库单，领用和发放人须在《设备/材料领用单》（表2–5–5）上签字。对于不适宜入库保管的材料送达后及时交给施工队保管使用，材料员及时填写出库单并协助施工班组办理领用手续。施工完成后对材料的供应数量、使用数量、剩余数量进行核实并签字，材料领用表等资料作为项目资料在工程完工后作为材料决算依据。

设备 / 材料领用单（样表） **表 2-5-5**

工程名称					项目经理			
日期	名称	规格型号	单位	数量	使用部位	发放人	领用人	备注

项目部的物资耗用应结合分部、子分部或分项工程的核算，严格实行领用制度，在施工前由项目施工人员开签领用单，领用单必须按栏目要求填写，不可缺项。

3）施工现场设备/材料管理要求

施工现场设备/材料管理责任者应对现场设备/材料的使用进行分工监督。监督的内容包括：是否合理用料；是否认真执行领发料手续；是否做到谁用谁清，工完，料退，场清；是否按规定进行用料交底和工序交接；是否做到按平面图堆料；是否按要求保护材料等。检查是监督的手段，检查要做到情况有记录、原因有分析、责任明确、处理有结果。具体要求如下：

（1）现场材料平面布置规划，做好场地、仓库、道路等设施的准备；

（2）履行供应合同，保证施工需要，合理安排材料进场，对现场材料进行验收；

（3）掌握施工进度变化，及时调整材料配套供应计划；

（4）加强现场物资保管，减少损失和浪费，防止物资丢失；

（5）施工收尾阶段，组织多余料具退库，做好废旧物资的回收和利用。